高等院校制药化工材料类专业实验系列教材

中级实验Ⅲ

（化学工程实验）

Intermediate
Experiment

浙江台州学院医药化工学院组编

主　编　葛昌华

副主编　赵　波

ZHEJIANG UNIVERSITY PRESS
浙江大学出版社

序

近年来,各高等院校为提高实验教学质量,以创建国家、省、市级实验教学中心为契机,通过以创新实验教学体系为突破口,努力探索构建实验教学和理论课程紧密衔接、理论运用与实践能力相互促进的实验教学体系,并取得了成效。为适应高等教育的发展,浙江台州学院于 2004 年将原归属于医药化工学院的化学、制药、化工、材料类各基础实验室和专业实验室进行多学科合并重组,建立了校级制药化工实验教学中心。此实验中心于 2007 年获得了省级实验教学示范中心立项。经过几年的探索和实践,实验中心建立了以"基础实验—专业技能实验—综合应用实验—设计研究实验"四个层次为实验主体模块的实验教学体系。

在新建立的实验教学体系中,基础实验模块含"基础实验Ⅰ(无机化学实验)"、"基础实验Ⅱ(有机化学实验)"、"基础实验Ⅲ(分析化学实验)"三门课程,主要包括"基本操作"、"物质的制备及基本性质"、"物质的分离与提纯"、"物质的分析"四部分内容,旨在通过该模块的实验教学,使各专业学生通过基础实验来理解和掌握必备的基础理论知识和基本操作技能;专业技能实验模块含"中级实验Ⅰ(物理化学实验)"、"中级实验Ⅱ(现代分析测试技术实验)"、"中级实验Ⅲ(化学工程实验)"三门课程,主要包括"物理量及参数测定"、"化工过程参数测定"及"仪器仪表的实验技术及应用"三部分有关测量技术和应用的实验内容,旨在通过该模块的实验教学,使各专业学生通过实验来理解和掌握必备的专业理论知识和实验技能,然后在此基础上提升各专业学生的专业基本技能;综合应用实验模块含"综合实验 A(化学、化工、制药类专业)"、"综合实验 B(材料类)"两门课程,该实验模块根据各专业的人才培养方案来设置相应的专业大实验和综合性实验,旨在通过该模块的实验教学,使各专业学生能在教师的指导和帮助下自主运用多学科知识来设计实验方案,完成实验内容,科学表征实验结果,进一步提高其专业基本技能、应用知识与技术的能力、综合应用能力;设计研究实验模块包括课程设计、毕业设计及毕业论文、学生科研等,该模块的实验属于研究设计性实验,学生将设计性实验与毕业论文、科研课题相结合,在教师的指导下进行阶段性系统研究,提高其综合应用能力和科学研究能力,着重培养创业创新意识和能力。

上述以四个实验模块为主体构建的实验教学体系经过几年的教学实践已取得了初步成效。为此,在浙江大学出版社的支持下,我们组织编写了这套适用于高等本科院校化学、化学工程与工艺、制药工程、环境工程、生物工程、材料化学、高分子材料与工程等专业使用的系列实验教材。

本系列实验教材以国家教学指导委员会提出的《普通高等学校本科化学专业规范》中的"化学专业实验教学基本内容"为依据,按照应用型本科院校对人才素质和能力的培养要求,以培养应用型、创新型人才为目标,结合各专业特点,参阅相关教材及大多数高等院校的实验条件编写。编写时注重实验教材的独立性、系统性、逻辑性,力求将实验基本理论、基础知识和基本技能进行系统的整合,以利于构建全面、系统、完整、精炼的实验课程教学体系和内容;在具体实验项目选择上除注意单元操作技术和安排部分综合实验外,更加注重实验在化工、制药、能源、材料、信息、环境及生命科学等领域上的应用,结合生产生活实际;同时注重了实验习题的编写,以体现习题的多样性、新颖性,充分发挥其在巩固知识和拓展思维方面的多种功能。

浙江台州学院医药化工学院

前 言

本教材是"高等院校制药化工材料类专业实验系列教材"之一。教材的内容为"化工原理实验"和"化工仪表及自动化实验",化学工程实验中一个非常重要的内容"化学工程与工艺专业实验"因为安排在"综合实验 A(化学、化工、制药类专业)",故没有编入本教材。本教材的主要内容是"化工原理实验",因此本教材都是围绕"化工原理实验"的内容和要求进行编写,也将一些"化工仪表及自动化实验"的实验内容编入其中。

本教材共分 3 篇 9 章。第 1 篇为化学工程实验的基本知识,包括绪论、化学工程实验的基本要求、化学工程实验安全知识、实验误差的估算与分析、实验数据的处理。第 2 篇为化工原理实验部分,包括 4 个化工原理演示实验、11 个化工原理基础实验和 4 个化工原理综合实验。第 3 篇为化工仪表及自动化实验,包括化工实验常用的测量仪表介绍和 4 个化工仪表及自动化实验。最后为附录部分。

本教材可供化工原理实验时数为 16~48 学时的化工及其他相关专业的学生使用。各专业可根据各自的教学要求选取若干实验项目进行实验。一般多学时的专业选做 10~12 个实验,少学时的选做 4~6 个实验。教学过程中,可以根据不同层次、不同专业的教学对象,对实验教学内容灵活地进行组合调整。

至于化工仪表及自动化实验,本教材只编写了 4 个实验,供化工、制药类专业的学生使用,一般安排 16 学时的教学实验。

本教材由台州学院医药化工学院化工原理教研组老师编写,葛昌华担任主编。绪论、第 1 章、第 2 章、第 7 章和附录部分由葛昌华编写,第 3 章由胡华南编写,第 4 章由王勇编写,第 5 章由赵波编写,第 6 章由赵波和葛昌华编写,第 9 章由尤玉静编写,第 10 章由李呈宏编写。全书由葛昌华统稿,葛昌华和赵波审核。

由于编者水平和经验有限,疏漏与不足之处有所难免,敬请读者批评指正。

编 者
2013 年 6 月

目　录

目录

绪　论

1　化学工程实验的特点

化学工程实验是化学工程与工艺等相关专业的重要实践性教学环节,实验内容强调实践性和工程观念,始终将学生的能力和素质培养贯穿于实验体系中。掌握化学工程实验及其研究方法,是学生从理论学习到工程应用的一个重要实践过程,是学生掌握实验研究方法,培养独立思考、综合分析问题和解决问题的能力的重要途径。化学工程实验是以处理工程问题的方法论指导人们研究和处理实际化工过程问题的实践性教学环节,已形成完整的实验教学内容和课程体系。

化工原理实验是化学工程实验的重要组成部分,是学生学习、掌握和运用化工基础知识必不可少的重要教学环节。化工原理实验与一般基础化学实验相比,工程的特点非常明显,实验项目与生产过程的单元操作具有一一对应的关系。在化工生产过程中,被加工的物料千变万化,设备大小和形状相差悬殊,涉及的变量繁多。化工原理实验就以此为对象,研究生产过程中各种单元操作的规律,并利用自然科学的基本原理和工程实验方法解决化工及相关领域的工程实际问题。

化学工程实验常用的测量仪表有温度计、压力计、流量计和液位计等。化工测量仪表的基本组成有检测环节、传送放大环节和显示部分。这些测量仪表的准确度对实验结果的影响很大,因此,选用化工仪表时应符合化工生产和化工实验的需要。化工仪表及自动化实验就是对化工生产中检测和自动控制的参数,如温度、压强等做一些简单的测试,同时介绍所用的检测和自动控制仪表的原理、性能、使用及安装条件等,使学生能正确地使用化工及自动化仪表,测得准确的化工数据,降低测量误差。

2　化学工程实验的教学目的

根据化学工程实验教学大纲的要求,通过实验教学应达到以下目的:

(1)通过实验获得对化工过程的感性认识,验证有关单元操作的基本概念、基本知识和基本理论;运用理论分析实验的结果,巩固和加强对理论知识的认识和理解。根据全国高校化工专业课程教学指导委员会的要求,应从实验目的、实验原理、装置流程、数据处理等方面,组织相关实验课程的教学内容。这样有助于学生通过实验进一步学习、掌握和运用所学专业的基础知识,深刻理解典型和广泛应用的化工过程和设备的原理和操作。

(2)熟悉实验装置的结构、性能和流程,掌握常用测量仪表的使用;通过实验操作和对实验现象的观察和分析,使学生掌握化工实验基本技能,培养学生的实验能力和科研能力。

(3)运用化工基本理论分析实验过程中的各种现象和问题,培养学生合理设计实验方案、观察和分析实验现象、解决实验问题的能力,为科学研究和解决实际工程问题打下良好的基础。

(4)通过对实验数据的分析、整理及关联,培养学生运用文字表达技术报告的能力。

(5)通过实验培养学生科学的思维方法、严谨的科研态度和良好的科研作风,增强其工程意识,提高其素质水平及团队合作精神。

3 本实验教材的内容

一个化工过程往往由一个或数个化学反应过程和相应的化学反应器、很多单元操作过程和相应的设备,以及为了控制与调节化工过程参数所需要的仪表组成。为了设计完善的化工工艺流程,严格控制化工生产,化工技术人员必须掌握化工生产过程所需要的化学、化学工程、化工控制仪表与化工自动化、化工设备等方面的知识,才能正确判断有关设计参数或操作参数的可靠性,准确把握设备的特性。

本实验教材是"高等院校制药化工材料类专业实验系列教材"之一。教材共3篇,第1篇为化学工程实验的基本知识,第2篇为化工原理实验,第3篇为化工仪表及自动化实验,最后为附录部分。

第1篇的内容包括绪论、化学工程实验的基本要求、化学工程实验安全知识、实验误差的估算与分析、实验数据的处理。绪论部分简述了化学工程实验的特点、教学目的和本实验教材的内容,使学生对化学工程实验有所认识和了解。化学工程实验的基本要求是要求学生在实验过程中必须掌握的一些知识,如预习的要求、实验前如何准备、实验操作的要求、实验数据测定记录和处理的方法、实验报告的编写等内容,学生根据实验的基本要求完成一次实验的学习全过程。化学工程实验安全知识要求学生掌握化工实验常见的安全知识,使学生对化工生产安全有足够的重视和认识,做好实验和实验室的安全工作。实验误差分析和实验结果的数据处理,使学生明确造成实验误差的主要组成因素以及如何改变其中的薄弱环节,掌握数据处理的正确方法,以提高实验质量。

第2篇为化工原理实验,包括化工原理演示实验、化工原理基础实验和化工原理综合实验三类,以适应不同层次、不同专业的教学要求。

第1类为化工原理演示实验,共有4个实验,以供学生观察相关实验现象,加深对有关原理的理解和掌握。

第2类为化工原理基础实验,共有11个实验。每个实验介绍了实验目的、实验原理、实验装置流程、实验操作步骤、实验注意事项、实验数据记录和处理、实验报告要求和思考题。这些实验配合化工原理理论教学,以训练学生基本实验技术和技能为目的,使学生加深对所学理论知识的理解,同时注重培养学生工程意识和团队合作精神。

第3类为化工原理综合实验,共有4个实验。每个学期要求安排1~2个综合实验,以扩大学生知识面,培养学生分析和解决化工过程中工程问题的能力,提高学生的实验技能,启发学生的创新意识,培养学生的创新精神、实践能力,使之成为高素质的工程技术人才。

第3篇为化工仪表及自动化实验,包括化工常用测量仪表和化工仪表及自动化实验。化工常用测量仪表介绍了化工实验及化工生产中常用的测量仪表的工作原理及使用方法,如温度、压强和压差、流量等的测量及操作,使学生掌握化工常用仪表及自动化仪表的使用。化工仪表及自动化实验共有 4 个有特色的实验项目。通过这些实验的教学,使学生进一步理解和掌握化工自动化系统的组成、结构、作用和特点,理解自动检测系统、自动保护系统、自动操纵系统和自动控制系统,使学生得到基本技能训练,提高实际应用能力。

最后为附录,收录了 SI 制单位换算,常用数据表,常见气体、液体和固体的重要物理性质,常见气体溶于水的亨利系数,某些二元物系的气液平衡组成和管子规格。

本实验教材的化工原理实验部分适合实验时数少于 50 学时的化工及其他相关专业的学生使用,化工仪表及自动化实验部分适合实验时数少于 20 学时的化工及其他相关专业的学生使用。各专业可根据各自的教学要求,针对不同层次的教学对象,对实验教学内容进行组合调整。每个实验过程应包括实验预习、实验操作、实验数据记录与处理、实验报告编写四个环节,学生都需认真完成。

▶▶▶▶ 参考文献 ◀◀◀◀

[1] 宋长生. 化工原理实验(第二版). 南京:南京大学出版社,2010.

[2] 吴洪特. 化工原理实验. 北京:化学工业出版社,2010.

[3] 徐伟. 化工原理实验. 济南:山东大学出版社,2008.

[4] 雷良恒,潘国昌,郭庆丰. 化工原理实验. 北京:清华大学出版社,1994.

[5] 杨祖荣主编. 化工原理实验. 北京:化学工业出版社,2009.

[6] 王雪静,李晓波主编. 化工原理实验. 北京:化学工业出版社,2009.

[7] 陈同芸,瞿谷仁,吴乃登. 化工原理实验. 上海:华东理工大学出版社,1989.

[8] 史贤林,田恒水,张平主编. 化工原理实验. 上海:华东理工大学出版社,2005.

[9] 王建成,卢燕,陈振主编. 化工原理实验. 上海:华东理工大学出版社,2007.

绪

论

第1章 化学工程实验的基本要求

化学工程实验结束后,要求每个实验者撰写一份有实用意义或参考意义的实验报告。实验报告的内容包括实验的目的、任务,并对实验的结果用表、图、公式、文字等简练明确地表达出来。除此以外,还必须达到以下的要求:①数据是可靠的。实验前做好预习工作,实验时仔细观察实验现象和记录仪表的读数,分析实验数据是否合理,及时排除实验中的干扰因素。因此必须认真考虑实验方案,细致地进行实验并实事求是地记录原始数据。②实验记录要有校核的可能。要认真记录实验时间、地点、条件和同组的实验人员。

化学工程实验内容包括化工原理实验、化工仪表及自动化实验和化学工程与工艺专业实验。化工实验教学要求包括:实验前的预习,实验操作,实验数据测定、记录和处理,实验报告编写四个部分。

化学工程实验是化学工程与工艺等相关专业的重要实践性教学环节,实验内容强调实践性和工程观念。掌握化工实验及其研究方法,是学生从理论学习到工程应用的一个重要实践过程,是掌握实验研究方法,训练独立思考、综合分析问题和解决问题的能力的重要途径。化工原理实验与一般基础化学实验相比,工程特点非常明显,实验项目与生产过程的单元操作一一对应。对于工科学生来说,化工原理实验是他们第一次接触到工程实验,往往感到陌生,无法下手,有的学生又因为是几个人一组而有依赖心理。

为了切实达到化工实验的教学效果,下面以化工原理实验为例,对各个环节提出具体要求。

1.1 实验前的预习

要成功完成单元操作实验,达到实验目的中所提到的要求,在实验前必需预习,掌握实验的基本原理,熟悉实验装置的流程,了解实验的基本操作。

(1)认真阅读实验教材,复习与实验内容相关的理论知识,明白实验的目的、要求和意义。

(2)到实验室现场了解实验装置的流程、测量和控制物理参数的方法,观看主要设备的构造、测量仪表的种类和安装位置,了解它们的测量原理和使用方法。

(3)根据实验任务,掌握实验的理论根据和实验的具体做法,分析哪些参数需要直接测量得到,哪些参数不需要直接测取,而能够间接获得,并且要估计实验数据的变化规律。

(4)根据实验任务和现场勘查,最后确定实验方案和实验操作程序。

(5)利用网上化工仿真实验辅助学习。学生在实验前可以到机房或网上进行仿真实验练习,熟悉实验操作步骤和注意事项。

(6) 在预习和用计算机进行化工仿真实验练习的基础上,编写实验预习报告。预习实验报告的内容应该包括实验目的、原理、流程、操作步骤、实验内容、注意事项。设计好原始数据记录表格和记录内容。

(7) 注意实验过程中的安全问题,了解能产生的危害和防治方法。没有预习的学生不能进入实验室进行实验。

1.2 实验前的准备工作

化工实验一般都用到泵、风机、电机等转动设备和加热设备,用阀门控制流量,调节温度、压力和液位,用相应的仪表测量其大小,这与基础化学实验有明显的不同。因此,在启动设备和打开阀门前必须做好一些准备工作,否则容易造成仪器设备和仪表损坏,影响实验的开展,严重时会引起重大事故。

(1) 泵、风机、压缩机、电机等转动设备,启动前要先用手使其运转,从感觉及声响上判别有无异常,检查润滑油位是否正常。

(2) 设备上各阀门的开、关状态。

(3) 熟悉仪表的原理与结构,掌握连接方法与操作步骤,分清量程范围,掌握正确的读数方法,检查设备的开、关状态。

(4) 检查设备拥有的安全措施,如防护罩、绝缘垫、隔热层等。

(5) 实验前应对实验室的防火、用电、防爆和防毒等安全知识和措施做相应的了解。

1.3 实验操作

化工实验一般都是以三四人为一组,根据实验内容分工协作。因此,在实验开始前要做好组织工作,实验过程中在适当时间进行工作轮换(包括操作、读取数据、记录数据及现象观察等),既保证实验结果的准确性,又能获得全面的训练。

(1) 启动前检查设备,调整设备进入启动状态。检查设备、管道上阀门的开启状态是否合乎流程要求。当这些达到要求后,再进行送电、通水或空气的操作。

(2) 实验操作严格根据操作规程进行。操作过程中如果设备或仪表出现异常,应该立即停车并报告指导教师。

(3) 实验过程中,操作要认真、仔细、细心,流量调节应该缓慢,防止流量、温度,特别是压强出现较大的波动,影响实验的正常操作。

(4) 停车前,先后关闭蒸气源、气源、水源、电源,再切断电机电源,将阀门恢复到实验前所处的位置。

1.4 实验数据的测定、记录和处理

1.4.1 实验数据的测定

凡是影响实验结果或者在数据整理过程中所需要的数据都必须测定。在实验预习

时要设计原始数据记录表和记录内容。原始数据记录包括外部环境(大气条件)、设备尺寸、工作介质性质及操作条件等,但并不是所有的数据都要直接测量。凡可以根据某一数据导出或从手册中查出的数据,就不必直接测定。例如,水与空气的普兰特准数,水与空气的密度、黏度、比热容等物理性质,一般只要测出温度后即可从相关的手册中查出,不必直接测定。

1.4.2 实验数据的读取和记录

(1)在实验预习时设计的原始数据记录表中,记录待测物理量的名称、符号及单位。每位学生都应在实验预习报告本上记录测量的实验数据,保证数据完整,避免记录错误。记录数据应书写清楚、字迹工整,不能涂改数据。

(2)待设备运转正常,操作稳定后再读取数据。当操作条件改变后,需要经过一段时间稳定才能读取数据,否则容易造成实验数据的测量误差。因为实验操作条件改变,破坏了原来的稳定状态,重新建立平衡需要一定时间。

(3)在实验操作中,测量的数据最好是数人同时读取,以免由于数据波动引起误差。数据记录后,应该立即复核,以免发生读错或记错数字等事故。同时要注意将测量的数据与实验上的数据进行对比,检查是否准确和合理。如果是不合理的数据,应该重新测量数据。如果测量的参数有波动,记录的数据应该是波动时最高点和最低点的平均值。

(4)记录的数据必须反映仪表的精度,正确读取有效位数。一般要记录至仪表上最小分度以下一位数。例如压力表的最小分度为 0.01MPa,如果当时的压力表读数为 0.184MPa,不能记为 0.18MPa。

(5)实验测量的数据不能随意修改和舍弃,记录数据要以实验当时的读数为准。

(6)实验中如果出现不正常情况,以及数据有明显误差时,应在备注栏中加以说明。特别要注意,如果发现某些不正常现象,更应抓住时机,研究产生不正常现象的原因,排除障碍。

1.4.3 实验数据的处理

(1)在撰写实验报告时,要对原始数据进行计算整理,在整理数据时不能随便修改数据。数据整理应根据有效数字的运算规则,剔除一些由过失误差造成的不正确数据,舍弃一些没有意义的数字。

(2)数据整理时,如果过程比较复杂,实验数据又多,一般采用列表整理法。列表整理数据时,应该将同一栏目或项目的数据一次整理,这样既简洁明了,又节省时间。

(3)在所列表的下面要给出计算示例,即任取一列数据进行详细的计算,以说明各项之间的关系。

1.5 实验报告的编写

化工实验的研究对象是复杂的工程实际问题,实验报告是对实验工作的系统概括和全面总结,是实践环节中不可缺少的重要组成部分,要求科学、严谨和全面。因此,实验报告必须写得简洁明了,数据完整,结论正确,有讨论,有分析,得出的公式或曲线、图形有明确的使用条件。实验报告的内容可按照传统格式和小论文格式撰写。

1.5.1 传统的实验报告

化工实验报告一般包括以下内容:

1. 实验报告的封面

封面一般包括实验的名称、报告人的姓名与班级、同组实验人的姓名、实验室的名称和地点、指导教师、实验日期。

2. 实验目的

简明扼要地说明为什么要进行本实验、实验要解决什么问题和实验的基本要求。

3. 实验基本原理

简要说明实验所依据的基本原理和涉及基本概念,实验所依据的重要定律、公式,据此推算所需测量物理量的结果,要求准确、充分。

4. 实验内容

列出所需要测量的物理量,得出公式、曲线或图形。如流体流动阻力的测量实验,其内容为测量粗糙管、光滑管的摩擦系数和阀件局部阻力系数,用 origin 软件绘制摩擦系数和雷诺准数的双对数关联图。

5. 实验设备和装置的流程示意图

简单地画出实验装置的流程示意图和测试点、控制点的位置,注明主要设备、阀件和测量数据仪表的类型及规格,标出设备、仪器仪表及调节阀等的标号。

6. 实验操作要点

化工实验步骤一般比较复杂,在实验报告中可以省略。但可用实验操作要点说明,操作过程的说明要简单、明了、条理清晰,分几个步骤说明。

7. 实验注意事项

对于容易引起设备、仪器和仪表损坏,容易发生危险以及一些对实验结果影响比较大的操作,应加以说明,引起注意。

8. 原始数据记录

应该记录与实验结果有关的全部数据,即测量仪表读取的数值、仪表常数和设备参数。数据记录要准确,根据测量仪表的精度决定实验数据的有效位数。原始数据记录表作为附录附于实验报告后面。

9. 实验数据处理和计算示例

数据处理是实验报告中的重要内容,要求将实验原始数据通过归纳、计算等方法整理出一定关系(或结论),通过表格、公式或图形的形式表示。表格要易于显示数据的变化规律及各物理参数间的相关性;图要能直观地表达变量的相互关系。

实验数据处理过程中,要以某一组原始数据为例(实验同组人员不能用同组数据计算),列出所有的计算公式,进行详细的计算,说明实验结果处理表中的数据是如何得到的。其中引用的数据要说明来源,简化公式要写出导出过程。

10. 实验结果分析和讨论

实验结果分析和讨论是实验者理论水平的具体体现,是对实验方法、实验装置和实验结果的综合分析,是工程实验报告的重要内容之一。主要内容包括以下几个方面:从理论上对实验结果进行分析和讨论,说明实验结果的客观性和必然性;对实验中异常现象进行分析讨论,探讨影响实验的主要因素;分析实验误差的原因,估算误差的大小,探讨提高实验质量的途径;根据实验结果提出进一步的研究方向或对实验方法及装置提出改进建议;分析结果对生产实践的意义和价值、推广和应用的潜在效果。

11. 结论

结论是根据实验结果所做出的最后判断,得出的结论要从实际出发,实事求是,有理论依据,恰当中肯。

12. 参考文献

见下面论文格式的参考文献。

1.5.2　论文格式

论文就是用来进行科学研究和描述科研成果的文章。它既是探讨问题进行科学研究的一种手段,又是描述科研成果进行学术交流的一种工具。它包括科学技术报告、学位论文、毕业论文、科技论文、成果论文以及其他类似文件,是主要的科技信息源,是记录科学技术进步的历史性文件。

科学论文有其独特的写作格式,其构成常包括以下部分:标题、作者姓名与单位、中英文摘要及关键词、前言、正文、结论、致谢、参考文献等。

1. 标题

标题也称题目,它是论文的总纲,是文献检索的依据,是全篇论文的实质与精华,也是引导读者判断是否阅读论文的重要依据,因此要求标题能准确反映论文的中心内容,有助于选定关键词,符合编制题录、索引和检索的有关原则。

2. 作者姓名和单位

署名作者只限于那些选定研究课题和制定研究方案,直接参与全部或主要研究工作,作出主要贡献并了解论文报告的全部内容,能对全部内容进行解答的人。其他参加工作的人员,可列入附注或致谢部分。工作单位写在作者名下。

3. 摘要

撰写摘要的目的是让读者对本文研究什么问题、用什么方法、得到什么结果、这些结果有什么意义一目了然,是对论文内容不加注解和评论的概括性陈述,是全文的高度浓缩,一般是文章完成后最后提炼出来的。摘要的长短少则几十个字,多不超过 300 字为宜。不用图、表、化学结构式、非公知公用的符号和术语。

4. 关键词

关键词又称主题词,是从论文的题名、摘要和正文中选取出来的,是对表述论文的中心内容有实质意义的词汇。每篇论文一般选取 3～8 个词汇作为关键词,便于检索的需要。

5. 前言

前言,又叫引言、导言、序言,是论文主体的开端。前言一般要概括地写出作者意图,说明选题的目的和意义,并指出论文写作的范围。前言要短小精悍,紧扣主题。比较短的论文只要一小段文字说明,不用"前言"两字。前言一般包括以下内容:

(1) 研究背景和目的。说明从事该项目研究的理由,其目的与背景是密不可分的,便于读者领会作者的思路,从而准确地领会文章的实质。

(2) 研究范围。指研究所涉及范围或所取得成果的适用范围。

(3) 相关领域前人的研究工作。实事求是地说明前人已做过的工作或前人并未涉足的问题、前人工作中有什么不足并简述其原因。

(4) 研究方法。指研究采用的实验方法或实验途径。只提及方法的名称即可,不需要详细展开。

(5) 预想的结果和意义。扼要提出本文将要解决什么问题以及解决这些问题有什么重要意义。

6. 正文

正文是论文的核心部分。这一部分的形式主要由作者意图和文章内容决定,不可能也不应该规定一个统一的形式。以实验研究为手段的论文或技术报告,包括以下几个内容:

(1) 主要仪器设备型号。标明规格和生产厂家。

(2) 实验试剂和材料。标明规格和生产厂家;如果是自配的溶液和自制的材料,标明配制过程和材料的制备方法。

(3) 实验方法和过程。说明实验采用的是什么方法,实验过程是如何进行的,操作上应该注意什么问题。突出重点,只写出关键步骤。如果采用前人或他人的方法,写出方法的名称即可,但要标出出处的参考文献。如果是自己设计的新方法,要对研究过程进行理论分析,同时写出详细的实验过程。

(4) 计算方法。写出实验结果的计算过程。如果计算过程比较简单,则可略去。

7. 结果与讨论

结果与讨论是论文的重点,是结论赖以产生的基础。需要对数据处理的结果进一步加以整理,从中选出最能反映事物本质的数据或现象,将其制成便于分析讨论的图或表。分析是指理论(机理)上对实验所得到的结果加以解释,阐明自己的新观点或新见解。写出这部分时应该注意以下几个问题:

选取数据时,必须严肃认真,实事求是。选取数据要从必要性和充分性两方面来考虑,不能随意取舍,更不能伪造数据。对于异常的数据,不要轻易删除,要反复验证,查明原因。

对图和表,要精心设计、制作。图要能直观地表达变量间的相互关系;表要易于显示数据的变化规律及各参数间的相关性。

分析问题时,要以事实为基础、以理论为依据。因此,在结果的分析中,既要包含所取得的结果,还要说明结果的可信度、再现性和误差,以及与理论分析结果的关联、经验公式的建立、尚存在的问题等。

8. 结论

结论是论文在理论分析和计算结果(实验结果)中分析和归纳出的观点,它是以结果和讨论(或实验验证)为前提,是经过严密的逻辑推理做出的最后判断,是整个研究过程的结晶,是全篇论文的精髓。据此结果可以看出研究成果的水平。

9. 致谢

一项科研成果或技术创新,往往不是独自一人可以完成的,还需要各方面的人力、财力、物力的支持和帮助。因此,在许多论文的末尾都列有"致谢",主要是对论文完成期间得到的帮助表示感谢,这是学术界谦逊和有礼貌的一种表现。

10. 参考文献

一篇论文的参考文献是将论文在研究和写作中参考或引证的主要文献资料,列于论文的末尾。主要目的是为了反映作者尊重他人研究成果的严肃态度、研究工作的科学依据,以及向读者提供有关信息的出处,提示读者查阅原始文献。参考文献的标注方式按《文后参考文献著录规则(GB7714-2005)》进行。

一般来说,前言部分的参考文献与论文的主题有关;在研究方法部分常引用一些参考文献与之相比较;在结果与讨论部分的参考文献,要将自己的研究结果与同行的相关研究进行比较,这种比较都以别人的原始出版物为基础。对所引用的别人的观点或文字,都必须注明出处或加以注释。凡引用的文献资料,应如实说明,并按在论文中出现的顺序,用阿拉伯数字连续编码,按顺序排列。对已有学术成果的介绍、评论、引用和注释,应力求客观、公允、准确。

引用的参考文献是专著、科技情报等整本文献时,著录格式为"[序号]作者.文献题名(版本).出版地:出版者,出版年.",例如[1]、[2]。引用的参考文献是期刊论文,著录格式为"[序号]作者.文献题名.刊名,出版年,卷(期):引文的起始页码.",例如[3]、[4]、[5]。引用的参考文献是报纸文章,著录格式为"[序号]作者.文献题名.报纸名,出版日期(版次).",例如[6]。

[1] 吴洪特主编.化工原理实验.北京:化学工业出版社,2010.

[2] 宋长生主编.化工原理实验.南京:南京大学出版社,2010.

[3] 刘硕,赵兰,李浩,任恒星.离心泵实验数据处理系统的开发.河南化工,2010,27(3):53-54.

[4] 黄万鹏,马虎根,罗行,白健美.水平冷凝强化管传热性能实验数据处理方法.上海理工大学学报,2009,31(4):336-340.

[5] A. Chambers, T. Nemes, N. M. Rodriguez, R. T. K. Baker. Catalytic Behavior of Graphite Nanofiber Supported Nickel Particles. 1. Comparison with Other Support Media . *J. Phys. Chem. B*,

1998,102(12)：2251－2258.

[6] 谢希德.创造学习的新思路.人民日报,1998－12－25(10).

11. 附录

附录是在论文末尾作为正文主体的补充项目。某些数量较大的重要原始数据、篇幅过大不便于作为正文的材料、对于同专业同行有参考价值的资料等可作为附录,放在论文的末尾。但附录并不是必需的。

12. 撰写英文摘要

以上中文摘要编写的注意事项都适用于英文摘要,但英语有自己的表达方式、语言习惯,在撰写英文摘要时应特别注意。对于正式发表的论文,一般要求将中文标题、作者、摘要和关键词译成英文。

用论文形式撰写化工实验的实验报告,可极大地提高学生科技论文的写作能力、综合应用知识能力和科研能力,可为学生撰写毕业论文和学术论文打下良好的基础,是培养综合素质和能力的重要手段,要提倡这种形式的实验报告。但无论何种形式的实验报告,均应该体现出学术性、科学性、理论性、规范性、创造性和探索性。论文和参考文献的格式具体可参考国家标准《科学技术报告、学位论文和学术论文的编写格式(GB7713－1987)》和《文后参考文献著录格式(GB7714－1987)》。

▶▶▶▶ 参考文献 ◀◀◀◀

[1] 史贤林,田恒水,张平主编.化工原理实验.上海：华东理工大学出版社,2005.

[2] 吴洪特.化工原理实验.北京：化学工业出版社,2010.

[3] 徐伟.化工原理实验.济南：山东大学出版社,2008.

[4] 王建成,卢燕,陈振主编.化工原理实验.上海：华东理工大学出版社,2007.

[5] 陈同芸,瞿谷仁,吴乃登.化工原理实验.上海：华东理工大学出版社,1989.

第1章 化学工程实验的基本要求

第 2 章 化学工程实验安全知识

化学工程实验与一般化学实验比较,有共同点,也有其本身的特殊性。为了安全、成功地完成实验,在化工实验中必须遵守一些注意事项。

为了确保化工设备和人身安全,从事化工实验教学的教师必须具备相关的安全知识。对于化工及近化工类专业的学生,对化工安全知识应该有深刻的认识,具体的学习内容在《化工安全知识概论》课程中讲授。本教材只介绍化工实验安全方面的知识。

2.1 化工实验注意事项

(1)泵、风机、压缩机、电机等转动设备,启动前要先用手使其运转,从感觉及声响上判断有无异常,检查润滑油位是否正常。

(2)操作过程中注意配合,严守自己的岗位,精心操作。实验过程中,随时观察仪表指示值的变动,保证操作过程在稳定条件下进行。产生不符合规律的现象时要及时观察研究,分析其原因。

(3)操作过程中设备及仪表发生问题应立即按停车步骤停车,报告指导教师,未经教师同意不得自行处理。同时应自己分析原因供教师参考。在教师处理问题时,学生应了解其过程,这是学习分析问题与处理问题的好机会。

(4)实验结束时应先将有关的热源、水源、气源、仪表的阀门或电源关闭,再切断电机电源。

(5)实验前应对实验室的防火、用电、防爆和防毒等安全知识和措施做相应的了解。

(6)在实验中,用化学的或物理的方法处理的废弃物品,不得任意抛弃,以免污染环境。

2.2 化学品的分类

由于人为或自然的原因,引起化学危险品泄漏、污染、爆炸、造成损害的事故叫化学事故。化学危险品可能引起的常见伤害有:刺激眼睛,致流泪致盲;灼伤皮肤,致溃疡糜烂;损伤呼吸道,致胸闷窒息;麻痹神经,致头晕昏迷;燃烧爆炸,致物毁人亡。要防止化学事故的发生,需要了解化学危险品的特性,不盲目操作,不违章使用,妥善保管好化学危险品,严防室内积聚高浓度易爆易燃气体。同时,实验室需要准备一定量的防护器材,如隔绝式和过滤式防毒面具,防毒衣;简易器材有湿毛巾、湿口罩、雨衣、雨靴等。发生事故的现场应急措施有:向侧风或侧上风方向迅速撤离;离开毒区后脱去污染衣物并及时洗掉;必要时到医疗部门检查或诊治。

实验室内的所有化学品必须分类和管理。在使用化学品前要了解它的物理化学性质。如易燃物品和还原剂不能与氧化剂放在一起，以免发生着火燃烧和爆炸等危险。对于不同的危险化学品，在扑救火灾选择灭火剂时，必须针对药品进行选用，否则不仅不能取得预期效果，反而会引起其他的危险。例如，轻质油类（如萃取实验中的煤油）着火时，不能用水灭火，否则会使火灾蔓延；着火处有活泼金属，如金属钠存放，不能用水进行灭火，因为水与金属钠剧烈反应，会发生爆炸；若着火处有氰化钠，不能用泡沫灭火剂，因为灭火剂中的酸与氰化钠反应生成剧毒的氰化氢气体。化学危险品按国家标准《化学品分类和危险性公示通则（GB13690－2009）》的规定分为八类。

（1）爆炸品

常见的爆炸性化学品有雷酸盐、硝酸铵、重氮盐、三硝基甲苯（TNT）和其他含有三个硝基以上的有机化合物等。这类化学品在外界作用下（受热、受压、撞击等），能发生剧烈的化学反应，瞬间产生大量的气体和热量，对周围环境造成严重破坏。这类化合物对热和机械作用（研磨、撞击等）很敏感，爆炸威力都很强，特别是干燥的爆炸物爆炸时威力更强。

（2）压缩气体和液化气体

这类气体指压缩、液化或加压溶解的气体。这类化学品有三种：不燃性气体（氮气、二氧化碳等）、可燃性气体（氢、乙炔、甲烷、煤气等）、助燃性气体（氧气、氯气等）。在化工实验中常用到的气体有二氧化碳（吸收实验）、空气（过滤实验、干燥实验、吸收实验和精馏实验）、氢气和氮气（精馏实验中的气相色谱仪）。这类气体的使用有一定的要求。

（3）易燃液体

这类化学品指易燃的液体、液体混合物或溶有固体物质的液体，不包括由于其危险特性已列入其他类别的液体。其闭杯试验闪点不高于61℃。

易燃液体在有机化学实验、化学工程与工艺专业实验中大量使用，化工原理实验用到的易燃液体有乙醇（精馏实验）、丙酮（吸收实验）和煤油（萃取实验）。这类化学品容易挥发和燃烧，达到一定浓度遇明火即着火。若在密封容器内燃烧，甚至会造成容器破裂而爆炸。易燃液体的蒸气一般比空气重，当它们在空气中挥发时，常常在低处或地面上漂浮。因此，使用这种化学品时严禁明火，远离电热设备和其他热源，更不能同其他危险品放在一起，以免引起更大危害。

（4）易燃固体、自燃物品和遇湿易燃物品

易燃固体指燃点低，对热、撞击、摩擦敏感，易于被外部火源点燃，燃烧迅速，并可能散发出有毒烟雾或有毒气体的固体，不包括已列入爆炸品的化学品。自燃物品指自燃点低，在空气中易发生氧化反应，放出热量而自行燃烧的化学品。遇湿易燃物品指遇水或受潮时发生剧烈化学反应，放出大量的易燃气体和热量的化学品，有时不需要明火，即能燃烧或爆炸。

易燃固体有松香、石蜡、硫、镁粉、铝粉等，它们不自燃，但易燃，燃烧速度一般较快。这类固体若以粉尘悬浮物分散在空气中，达到一定浓度时，遇有明火就可能发生爆炸。

带油污的废纸、废橡胶、硝化纤维、黄磷等都属于自燃物品。它们在空气中逐渐氧化而发热，如果热量不能及时散失，温度会逐渐升高到该物品的燃点，发生燃烧。因此，这类自燃性废弃物不要在实验室内堆放，应当及时清除，以防意外。

钾、钠、钙等轻金属遇水时能产生氢和大量的热,以至发生爆炸。电石遇水能产生乙炔和大量的热,即使冷却,有时也能着火,甚至会引起爆炸。

化学、化工实验室用到这类物品比较少。化工实验室用到的这类物品有硫粉和橡胶,都是备用的物品。橡胶用在管件连接密封的垫圈,硫粉用来除去外泄的水银。

(5)氧化剂和有机过氧化物

氧化剂包括高氯酸盐、氯酸盐、次氯酸盐、溴酸盐、碘酸盐、高锰酸盐、重铬酸盐、铬酸盐、硝酸盐、亚硝酸盐、过氧化物、过硫酸盐等。氧化剂是具有高价氧化态的金属和非金属,具有强烈的氧化性,易分解放出氧和热量。它本身一般不能燃烧,但在光照、受热或与其他药品(酸、水、有机物和还原性介质等)作用时,能产生氧起助燃作用,并造成猛烈燃烧甚至爆炸。强氧化剂与还原剂或有机药品混合后,能因受热、摩擦、撞击发生爆炸。如氯酸钾与硫混合、硝酸钾和碳混合因撞击而发生爆炸;过氯酸镁是很好的干燥剂,若吸附烃类物质后就有爆炸的危险。

(6)毒害品

凡是少量就能使人中毒受害的物品都称为毒害品。毒害品进入肌体后,累积达到一定的量,能与体液和器官组织发生生物化学作用或生物物理学作用,扰乱或破坏肌体的正常生理功能,引起某些器官和系统暂时性或持久性病理改变,甚至危及生命。

中毒途径有误服、吸入呼吸道或皮肤被沾染等。其中有的蒸气有毒,如汞;有的固体或液体有毒,如氰化钾、农药。按国际上采用的分类法,其按半数致死量分级法可分为剧毒、高毒、中毒、低毒、基本无毒和无毒六类。根据对人身的危害程度,其分为剧毒药品(氰化钾、砒霜等)和有毒药品(农药)。使用这类物质应十分小心,以防止中毒。实验室所用毒品应有专人管理,建立保存与使用档案。

(7)放射性物品

放射性物品是指放射性比活度大于 $7.4 \times 10^4 \mathrm{Bq/kg}$ 的物品。对人体各部位、皮肤和其他组织有强烈的辐射损伤作用,属剧毒类化学品。该类物品可以侵入人体全身各部位。个人的防护方法可以是穿戴工作服、帽子、鞋子、手套、袖套、围裙、口罩、眼罩等。

贮存室应有有效的防火、防盗、防泄露的安全措施;放射性同位素的贮存不得与易燃、易爆或腐蚀性物品放在一起;所有贮存室入口处应设置放射性标志;贮存室要指定专人负责保管,领用、归还时必须进行登记,做到账物相符。

(8)腐蚀品

这类化学品系指能灼伤人体组织并对金属等物品造成损坏的固体或液体。这类物品有强酸、强碱,如硫酸、盐酸、硝酸、氢氟酸、苯酚、氢氧化钾、氢氧化钠等。它们对皮肤和衣物都有腐蚀作用。特别是在浓度和温度都较高的情况下,作用更甚。使用中应防止与人体(特别是眼睛)和衣物直接接触。灭火时也要考虑是否有这类物质存在,以便采取适当措施。

2.3 化学品的安全使用和管理

(1)实验室用的化学品必须按规定手续领用与保管。对危险化学药品要严格落实以

"两人领用、两人使用、两人运输、两人保管、两把锁"为核心的"五双"安全管理制度。落实保管责任制,责任到人。剧毒品要登记注册,并有专人管理。

(2)危险化学药品应根据实验的需用量和按照规定适量领取,严格做好使用登记,记录使用人、时间、用量等,做到账账、账物相符。使用危险化学品进行实验前,必须向学生重申遵守安全操作规程的要求。

(3)实验教学使用的化学危险药品必须贮藏在专用室、柜内,不得和普通试剂混存或随意乱放。还要按各自的危险特性分类存放,相互之间保持安全距离。剧毒化学药品应严格管理,做好防盗,要放置于保险柜或铁皮柜内,双人双锁管理。危险化学药品必须在指定实验室使用,不得私自借用和带出实验室。

(4)定期对化学危险品的包装、标签、状态进行认真检查,并核对库存量,做到账物一致。遇火、遇潮容易燃烧、爆炸或产生有毒气体的危险化学药品,不得在露天、潮湿、漏雨和低洼容易积水的地点存放;受阳光照射易燃烧、易爆炸或产生有毒气体的危险化学药品应当在阴凉通风地点存放。危险化学药品的存放区域应设置醒目的安全标志。

(5)有毒、易燃易爆等压缩气体应安全放置,定期检查,确保通风,远离火源和热源,避免日光直射。不能在实验场所存放大量该类物品,有条件的实验室应设专用贮放室或存放柜。

(6)使用危险化学药品时应当根据其种类和性能设置相应的安全设施,如灭火器、消防桶、黄沙、防毒面具、防护罩等,应根据实验的实际情况和可能发生的事故危害确定防护重点,制定相应的防护措施和应急预案。

(7)从事危险化学药品实验的人员应当接受相应的安全技术培训,做到熟悉所使用药品的性质,熟练掌握相应药品的操作方法。特别是使用易燃易爆、剧毒、致病性以及有压力反应等危险性较大的危险化学药品做实验时,严禁盲目操作,必须按照相关的操作规程,并以国家和行业的相应规定为标准,严格执行。

2.4 实验室废弃物的分类和处理

实验室废弃物是指实验过程中产生的"三废"(废气、废液、废固)物质。做好实验室有害、有毒废弃物的处理工作,不仅能保障教师和学生的身体健康,还能维护实验室及周边环境。

2.4.1 实验室废弃物的分类

1. 有机废液类

(1)油脂类:由实验室或工厂所产生的废弃油,例如灯油、轻油、松节油、油漆、重油、杂酚油、锭子油、绝缘油(不含多氯联苯)、润滑油、切削油、冷却油及动植物油等。

(2)含卤素类有机溶剂类:由实验室或工厂所产生的废弃溶剂,该溶剂含有脂肪族卤素类化合物,如氯仿、氯化甲烷、二氟甲烷、四氯化碳、甲基碘等,或含芳香族卤素类化合物,如氯苯、苯甲氯等。

(3)不含卤素类有机溶剂类:由实验室或工厂所产生的废弃溶剂,该溶剂不含脂肪族卤素类化合物或芳香族卤素类化合物。

2. 无机废液类

（1）含重金属废液：由实验室或工厂所产生的废液，该废液含有任一类重金属，如铁、钴、铜、锰、镉、铅、镓、铬、钛、锗、锡、铝、镁、镍、锌、银等。

（2）含氰废液：由实验室或工厂所产生的废液，该废液含有游离氰废液（需保存在pH10.5以上），或者含有氰化合物或腈化合物。

（3）含汞废液：由实验室或工厂所产生的废液，该废液含有汞。

（4）含氟废液：由实验室或工厂所产生的废液，该废液含有氟酸或氟化合物。

（5）酸碱性废液：由实验室或工厂所产生的废液，该废液含有酸或碱。

（6）含六价铬废液：由实验室或工厂所产生的废液，该废液含有六价铬化合物。

3. 污泥及固体类

（1）可燃感染性废污：由实验室或医院（不含营利性的教学医院）于研究、检验过程中所产生的可燃、具感染性之废污，例如废检体、废标本、人体或动物残肢、器官或组织、废透析用具、废血液或血液制品等。

（2）不可燃感染性废污：由实验室或医院（不含营利性的教学医院）于研究、检验过程中所产生的不可燃、具感染性之废污，例如针头、刀片、缝合针等器械，以及玻璃材质之注射器、培养皿、试管、试玻片等。

（3）有机污泥：由实验室或工厂所产生的有机性污泥，例如油泥、发酵废污等。

（4）无机污泥：由实验室或工厂所产生的无机性污泥，例如混凝土实验室或材料实验室之沉沙池污泥、雨水下水道管渠或入孔污泥、钻孔污泥等。

2.4.2 实验室废弃物的处理

（1）实验室产生的废液、废渣必须妥善处理，不得随意丢弃，随意排入地面、地下管道以及任何水源，防止污染环境，也不得在实验室存留。实验废液、废渣要采取适当措施做"无害化"处理。凡是产生有害气体的实验操作，必须在通风橱内进行。应注意不使毒品洒落在实验台或地面上，一旦洒落必须彻底清理干净。

（2）实验室废液应有适当的贮存场所，防止高温，避免日晒和雨淋，废液存放地点不能占用过道，远离火源，有条件时最好存放在通风柜中。

（3）实验室产生的废物必须装入容器内，应依不同性质进行分类收集，不相容的废物应该在不同的容器内贮藏，不能混贮。无法装入常用容器的危险废物可用防漏胶袋等盛装。有机和无机废物要分开放置。

（4）废物盛装容器必须完好无损，所有储存容器应保持随时密闭状态，容器材质满足相应的强度要求，容器材质和衬里与废物不相容，也不发生反应。容器如有损坏或泄漏，应该立即更换，保持容器清洁。

（5）盛装实验室废物的容器必须粘贴标签，标签上的文字保持清晰可见，标注其中文化学名称（混合物标注主要废物名称）和性质及禁忌物。

（6）实验室废物贮存设施应该有专人管理和防泄漏措施，设置必要的警示标志及应急防护设施。

2.5 高压钢瓶的安全使用

在化工实验中,另一类需要引起特别注意的东西,就是各种高压气体。化工实验中所用的气体种类较多。一类是具有刺激性的气体,如氨、二氧化硫等,这类气体的泄漏一般容易被发觉。另一类是无色无味,但有毒性或易燃易爆的气体,如一氧化碳等,不仅易导致中毒,在室温下空气中的爆炸范围为12%~74%,当气体和空气的混合物在爆炸范围内,只要有火花等诱发,就会立即爆炸。氢气在室温下空气中的爆炸范围为4%~75.2%。因此使用有毒或易燃易爆气体时,系统一定要严密不漏,尾气要导出室外,并注意室内通风。

高压钢瓶是一种贮存各种压缩气体或液化气体的高压容器。钢瓶容积一般为40~60L,最高工作压强为15MPa,最低的也在0.6MPa以上。瓶内压力很高,贮存的气体本身可能有毒或易燃易爆,故使用钢瓶一定要掌握其构造特点和安全知识,以确保安全。

钢瓶主要由筒体和瓶阀构成,其他附件还有保护瓶阀的安全帽、开启瓶阀的手轮、减少运输过程震动的橡胶圈。另外,在使用时瓶阀出口还要连接减压阀和压力表。

标准高压钢瓶是按国家标准制造的,并经有关部门严格检验方可使用。各种钢瓶使用过程中,还必须定期送有关部门进行水压试验。经过检验合格的钢瓶,在瓶肩上用钢印打上下列资料:①制造厂家;②制造日期;③钢瓶型号和编号;④钢瓶重量;⑤钢瓶容积;⑥工作压强;⑦水压试验压强、水压试验日期和下次试验日期。

各类钢瓶的表面都涂上一定颜色的油漆,其目的不仅是为了防锈,更是便于从颜色上迅速辨别钢瓶中所贮存气体的种类,以免混淆。常用的各类高压钢瓶的颜色及其标识如表2-1所示。

表 2-1 常用的各类高压钢瓶的颜色及其标识

气体种类	工作压强/MPa	水压试验压强/MPa	钢瓶颜色	文字	文字颜色	阀门螺纹
氧气	15	22.5	浅蓝色	氧	黑色	正扣
氢气	15	22.5	暗绿色	氢	红色	反扣
氮气	10	22.5	黑色	氮	黄色	正扣
氩气	10	22.5	棕色	氩	白色	正扣
压缩空气	15	22.5	黑色	压缩空气	白色	正扣
二氧化碳	12.5(液)	19	黑色	二氧化碳	黄色	正扣
氨	3(液)	6	黄色	氨	黑色	正扣
氯	3(液)	6	草绿色	氯	白色	正扣
乙炔	3(液)	6	白色	乙炔	红色	反扣
二氧化硫	0.6(液)	1.2	黑色	二氧化硫	白色	正扣

为了确保安全,在使用钢瓶时,一定要注意以下几点:

(1)当钢瓶受到明火或阳光等热辐射的作用时,气体因受热而膨胀,使瓶内压力增大。当压力超过工作压力时,就有可能发生爆炸。因此,在钢瓶运输、保存和使用时,应远离热源(明火、暖气、炉子等),并避免长期在日光下暴晒,尤其在夏天更应注意。

(2)钢瓶即使在温度不高的情况下受到猛烈撞击,或不小心将其碰倒跌落,都有可能引起爆炸。因此,钢瓶在运输过程中要轻搬轻放,避免跌落撞击,使用时要固定牢靠,防止碰倒。更不允许用锥子、扳手等金属器具击打钢瓶。

(3)瓶阀是钢瓶中的关键部件,必须保护好,否则将会发生事故。

① 若瓶内存放的是氧、氢、二氧化碳和二氧化硫等,瓶阀应用铜和钢制成。当瓶内存放的是氨,则瓶阀必须用钢制成,以防腐蚀。

② 使用钢瓶时,必须用专用的减压阀和压力表。尤其是氢气的和氧气的不能互换,为了防止氢和氧两类气体的减压阀混用造成事放,氢气表和氧气表的表盘上都注明"氢气表"和"氧气表"的字样。氢及其他可燃气体瓶阀,连接减压阀的连接管为左旋螺纹;而氧等不可燃烧气体瓶阀,连接管为右旋螺纹。

③ 氧气瓶阀严禁接触油脂。因为高压氧气与油脂相遇,会引起燃烧,以至爆炸。开关氧气瓶时,切莫用带油污的手和扳手。

④ 要注意保护瓶阀。开关瓶阀时一定要搞清楚方向缓慢转动,旋转方向错误和用力过猛会使螺纹受损,造成重大事故。关闭瓶阀时,不漏气即可,不要关得过紧。用毕和搬运时,一定要盖上保护瓶阀的安全帽。

⑤ 瓶阀发生故障时,应立即报告指导教师。严禁擅自拆卸瓶阀上任何零件。

(4)当钢瓶安装好减压阀和连接管线后,每次使用前都要在瓶阀附近用肥皂水检查,确认不漏气才能使用。对于装有有毒或易燃易爆气体的钢瓶,除了保证严密不漏外,最好单独放置在远离实验室的小屋里。

(5)钢瓶中气体不要全部用净。一般钢瓶使用到压强为 0.5MPa 时,应停止使用。因为压力过低会给充气带来不安全因素。当钢瓶内压强与外界大气压相同时,会造成空气进入。对于易燃易爆的气体,由于空气的进入,在充气时易引发爆炸事故。

(6)易燃易爆气体的输送应控制适当的流速,输出管道应采取防静电措施。

(7)钢瓶必须严格按期检验。

2.6　实验室消防知识

实验操作人员必须了解消防知识。根据危险品特性和实验室的条件,实验室必须配置相应的消防器材、设施和灭火药剂。实验室工作人员应熟悉消防器材的存放位置和使用方法,绝不允许将消防器材移作他用。实验室常用的消防器材有以下几种:

(1)灭火砂箱

易燃液体和其他不能用水灭火的危险品,着火时可用砂子来扑灭。它能隔断空气并起降温作用而灭火。但砂中不能混有可燃性杂物,并且要干燥。潮湿的砂子遇火后因水分蒸发,致使燃着的液体飞溅。砂箱中存砂有限,实验室内又不能存放过多砂箱,故这种灭火工具只能扑灭局部小规模的火源,对于不能覆盖的大面积火源,因砂量太少而作用不大。

此外,还可用不燃性固体粉末灭火。

(2)石棉布、毛毡或湿布

这些器材适用于迅速扑灭火源区域不大的火灾,也是扑灭衣服着火的常用方法。其作用是隔绝空气达到灭火的目的。

(3)泡沫灭火器

实验室多用手提式泡沫灭火器。它的外壳用薄钢板制成,内有一个玻璃胆,其中盛有硫酸铝,胆外装有碳酸氢钠溶液和发泡剂(甘草精)。灭火液由 50 份硫酸铝、50 份碳酸氢钠及 5 份甘草精组成。使用时将灭火器倒置,马上发生化学反应,生成含 CO_2 的泡沫。反应式如下:

$$6NaHCO_3 + Al_2(SO_4)_3 \longrightarrow 3Na_2SO_4 + Al_2O_3 + 3H_2O + 6CO_2$$

此泡沫粘附在燃烧物的表面上,形成与空气隔绝的薄层而达到灭火目的。它适用于扑灭实验室的一般火灾,油类着火在开始时可使用,但不能用于扑灭电线和电器设备火灾,因为泡沫本身是导电的,这样会造成扑火人触电事故。

(4)四氯化碳灭火器

该灭火器是在钢筒内装有四氯化碳,并压入 0.7MPa 的空气,使灭火器具有一定的压力。使用时将灭火器倒置,旋开手阀即喷出四氯化碳。它是不燃液体,其蒸气比空气重,能覆盖在燃烧物表面隔绝空气而灭火。它适用于扑灭电器设备的火灾,但使用时要站在上风侧,因四氯化碳是有毒的。室内灭火后应打开门窗通风一段时间,以免中毒。

(5)二氧化碳灭火器

钢筒内装有压缩的二氧化碳。使用时,旋开手阀,二氧化碳就能急剧喷出,使燃烧物与空气隔绝,同时降低空气中含氧量。当空气中含有 12%~15% 的二氧化碳时,燃烧即停止。但使用时要注意防止现场人员窒息。

(6)其他灭火剂

干粉灭火剂可扑灭易燃液体、气体、带电设备引起的火灾。1211 灭火器适用于扑救油类、电器类、精密仪器等火灾。其在一般实验室内使用不多,大型及大量使用可燃物的实验场所应备有此类灭火剂。

2.7 实验室安全用电

2.7.1 安全电压

安全电压是用于制定电气安全规程和一系列电气安全技术措施的基础数据,它取决于人体电阻和人体允许通过的电流。世界各国对安全电压值的规定也各异,采用 50V 和 25V 的居多,也有规定 40V、36V 或 24V 的。国际电工委员会(IEC)规定的接触电压限值(相当于安全电压)为 50V,并规定 25V 以下不需考虑防止电击的安全措施。我国的安全电压为 36V 和 12V。如无特殊安全结构和安全措施,危险环境和特别危险环境的局部照明、手提照明灯等,其安全电压应为 36V;工作地点狭窄,周围有大面积接地导体环境(如金属容器内)的手提照明灯,其安全电压应采用 12V。人的平均电阻为 1000~1500Ω,电流为 50mA 时,称为致命电流。

2.7.2　保护接地和保护接零

在正常情况下电器设备的金属外壳是不带电的,但设备内部的某些绝缘材料若损坏,金属外壳就会带电。当人体接触到带电的金属外壳或带电的导线时,就会有电流流过人体。带电体电压越高,流过人体的电流就越大,对人体的伤害也越大。为防止发生触电事故,要经常检查实验室用的电器设备,寻找是否有漏电现象。同时要检查用电导线有无裸露和电器设备是否有保护接地或保护接零措施。

(1)设备漏电测试

检查带电设备是否漏电,使用试电笔最为方便。它是一种测试导线和电器设备是否带电的常用电工工具,由笔尖端金属体、电阻、氖管、弹簧和笔尾端金属体组成。如果把试电笔笔尖金属体与带电体(如相线)接触,笔尾金属端与人的手部接触,那么氖管就会发光,而人体并无不适感觉。氖管发光说明被测物体带电。这样,可及时发现电器设备有无漏电。一般使用前要在带电的导线上预测,以检查是否正常。

(2)保护接地

保护接地是广泛应用的安全技术措施,用一根足够粗的导线,一端接在电气设备的金属外壳上,另一端通过接地装置同大地连接起来。一旦发生漏电,电流通过接地导线流入大地,降低外壳对地电压。当人体触及外壳时,流入人体电流很小而不致触电。如果电路有保护熔断丝,会因漏电产生电流而使保护熔断丝熔化并自动切断电源。一般的实验室已较少采用这种接地方式,大部分用保护接零的方法。

(3)保护接零

保护接零是将电气设备正常运行时不带电的导电部分(如金属机壳)与电网的零线(即中性线)连接起来,用以防止因电气设备漏电而引发触电事故。这样,当电器设备因绝缘损坏而漏电时,相线、电器设备的金属外壳和中性线就形成一个"单相短路"的电路。由于中性线电阻很小,短路电流很大,会使保护开关动作或使电路保护熔断丝断开,切断电源,消除触电危险。保护接零是由供电系统中性点接地所决定的。对中性点接地的供电系统采用保护接零是既方便又安全的办法。

但保证用电安全的根本方法是电器设备绝缘性良好,不发生漏电现象。因此,注意检测设备的绝缘性能是防止因漏电而造成触电事故的最好方法。

2.7.3　实验室安全用电注意事项

化工实验中电器设备较多,某些设备的电负荷也较大。在接通电源之前,必须认真检查电器设备和电路是否符合规定要求,对于直流电设备应检查正、负极是否接对。必须搞清楚整套实验装置的启动和停车操作顺序,以及紧急停车的方法。安全用电极为重要,对电器设备必须采取安全措施。操作者必须严格遵守下列操作规定:

(1)进行实验之前必须了解室内电闸的位置,以便出现用电事故时及时切断各电源。

（2）电器设备搬动或维修时一定要拔掉电源插头后方可进行。

（3）带金属外壳的电器设备都应该保护接零，并定期检查是否连接良好，经常检测电器外壳是否带电。

（4）导线的接头应紧密牢固，接触电阻要小。裸露的接头部分必须用绝缘胶布包好，或者用绝缘管套好。

（5）教育学生养成不用手掌摸电器的好习惯，更不能用湿手去接触电器、电线。平时要注意电器防潮、防霉、防热、防尘，尤其是暑假后一定要在使用前对各类电器作检查和干燥处理。

（6）电源或电器设备上的保护熔断丝或保险管，都应按规定电流标准使用。严禁私自加粗保险丝或用铜丝或铅丝代替。当保险丝熔断后，一定要查找原因，消除隐患，而后再换上新的保险丝。

（7）电器在使用时，人员不能离开电器并注意电器运行状况，一旦有异常声响、气味、打火、冒烟等现象出现时，就要立即关机，停止使用，待查明原因、排除故障后再继续使用。

（8）电器使用完毕要随手切断电源，拔下电源插头，禁止用拉导线的方法拔下电源插头。

（9）发生停电现象必须切断所有的电闸。防止操作人员离开现场后，因突然供电而导致电器设备在无人监视下运行。

（10）离开实验室前，必须把实验室的总电闸拉下。

（11）实验室要配置不导电的灭火剂，如喷粉灭火器使用的二氧化碳、四氯化碳或干粉灭火剂等。

▶▶▶▶ 参考文献 ◀◀◀◀

［1］北京大学，南京大学，南开大学编.化工基础实验.北京：北京大学出版社，2004.

［2］徐伟.化工原理实验.济南：山东大学出版社，2008.

［3］王雪静，李晓波主编.化工原理实验.北京：化学工业出版社，2009.

［4］李五一主编.高等学校实验室安全概论.杭州：浙江摄影出版社，2006.

［5］黄晓玫主编.高等学校实验室技术安全与环保教育手册.武汉：华中师范大学出版社，2011.

第3章　实验误差的估算与分析

　　化工实验是一门实验单元操作的科学,涉及许多物理量的测量,如温度、压力、体积流量和浓度等。测量某一物理量,要求实验结果具有一定的准确度。但是实验中由于测量仪器、测量方法、周围环境、人的观察力、测量程序等都不可能完美无缺,实验的观测值和客观存在的真值之间总是有一定的差异,这种差异在数值上即表现为误差。误差的存在是必然的,具有普遍性。因此,研究误差的来源及其规律性,尽可能地减小误差,以得到准确的实验结果,对于寻找事物的规律,发现可能存在的新现象是非常重要的。

3.1　有关实验数据的概念

3.1.1　实验数据的真值和平均值

1. 真值

　　真值是指某物理量客观存在的确定值,也称理论值或定义值,它通常是未知的。由于误差的客观存在,真值一般无法测得的。在实验过程中,当测量次数无限多时,根据正负误差出现概率相等的误差分步定律,再经过仔细地消除系统误差,它们的平均值非常接近于真值的数据。故在实验科学中真值的定义为无限多次观测值的平均值。但实际测定的次数总是有限的,用有限次数求出的平均值,只能接近于真值,可称此平均值为最佳值。

2. 平均值

在化工领域中常用的平均值有以下几种:

(1)算术平均值

这种平均值最常用。设 $x_1, x_2, x_3, \cdots, x_n$ 代表各次的测量值,n 代表测量次数,则算术平均值为:

$$\bar{x} = \frac{x_1 + x_2 + \cdots + x_n}{n} = \frac{1}{n}\sum_{i=1}^{n} x_i \tag{3-1}$$

凡测量值的分布服从正态分布,用最小二乘法原理可证明:在一组等精度的测量中,算术平均值为最佳值或最可信赖值。

(2)均方根平均值

均方根平均值常用于计算气体分子的平均动能,其定义式为:

$$\bar{x} = \sqrt{\frac{x_1^2 + x_2^2 + \cdots + x_n^2}{n}} = \sqrt{\frac{1}{n}\sum_{i=1}^{n} x_i^2} \tag{3-2}$$

（3）几何平均值

几何平均值是将一组 n 个测量值连乘并开 n 次方求出的平均值，其定义为：

$$\bar{x} = \sqrt[n]{x_1 \, x_2 \cdots x_n} \qquad (3\text{-}3)$$

以对数表示为：

$$\lg\bar{x} = \frac{1}{n}\sum_{i=1}^{n}\lg x_i \qquad (3\text{-}4)$$

对一组测量值取对数，所得图形的分布曲线呈对称时，常用几何平均值。可见，几何平均值的对数等于这些测量值 x_i 的对数的算术平均值。几何平均值常小于算术平均值。

（4）对数平均值

在化学反应、热量与质量传递过程中，分布曲线多具有对数特性，此时可采用对数平均值表示量的平均值。设有两个量 x_1、x_2，其对数平均值为：

$$\bar{x} = \frac{x_1 - x_2}{\ln x_1 - \ln x_2} = \frac{x_1 - x_2}{\ln \dfrac{x_1}{x_2}} \qquad (3\text{-}5)$$

两个量的对数平均值总小于算术平均值。若 $0.5 < x_1/x_2 < 2$，可用算术平均值代替对数平均值，引起的误差不超过 4%。

以上介绍的各种平均值的目的，都是为了在不同场合从一组测量值中找出最接近于真值的测量值。平均值的选择主要取决于一组测量值的分布类型，在化工实验和科学研究中，数据的分布较多为正态分布，这种类型的最佳值是算术平均值。

3.1.2　误差的定义及分类

误差是实验测量值（包括直接和间接测量值）与真值（客观存在的准确值）之差。误差的大小，表示每一次测得值相对于真值不符合的程度。误差有以下含义：

（1）误差永远不等于零。不管人们的主观愿望如何，且在测量过程中如何精心控制，误差还是产生，误差的存在是客观必然。

（2）误差具有随机性。在相同的实验条件下，对同一个研究对象进行多次实验，测量的结果总不是一个确定的值，即实验结果具有不确定性。

（3）误差是未知的。由于真值是未知的，研究误差一般从偏差着手。

根据误差的性质及产生的原因，可将误差分为系统误差、随机误差和粗大误差三种。

1. 系统误差

指由某些固定不变的因素引起的误差。在相同条件下对同一物理量进行多次测量，其误差数值的大小和正负保持恒定，或误差随条件改变按一定规律变化。即有的系统误差随时间呈线性、非线性或周期性变化，有的不随测量时间变化。产生系统误差的原因有：

（1）测量仪器方面的因素。由于仪器设计上的缺点，零件制造不标准，安装不正确，未经校准或标准表本身存在偏差等因素造成的误差。

（2）环境因素。由于外界温度、湿度及压力变化引起的误差。

（3）测量方法因素。近似的测量方法或近似的计算公式等引起的误差。

（4）测量人员的习惯偏向等引起的误差。

总之，系统误差有固定的偏向和确定的规律，一般可按具体原因采取相应措施给予校正或用修正公式加以消除。系统误差的大小可用精确度来表征，系统误差越小，精确度越高。

2. 随机误差

随机误差是一种随机变量，是某些不易控制的因素造成的误差，又称偶然误差。在相同条件下作多次测量，其误差数值和符号是不确定的，即时大时小，时正时负，无固定大小和偏向。如果对某一物理量作足够多次的等精确度测量，随机误差服从统计规律，并且其误差与测量次数有关。随着测量次数的增加，平均值的随机误差可以减小，但不会消除。因此，多次测量值的算术平均值接近于真值。研究随机误差可采用概率统计方法。随机误差越小，精密度越高。

3. 粗大误差

又称过失误差，是由于测量过程中明显歪曲测量结果，与实际明显不符的误差。主要是由于实验人员粗心大意，如读数错误、记录错误或实验操作不正确所致。这类误差往往与正常值相差很大，应在整理数据时依据常用的准则加以剔除。

应该注意，上述三种误差之间，在一定条件下可以相互转化。例如，刻度盘上的刻度划分有误差，对仪表的制造者来说是随机误差，但对于使用者则构成系统误差。随机误差和系统误差间并不存在绝对的界限。同样，对于过失误差，有时也难以和随机误差相区别，从而当作随机误差来处理。

3.1.3　误差的表示方法

利用任何仪表进行测量时，总存在误差，测量结果不可能等于被测参数的真值，它只是近似值，可以根据误差的大小估计测量的准确度。测量误差分为测量点和测量列（集合）的误差。测量点的误差通常用绝对误差和相对误差来表示；对测量列的重复性、离散程度和随机误差进行评估一般采用算术平均误差与标准误差。

1. 绝对误差 D

某物理量经过测量后，测量值（x）与其真值（X）之差的绝对值称为绝对误差。

$$D = |x - X| \qquad (3\text{-}6)$$

在工程计算中，真值常用算术平均值（$\bar{x}$）或相对真值代替。

绝对误差虽很重要，但仅用它还不足以说明测量的准确程度，即它还不能给出测量准确与否的完整概念。此外，有时测量得到相同的绝对误差可能导致准确度完全不同的结果。例如，用天平称量物体的质量，绝对误差等于 0.1g 不能判别称量的准确性。如果所称量物体本身的质量有 1kg，那么，绝对误差 0.1g，表明此次称量的准确性是高的；同样，如果所称量的物质本身仅有 0.2～0.3g，那么，此次称量的结果毫无用处。

显而易见，为了判断测量的准确度，必须将绝对误差与所测量值的真值相比较，即求出其相对误差，才能说明问题。

2. 相对误差 E

绝对误差与真值的绝对值之比称为相对误差。

$$E = \frac{D}{|X|} \times 100\% \tag{3-7}$$

相对误差可用来判断测量的准确度。例如,分别称量质量为 200g 和 2g 的物体,称量绝对误差为 1g,相对误差分别为 0.5% 和 50%,质量为 2g 的物体的测量准确度很差,不能接受。

3. 算术平均误差 δ

算术平均误差是表示误差的较好方法,其定义式为:

$$\delta = \frac{1}{n} \sum_{i=1}^{n} |x_i - \bar{x}| \tag{3-8}$$

式中:x_i 为第 i 次的测量值;$\bar{x}$ 为测量值的平均值;n 为测量次数。

算术平均误差的缺点是无法表示出各次测量值间彼此符合的情况。

4. 标准误差 σ

标准误差亦称均方根误差。标准误差的定义式为:

$$\sigma = \sqrt{\frac{1}{n-1} \sum_{i=1}^{n} (x_i - \bar{x})^2} \tag{3-9}$$

标准误差对一组测量中的较大误差或较小误差感觉比较敏感,是表示精确度的较好方法。

算术平均误差与标准误差的联系和差别为:n 次测量值的重复性(亦称重现性)愈差,n 次测量值的离散程度愈大,n 次测量值的随机误差愈大,则 δ 值和 σ 值均愈大。因此,可以用 δ 值和 σ 值来衡量 n 次测量值的重复性、离散程度和随机误差。但算术平均误差的缺点是无法表示出各次测量值之间彼此符合的程度。因为偏差彼此相近的一组测量值的算术平均误差,可能与偏差有大、中、小三种情况的另一组测量值的相同。而标准误差对一组测量值中的较大偏差或较小偏差很敏感,能较好地表明数据的离散程度。

3.1.4 精密度、正确度和准确度

测量的质量和水平,既可用误差概念来描述,也可用准确度等概念来描述。为了指明误差的来源和性质,通常有以下三个概念:

1. 精密度

精密度可以衡量某物理量几次测量值之间的一致性,即重复性。它可以反映随机误差的影响程度,精密度高指随机误差小。如果实验数据的相对误差为 0.02%,且误差纯由随机误差引起,则可认为精密度为 2.0×10^{-4}。

2. 正确度

它是指在规定条件下,测量中所有系统误差的综合。正确度高表示系统误差小。如果实验数据的相对误差为 0.01%,且误差纯由系统误差引起,则可认为正确度为 1.0×10^{-4}。

3. 准确度

也称精确度,表示测量中所有系统误差和随机误差的综合。因此,准确度表示测量结果与真值的逼近程度。如果实验数据的相对误差为 0.03%,且误差由系统误差和随机误差共同引起,则可认为准确度为 3.0×10^{-4}。

对于实验或测量来说,精密度高,正确度不一定高,正确度高,精密度也不一定高,但准确度高必然是精密度与正确度都高,如图 3-1 所示。

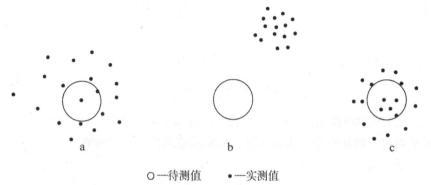

○—待测值　　●—实测值

图 3-1　精密度、正确度、准确度含义示意图

系统 a 误差小而随机误差大,即正确度高而精密度低;系统 b 误差大而随机误差小,即正确度低而精密度高;系统 c 误差与随机误差都小,表示正确度和精密度都高,即准确度高。

3.2　实验数据的有效数字和运算规律

3.2.1　有效数字

在实验中无论是直接测量的数据或是计算结果,到底用几位有效数字加以表示,这是一项很重要的事。实验中从测量仪表上所读数值的位数是有限的,而且取决于测量仪表的精度,一般应读到测量仪表最小刻度的十分之一位,其最后一位数字往往是仪表精度所决定的估计数字。数值准确度大小由有效数字决定,数据中小数点的位置在前或在后仅与所用的测量单位有关。例如,635.5mm、63.55cm、0.6355m 这三个数据,其准确度相同,但小数点的位置不同。另外,在实验测量中所使用的仪器仪表只能达到一定的准确度,因此,测量或计算的结果不可能也不应该超越仪器仪表所允许的准确度范围,如上述的长度测量中,若标尺的最小分度为 1mm,其读数可以读到 0.1mm(估计值),故数据的有效数字是四位。

一个数据,除了起定位作用的"0"外,其他数都是有效数字。有效数值中只能有一位存疑值。在判别一个已知数有几位有效数字时,应注意非零数字前面的零不是有效数字。例如,长度为 0.00583m,前面的三个零不是有效数字,它与所用单位有关,若用 mm 为单位,则为 5.83mm,其有效数字为 3 位。非零数字后面用于定位的零也不一定是有效数字。如 3020 是四位还是三位有效数字,取决于最后面的零是否用于定位。为了明确地读出有效数字位数,应该用科学记数法,写成一个小数与相应的 10 的幂的乘积。若 3020 的有效数字为 4 位,则可写成 3.020×10^3,3 位则写成 3.02×10^3,2 位则写成 3.0×10^3。有效数字为三位的数 3400000 可写成 3.40×10^6,0.000583 可写成 5.83×10^{-4}。这种记数法的特点是小数点前面永远是一位非零数字,"×"乘号前面的数字都为有效数字。这种科学计数法表示的有效数字,位数就一目了然了。

3.2.2 有效数字的运算规则

1. 有效数字舍入规则

对于位数很多的近似数,当有效位数确定后,应将多余的数字舍去。舍去多余数字常用四舍五入法。这种方法简单、方便,适用于舍、入操作不多且准确度要求不高的场合,因为这种方法见五就入,易使所得数据偏大。有效数字最后一位数应按以下舍入规则凑整:

(1) 若舍去部分的数值,第一位大于 5,则在前一位加 1;

(2) 若舍去部分的数值,第一位小于 5,则前一位不变;

(3) 若舍去部分的数值,第一位等于 5,其前一位为偶数时不变;当前一位为奇数时加 1。

数据是舍是入只看舍去部分的第一位数字。在大量运算时,这种舍入方法引起的计算结果对真值的偏差趋于零。

2. 加、减法运算

有效数字进行加、减法运算时,有效数字的位数与各因子中有效数字位数最小的相同。

3. 乘、除法运算

两个量相乘(相除)的积(商),其有效数字与各因子中有效数字位数最少的相同。

4. 乘方、开方运算

乘方、开方后的有效数字的位数与其底数相同。

5. 对数运算

对数的有效数字的位数应与其真数相同。

6. 参与运算的常数

参加运算的常数 π、e 的数值以及某些因子如 $\sqrt{2}$、2/3 等的有效数字,取几位为宜,原则上取决于计算所用的原始数据的有效数字的位数,即需要多少就取多少。也可假设参与计算的原始数据中位数最多的有效数字是 n 位,则引用上述常数时宜取 $n+2$ 位,避免常数的引入造成更大的误差。

3.3 随机误差的正态分布

如果测量数列中不包括系统误差和粗大误差,从大量的实验中发现随机误差的大小

有如下几个特征:

(1) 绝对值相等的正负误差出现的概率相等,纵轴左右对称,称为误差的对称性。

(2) 绝对值小的误差比绝对值大的误差出现的概率大,曲线的形状是中间高两边低,称为误差的单峰性。

(3) 在一定的测量条件下,随机误差的绝对值不会超过一定界限,称为误差的有界性。

(4) 随着测量次数的增加,随机误差的算术平均值趋于零,称为误差的抵偿性。抵偿性是随机误差最本质的统计特性,换言之,凡具有抵偿性的误差,原则上均按随机误差处理。

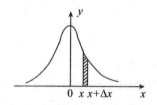

图 3-2 随机误差的正态分布

根据上述随机误差的特征,得出随机误差的概率分布图(图 3-2)。图中横坐标为随机误差 x,纵坐标为概率密度函数 y,图中曲线称为误差分布曲线,其数学表达式由高斯于 1795 年提出,具体形式为:

$$y(\sigma = \sigma) = \frac{1}{\sqrt{2\pi}\sigma} e^{-\frac{x^2}{2\sigma^2}} \tag{3-10}$$

或

$$y(h = h) = \frac{h}{\sqrt{\pi}} e^{-h^2 x^2} \tag{3-11}$$

式中:σ 为标准误差,$(\sigma = \sigma)$ 表示标准误差 σ 可以是某范围内的任意值;x 为随机误差(测量值减平均值);y 为概率密度函数,h 为精确度指数。

以上两式称为高斯误差分布定律,亦称为误差方程。σ 与 h 的关系为:

$$h = \frac{1}{\sqrt{2}\sigma} \tag{3-12}$$

若误差按函数关系分布,则称为正态分布。$\sigma = 1$ 时,称标准正态分布。σ 越小,测量精确度越高,分布曲线的峰越高且窄;σ 越大,分布曲线的峰越宽且平坦,如图 3-3 所示。由此可知,σ 越小,小误差占的比重越大,测量精确度越高;反之,则大误差占的比重越大,测量精确度越低。

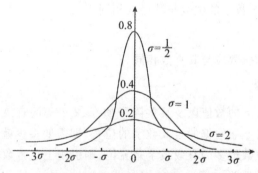

图 3-3 不同 σ 值的正态分布曲线

3.4 系统误差的判别和消除

3.4.1 系统误差的判别和消除

在测量中,任一误差通常是随机误差和系统误差的组合,而随机误差的数学处理和估计是以测量得到的数据不含系统误差为前提的,例如前面提到的以平均值接近真值的概念也是如此。因此,不研究系统误差的规律性,不消除系统误差对数据处理的影响,随机误差的估计就会丧失准确度,甚至变得毫无意义。

系统误差是一种恒定的或按一定规律(如线性、周期性、多项式等)变化的误差。它的出现虽然有其确定的规律性,但它常常隐藏在测量数据之中,纵然是多次重复测量,也不可能降低它对测量准确度的影响,这种潜在的危险,更要人们用一定的方法和判据,及时发现并设法加以消除,确保测量精度。因此发现和消除系统误差在科研和实验工作中是非常重要的。

3.4.2 系统误差的简易判别准则

1. 观察法

若对某物理量进行多次测量,得数据列 $x_1, x_2, \cdots, x_n$,算出算术平均值 $\bar{x}$ 及偏差 δ_i。

$$\delta_i = x_i - \bar{x} \tag{3-13}$$

于是可用以下准则发现系统误差:

准则 1 将测得的数据按 x_i 递增的顺序依次排列,如偏差的符号在连续几个测量中均为负号,而在另几个连续测量中均为正号(或反之),则测量中含有线性系统误差。如果中间有微小波动,则说明有随机误差的影响。

例如在传热系数测定的实验中,测量空气的出口温度,得到一组数据,将数据按递增顺序依次排列,如表 3-1 所示。

表 3-1 传热实验中空气出口温度

单位:℃

x_i	55.20	55.21	55.21	55.23	55.24	55.24	55.25	55.26
δ_i	-0.03	-0.02	-0.02	0	$+0.01$	$+0.01$	$+0.02$	$+0.03$

从数据排列后的结果可以看出,前 3 个偏差的符号均为负号,而后 4 个均为正号,说明测量中含有线性系统误差。

准则 2 将测得的数据按 x_i 递增的顺序依次排列,如发现偏差值的符号有规律地交替变化,如正弦变化,则测量中有周期系统误差。若中间有微小波动,说明是随机误差的影响。

准则 3 在某一条件时,测量数据偏差基本上保持相同的符号,当不存在这一条件时(或出现新条件时),偏差均变号,则该测量数列中含有随测量条件而变化的固定系统误差。

准则 4 按测定次序,测得数据列的前一半偏差之和与后一半偏差之和的差值显著不为零,则该测量结果含有线性系统误差。同样,如果所测得数据列改变条件前偏差之和与改变条件后偏差之和的差值显著不为零,则该数据列含随条件改变的固定系统误差。

2. 比较法

(1) 实验对比法

实验中进行不同条件的测量,借以发现系统误差。这种方法适用于发现固定系统误差。

(2) 数据比较法

若对某一物理量进行多组独立测量,将得到的结果算出各组的算术平均值 x_i 和标准误差 σ_i,即有:

$$\bar{x}_1 \pm \sigma_1$$
$$\bar{x}_2 \pm \sigma_2$$
$$\vdots$$
$$\bar{x}_n \pm \sigma_n$$

则任两组间满足下列不等式:

$$|\bar{x}_i - \bar{x}_j| < 3\sqrt{\sigma_i^2 + \sigma_j^2} \tag{3-14}$$

就认为该测量不存在系统误差。式(3-14)常作为判别测量中有无系统误差的标准。

应当指出,前面列举的方法是判别测量中有无系统误差可行的、简便的方法,如果要求判据准确和量化,可采用各类分布检验。

3.4.3 消除或减小系统误差的方法

1. 源消除法

从事实验或研究的人员在试验前对测量过程中可能产生系统误差的各个环节作仔细分析,从根源上消除系统误差,这是最根本的方法。比如努力确定最佳的测试方法,合理选用仪器仪表,并正确调整好仪器的工作状态或参数等。

2. 修正消除法

先设法将测量器具的系统误差鉴定或计算出来,作出误差表或曲线,然后取与误差数值大小相同、符号相反的值作为修正值,将实际测得值加上相应的修正值,就可以得到不包含系统误差的测量结果。因为修正值本身也含有一定的误差,因此这种方法不可能将全部系统误差消除掉。

3. 代替消除法

在测量装置上对未知量测量后,立即用一个标准量代替未知量,再次进行测量,从而求出未知量与标准量的差值,即有:

$$未知量 = 标准量 \pm 差值$$

这样可以消除测量装置带入的固定系统误差。

4. 异号消除法

对被测目标从正、反两个方向进行测量,如果读出的系统误差大小相等,符号相反,取两次测量值的平均值作为测量结果,就可消除系统误差。这种方法适用于某些定值系统对测量结果影响带有方向性的测量。

5. 半周期消除法

对于周期性误差,可以相隔半个周期进行一次测量,然后以两次读数的算术平均值作为测量值,即可以有效地消除周期性系统误差。例如,指针式仪表,若刻度盘偏心所引出的误差,可采用相隔 180°的一对或几对的指针标出的读数取平均值加以消除。

6. 回归消除法

在实验或科研中,估计某一因数是产生系统误差的根源,但又制作不出简单的修正表,也找不到被测值(因变量)与影响因素(自变量)的函数关系,此时也可借助回归分析法对该因素所造成的系统误差进行修正。

3.5 粗大误差的判别与可疑测量值的取舍

3.5.1 粗大误差的判别准则

观察测量得到的实验数据,往往会遇到这种情况,即在一组很好的实验数据里,发现少数几个偏差特别大的数据。若保留它,则对平均值及偶然误差引起很大的影响,降低实验的准确度。但要舍去这些数据必须慎重,有时实测数据出现的异常点,常是新发现的源头。对于此类数据的保留与舍弃,其逻辑根据在于随机误差理论的应用,需用比较客观的可靠判据作为依据。判别粗大误差常用的准则有 3σ 准则、t 检验准则、格拉布斯(Grubbs)准则。

1. 3σ 准则

该准则又称拉依达准则,是基于正态分布,以最大误差范围取为 3σ,进行可疑值的判断。但它是以测量次数充分多为前提的,在一般情况下,测量次数都比较少,因此,3σ 准则只能是一个近似准则。

对于某个测量列 $x_i(i=1\sim n)$,若各测量值 x_i 只含有随机误差,根据随机误差正态分布规律,其偏差 d_i 落在 $\pm3\sigma$ 以外的概率约为 0.3%。如果在测量列中发现某测量值的偏差大于 3σ,则可认为它含有粗大误差,应该剔除。

当使用拉依达的 3σ 准则时,允许一次将偏差大于 3σ 的所有数据剔除,再将剩余各个数据重新计算 σ,并再次用 3σ 判据继续剔除超差数据。

这种方法最大的优点是计算简单,无需查表,应用十分方便,但实验点数较少时,很难将坏点剔除。在测量次数 n 较少时,粗大误差出现的次数极少。由于测量次数 n 不大,粗大误差在求方差平均值的过程中将会是举足轻重的,会使标准差估值显著增大。

2. t 检验准则

由数学统计理论已证明,在测量次数较少时,随机变量服从 t 分布,即:

$$t = \frac{(\bar{x} - a)\sqrt{n}}{\sigma} \tag{3-15}$$

t 分布不仅与测量值有关,还与测量次数 n 有关,当 $n>10$ 时,t 分布就很接近正态分布了。因此,当测量次数较少时,依据 t 分布原理的 t 检验准则来判别粗大误差较为合理。t 检验准则的特点是先剔除一个可疑的测量值,再按 t 分布检验准则确定该测量值是否应该被剔除。

设对某物理量作多次测量,得测量列 $x_i(i=1\sim n)$,若认为其中测量值 x_i 为可疑数据,将它剔除后计算平均值 $\bar{x}$ 为(计算时不包括 x_i):

$$\bar{x} = \frac{1}{n-1} \sum_{\substack{i=1 \\ i \neq j}}^{n} x_i \tag{3-16}$$

并求得测量列的标准误差 σ 为:

$$\sigma = \sqrt{\frac{1}{n-2} \sum_{\substack{i=1 \\ i \neq j}}^{n} d_i^2} \tag{3-17}$$

根据测量次数 n 和选取的显著性水平 a,即可由表 3-2 中查得 t 检验系数 $K(n,a)$,若:

$$|x_j - \bar{x}| > K(n,a) \times \sigma$$

则认为测量值 x_j 含有粗大误差,剔除 x_j 是正确的。否则,就认为 x_j 不含有粗大误差,应当保留。

表 3-2　t 检验系数 $K(n,a)$ 表

n	显著性水平 a		n	显著性水平 a	
	0.05	0.01		0.05	0.01
	$K(n,a)$			$K(n,a)$	
4	4.97	11.46	18	2.18	3.01
5	3.56	6.53	19	2.17	2.00
6	3.04	5.04	20	2.16	2.95
7	2.78	4.36	21	2.15	2.93
8	2.62	3.96	22	2.14	2.91
9	2.51	3.71	23	2.13	2.90
10	2.43	3.54	24	2.12	2.88
11	2.37	2.41	25	2.11	2.26
12	2.33	3.31	26	2.10	2.25
13	2.29	3.23	27	2.10	2.84
14	2.26	3.17	28	2.09	2.83
15	2.24	3.12	29	2.09	2.82
16	2.22	3.08	30	2.08	2.81
17	2.20	3.04			

3. 格拉布斯(Grubbs)准则

设对某量作多次独立测量,得一组测量列 $x_i(i=1\sim n)$,当 x_i 服从正态分布时,计算

可得：

$$\bar{x} = \frac{1}{n}\sum_{i=1}^{n}x_i \tag{3-18}$$

$$\sigma = \sqrt{\frac{1}{n-1}\sum_{i=1}^{n}(x_i-\bar{x})^2} \tag{3-19}$$

为了检验数列 $x_i(i=1\sim n)$ 中是否存在粗大误差，将 x_i 按大小顺序排列成顺序统计量，即 $x_1 \leqslant x_2 \leqslant \cdots \leqslant x_n$。

若认为 x_n 可疑，则有：

$$g_n = \frac{x_n-\bar{x}}{\sigma} \tag{3-20}$$

若认为 x_1 可疑，则有：

$$g_1 = \frac{\bar{x}-x_1}{\sigma} \tag{3-21}$$

根据测量次数 n 和选取的显著性水平 a，即可由表 3-3 查出格拉布斯判据的临界值 $g_0(n,a)$。在选定显著性水平 a 后，若随机变量 g_n 和 g_1 大于或者等于该随机变量临界值 $g_0(n,a)$，即 $g_1 \geqslant g_0(n,a)$，即判别该测量值含粗大误差，应当剔除。

表 3-3　格拉布斯判据表

n	显著性水平 a			n	显著性水平 a		
	0.05	0.025	0.01		0.05	0.025	0.01
	$g_0(n,a)$				$g_0(n,a)$		
3	1.15	1.15	1.15	20	2.56	2.71	2.88
4	1.46	1.48	1.49	21	2.58	2.73	2.91
5	1.67	1.71	1.75	22	2.60	2.76	2.94
6	1.82	1.89	1.94	23	2.62	2.78	2.96
7	1.94	2.02	2.10	24	2.64	2.80	2.99
8	2.03	2.13	2.22	25	2.66	2.82	3.01
9	2.11	2.21	2.32	30	2.75	2.91	3.10
10	2.18	2.29	2.41	35	2.82	2.98	3.18
11	2.23	2.36	2.48	40	2.87	3.04	3.24
12	2.29	2.41	2.55	45	2.92	3.09	3.24
13	2.33	2.46	2.61	50	2.96	3.13	3.34
14	2.37	2.51	2.66	60	3.03	3.20	3.39
15	2.41	2.55	2.71	70	3.09	3.26	3.44
16	2.44	2.59	2.75	80	3.14	3.31	3.49
17	2.47	2.62	2.79	90	3.18	3.35	3.54
18	2.50	2.65	2.82	100	3.21	3.38	3.59
19	2.53	2.68	2.85				

显著性水平 a 与可靠性要求密切相关。一般选择显著性水平 $a=0.05$；当可靠性要求比较高时，选择显著性水平 $a=0.01$。

3.5.2 判别粗大误差注意事项

1. 合理选用判别准则

在上面介绍的准则中，3σ 准则适用于测量次数较多的数列。一般情况下，测量次数都比较少，因此用此方法判别，其可靠性不高，但由于它使用简便，又不需要查表，故在要求不高时，还是经常使用。对测量次数较少而要求又较高的数列，应采用 t 检验准则或格拉布斯准则。当测量次数很少时，可采用 t 检验准则。

2. 采用逐步剔除方法

按前面介绍的判别准则，若判别出测量数列中有两个以上测量值含有粗大误差时，只能首先剔除含有最大误差的测量值，然后重新计算测量数列的算术平均值及其标准差，再对剩余的测量值进行判别，依此程序逐步剔除，直至所有测量值都不再含有粗大误差时为止。

3. 显著性水平 a 值不宜选得过小

上面介绍的判别粗大误差的三个准则，除 3σ 准则外，都涉及显著性水平 a 值的选择。如果把 a 值选小了，把不是粗大误差判为粗大误差，错误概率固然是小了，但反过来把确实混入的粗大误差判为不是粗大误差，错误概率却增大了，这显然也是不允许的。

3.6 误差的估算和传递

3.6.1 直接测量值的误差估算

在化工实验中，有许多物理量可以用化工测量仪表直接测得。有些物理量只需要测量一次即可，有的物理量则要通过多次测量求取平均值确定。

1. 测量仪表准确度的表示方法

为了计算和划分仪器精度等级，提出引用误差（δ_A）的概念。其定义为仪表示值的绝对误差与量程范围之比。

$$\delta_A = \frac{D}{x_n} \times 100\% \tag{3-22}$$

式中：D 为示值绝对误差，表示仪表某指示值与真值（或相对真值）之差；x_n 为量程范围，其值等于仪表标尺上限值与标尺下限值之差。

仪表的最大引用误差（δ_{max}）为：

$$\delta_{max} = \frac{D_{max}}{x_n} \times 100\% \tag{3-23}$$

式中：D_{max} 为最大示值绝对误差。

测量仪表的精度等级（或准确度等级）是国家统一规定的，按最大引用误差的大小分成几个等级，将最大引用误差的百分号去掉，剩下的数值为测量仪表的精度等级（S）。化工测量仪表的精度等级分别有 0.1、0.2、0.5、1.0、1.5、2.5 和 2.5 七个等级。

2. 一次测量值误差估算

一次测量得到的测量值的误差可以根据仪表（如液位计、转子流量计和温度计等）的精度估算。对于多挡仪表，不同挡示值的绝对误差和量程范围均不相同。式（3-23）表明，若仪表示值的绝对误差相同，则量程范围愈大，最大引用误差愈小。

如果仪表的精度等级为 S 级，最大引用误差为 $S\%$，仪表的量程范围为 x_n，仪表的示值为 x，则由式（3-23）可知，在应用仪表进行测量时所产生的最大绝对误差（误差限）为：

$$D_{\max} \leqslant x_n \times S\% \tag{3-24}$$

则仪表测量最大值的相对误差应满足：

$$E_{\max} = \frac{D_{\max}}{x} \leqslant \frac{x_n}{x} \times S\% \tag{3-25}$$

由上式可以看出：若仪表的精度等级 S 和量程范围 x_n 已固定，则测量的示值 x 愈大，测量的相对误差愈小。选用仪表时，不能盲目地追求仪表的精度等级，因为测量的相对误差还与 x_n/x 有关，应该同时兼顾 x_n/x 和仪表的精度等级。

【例 3-1】 今欲测量大约 70℃ 的温度，实验室有 1.0 级、0～200℃ 和 1.5 级、0～100℃ 的温度计，问选用哪一种温度计测量较好？

解：用 1.0 级、0～200℃ 的温度计表测量 70℃ 时的最大相对误差为：

$$E_{\max} = \frac{x_n}{x} \times S\% = \frac{200}{70} \times 1.0\% = 2.9\%$$

而用 1.5 级、0～100℃ 的温度计测量 70℃ 时的最大相对误差为：

$$E_{\max} = \frac{x_n}{x} \times S\% = \frac{100}{70} \times 1.5\% = 2.1\%$$

此例说明，如果选择恰当，用量程范围适当的 1.5 级仪表进行测量，能得到比用量程范围大的 1.0 级仪表更准确的结果。因此，在选用仪表时，要纠正单纯追求精度等级"越高越好"的倾向，而应根据被测量的大小，兼顾仪表的级别和测量上限，合理地选择仪表。

3. 测量列（集合）的误差估算

当物理量的值是通过多次测量而得到的时，该测量值的误差可通过标准误差进行估算。设某一物理量重复测量了 n 次，各次测量值分别为 $x_1, x_2, \cdots, x_n$，该组数据的平均值和标准误差分别为：

$$\bar{x} = \frac{1}{n} \sum_{i=1}^{n} x_i \tag{3-26}$$

$$\sigma = \sqrt{\frac{\sum_{i=1}^{n} (x_i - \bar{x})^2}{n-1}} \tag{3-27}$$

则绝对误差（D）和相对误差（E）分别为：

$$D = \frac{\sigma}{\sqrt{n}} \tag{3-28}$$

$$E = \frac{\left(\dfrac{\sigma}{\sqrt{n}} \right)}{\bar{x}} \tag{3-29}$$

3.6.2　间接测量值的误差传递

化学工程实验中的数据是通过一系列测量操作获得的,其中每一步骤发生的误差都会对分析结果产生影响,这种影响称误差的传递。

间接测量值是由一些直接测量值按一定的函数关系计算而得的。直接测量值存在误差,由于误差的传递,使间接测量值也必然有误差。怎样由直接测量值的误差估算间接测量值的误差,就涉及误差的传递问题。误差传递的一般规律可表示如下:

设有一间接测量值 y,是直接测量值 $x_1, x_2, \cdots, x_n$ 的函数,即:

$$y = f(x_1, x_2, \cdots x_n) \tag{3-30}$$

用 $\Delta x_1, \Delta x_2, \cdots, \Delta x_n$ 分别代表直接测量值 $x_1, x_2, \cdots, x_n$ 的由绝对误差引起的增量,Δy 代表由 $\Delta x_1, \Delta x_2, \cdots, \Delta x_n$ 引起的 y 的增量。

则:

$$\Delta y = f(x_1 + \Delta x_1, x_2 + \Delta x_2, \cdots, x_n + \Delta x_n) - f(x_1, x_2, \cdots, x_n) \tag{3-31}$$

式(3-31)由泰勒级数展开,并略去二阶以上的量,得:

$$\Delta y = \frac{\partial y}{\partial x_1}\Delta x_1 + \frac{\partial y}{\partial x_2}\Delta x_2 + \cdots + \frac{\partial y}{\partial x_n}\Delta x_n \tag{3-32}$$

间接测量值 y 的最大绝对误差为:

$$D(y)_{\max} = \sum_{i=1}^{n} \left| \frac{\partial y}{\partial x_i} D(x_i) \right| \tag{3-33}$$

式中: $\frac{\partial y}{\partial x_i}$ 为误差传递系数;$D(x_i)$ 为直接测量值的绝对误差;$D(y)_{\max}$ 为间接测量值的最大绝对误差。

最大相对误差计算式为:

$$E(y)_{\max} = \frac{D(y)_{\max}}{|y|} = \sum_{i=1}^{n} \left| \frac{\partial y}{\partial x_i} \frac{D(x_i)}{y} \right| \tag{3-34}$$

利用式(3-33)和式(3-34)计算误差时,加减函数应先计算绝对误差,再计算相对误差,而乘除函数的计算次序相反。

【例 3-2】　求函数 $y = 3x_1 - 2x_2 - 6x_3 + 5x_4$ 的绝对误差和相对误差。

解:绝对误差 $D(y) = \sum_{i=1}^{n} \left| \frac{\partial y}{\partial x_i} D(x_i) \right| = 3D(x_1) + 2D(x_2) + 6D(x_3) + 5D(x_4)$

相对误差 $E(y) = \frac{D(y)}{|y|} = \sum_{i=1}^{n} \left| \frac{\partial y}{\partial x_i} \frac{D(x_i)}{y} \right| = \frac{3D(x_1) + 2D(x_2) + 6D(x_3) + 5D(x_4)}{|y|}$

计算结果表明,加减函数最大绝对误差等于所有各项函数的绝对误差之和。

【例 3-3】　求函数 $y = \frac{x_1 x_2}{x_3}$ 的绝对误差和相对误差。

解:绝对误差 $D(y) = \sum_{i=1}^{n} \left| \frac{\partial y}{\partial x_i} D(x_i) \right| = \left| \frac{x_2}{x_3} D(x_1) \right| + \left| \frac{x_1}{x_3} D(x_2) \right| + \left| \frac{x_1 x_2}{x_3^2} D(x_3) \right|$

相对误差 $E(y) = \frac{D(y)}{|y|} = \sum_{i=1}^{n} \left| \frac{\partial y}{\partial x_i} \frac{D(x_i)}{y} \right| = \frac{D(x_1)}{|x_1|} + \frac{D(x_2)}{|x_2|} + \frac{D(x_3)}{|x_3|}$

▶▶▶▶ 参考文献 ◀◀◀◀

[1] 宋长生.化工原理实验(第二版).南京：南京大学出版社,2010.

[2] 吴洪特.化工原理实验.北京：化学工业出版社,2010.

[3] 徐伟.化工原理实验.济南：山东大学出版社,2008.

[4] 雷良恒,潘国昌,郭庆丰.化工原理实验.北京：清华大学出版社,1994.

[5] 冯晖,居沈贵,夏毅.化工原理实验.南京：东南大学出版社,2003.

[6] 王雪静,李晓波.化工原理实验.北京：化学工业出版社,2009.

[7] 陈同芸,瞿谷仁,吴乃登.化工原理实验.上海：华东理工大学出版社,1989.

[8] 肖明耀.误差理论与应用.北京：计量出版社,1995.

[9] 王建成,卢燕,陈振.化工原理实验.上海：华东理工大学出版社,2007.

[10] 费业泰.误差分析与数据处理(第四版).北京：机械工业出版社,2004.

[11] 杨祖荣.化工原理实验.北京：化学工业出版社,2009.

[12] 史贤林,田恒水,张平.化工原理实验.上海：华东理工大学出版社,2005.

[13] 贾沛璋.误差分析与数据处理.北京：国防工业出版社,1997.

第 3 章 实验误差的估算与分析

第4章 实验数据的处理

通常,实验结果都是以数据形式来表述的。为了理清这些数据之间的内在联系,必须对实验数据进行整理,将其归纳成表、图或经验公式,使人们能更清楚地观察到各种变量之间的定量关系,总结规律并进一步用于指导实验和生产实践。数据的处理方法有列表法、图示法和回归分析法。

4.1 列表法

将实验直接测定出的数据,或者根据测量值计算得出的数据,按自变量和因变量的关系,以一定的顺序列成数据表格,即为列表法。列表法有许多优点,如为了不遗漏数据,原始数据记录表会给数据处理带来方便;列出数据使数据易比较、形式紧凑;同一表格内可以表示几个变量间的关系。在化学工程实验中,列表法的使用十分广泛,常用于记录原始数据和汇总实验结果,为进一步绘图、公式回归及建立模型提供方便。

实验数据表一般分为原始数据记录表和实验数据处理(计算)表。原始数据记录表是根据实验内容专门有针对性地设计的,以便清楚地记录实验测量的所有数据,该表在预习实验时完成。如流量计流量校正实验的数据记录表格如表 4-1 所示。

表 4-1　流量计流量校正实验原始数据记录表

姓名_____;班级_____;实验时间_____;实验装置编号_____;实验教师_____;
管径 $d_1 =$ _____mm;孔板流量计的孔口直径 $d_0 =$ _____mm;文丘里流量计的孔口直径 $d_0 =$ _____mm;水温=_____℃;水箱底面积=_____m^2

序号	时间/s	水位高/mm	孔板压降 R/mm		文氏管压降 R/mm	
			左读数	右读数	左读数	右读数
1						
2						
3						
...						
10						

实验数据处理(计算)表可细分为中间计算结果表、综合结果表和误差分析结果表,也可以将上述表格设计成一个综合实验数据处理表,但容易造成表格的列数过多,制表困难。因此,实验报告中要用到几个表格,应该根据实验的具体情况而定。流量计流量校正实验中的实验数据处理表如表 4-2 所示。

表 4-2　流量计流量校正实验数据处理表

水温＝＿＿＿℃;水的密度 ρ＝＿＿＿kg/m^3;水的黏度 μ＝＿＿＿Pa·s

序号	孔板流量计				文丘里流量计			
	流量 q_V /(m^3/s)	流速 u_1 /(m/s)	Re	C_0	流量 q_V /(m^3/s)	流速 u_1 /(m/s)	Re	C_0
1								
2								
3								
...								
10								

在拟定表格时需注意以下事项:

(1) 表头需列出物理量的名称、符号和计量单位,符号与计量单位之间需用斜线或"()"隔开。

(2) 获取数据的实验条件和计算过程中始终不变的物理量等须在表题下方的空白栏处进行标注,如换热器的管径、长度及平均水温等。

(3) 同一列测定得出的数据都应具有相同的有效数字位数,需与仪表的精确度相匹配。

(4) 当数据值太大或太小时,都应以科学记数法来表示。例如,$Re＝23500$,科学记数法应记为 $2.35×10^4$。列表时,表头的物理量名称可写为 $Re×10^{-4}$,数据表中数字则写为 2.35,同时需注意有效数字的位数的截取。

(5) 每一个数据表的上方居中位置都要写明表号和表题名称,表中应按出现的顺序编号依次列出实验过程中记录的原始数据以及通过原始数据计算得出的相应结果。同一个表尽量不跨页,必须跨页时,在跨页的表上须标注"续表××"。

(6) 在实验数据表格之后,要附以数据的计算示例。可从表中抽取任一组数据,举例说明所用的计算公式和计算方法,给人一目了然了解各参数之间的关系。

4.2　图示法

列表法一般难以直接观察出数据之间的规律,而图示法则从自变量和因变量的依从关系出发,把实验数据和计算得出的实验结果标绘成图形曲线,便于直观看出数据中的极值点、转折点、周期性、变化率及其他特性。准确的图形还可以用于在不知数学表达式的情况下进行微积分的运算,因此得到了广泛的应用。对实验数据作图,必须遵循如下基本准则,才能得到最能反映实验真实情况的图形曲线。

4.2.1　坐标纸的选择

化工中常用的坐标为直角坐标系、单对数坐标系和双对数坐标系,这三种类型的坐

标已制成相应的坐标纸,市场上均有出售。其次,要根据变量间的函数关系,选定一种坐标纸。选择方法如下:

(1) 对于符合方程 $y = ax + b$ 的数据,直接在直角坐标纸上绘图,可画出一条直线。

(2) 对于符合方程 $y = k^{ax}$ 的数据,经两边取对数可变形为 $\lg y = ax \lg k$,在单对数坐标纸上绘图,可画出一条直线。

(3) 对于符合方程 $y = ax^m$ 的数据,经两边取对数可变形为 $\lg y = \lg a + m \lg x$,在双对数坐标纸上,可画出一条直线。

(4) 当变量多于两个时,如 $y = f(x,z)$,在作图时,先固定一个变量,如可以先固定 z 值再推导出 $(y - x)$ 关系,这样可得到一系列处于每个 z 值下的图形曲线。

另外,如果变量的最小值和最大值之间数量级相差太大,或者自变量的极小变动引起因变量的极大波动,也都可采用对数坐标。

4.2.2 坐标的分度

对于双变量的系统,一般习惯取自变量为 x 轴、因变量为 y 轴,在两轴侧要标明变量名称、符号和单位。坐标的分度是指沿 x、y 每条坐标轴所代表的数值大小,要考虑横、纵分度值是否合理,坐标分度值应与实验数据的有效值相一致,即图形曲线的坐标读数的有效数字位数与实验数据的有效数字位数应相同。分度的选择还应使每个数据点在坐标纸上都能迅速方便地找到。分度值不一定非要从零开始,尽量使所绘的图形曲线占满全部坐标纸。在同一张坐标纸上,需要同时标绘几组测量值或者计算数据时,应选用不同符号加以区分(如使用 *、△、○等)。当把坐标纸上各离散点连接成光滑的曲线时,应使曲线图形能穿过较多的实验数据点;若有偏离曲线的实验点,应尽可能使其分布于曲线的附近,并使曲线两侧点的数目大致相等。最后,需在已绘制好的图形下面或图中注明图中每根曲线的含义,配上图号和图名。

4.2.3 对数坐标的特点

因对数坐标是按对数函数来标度的,其坐标分度并不均匀,这与直角坐标的使用略有差别,因此,在使用对数坐标时应注意以下几点问题:

(1) 标在对数坐标轴上的值是真值,而不是对数值。

(2) 对数坐标原点为 $(1,1)$,而不是 $(0,0)$。

(3) 在对数坐标纸上每一数量级的距离是相等的,但在同一数量级内的刻度并不是等分的。

(4) 对数坐标系上求直线斜率的方法与直角坐标系不同,因在对数坐标系上的坐标值是真值而不是对数值,所以,需要转化成对数计算,或直接用尺子在坐标值上量取线段长度求值。如图 4-1 中所示 AB 线的斜率 b 的对数计算形式为:

$$b = \frac{\Delta y}{\Delta x} = \frac{\lg y_2 - \lg y_1}{\lg x_2 - \lg x_1} \tag{4-1}$$

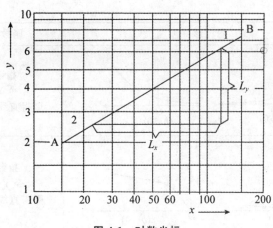

图 4-1 对数坐标

4.2.4 用图解法求经验公式

除了用表格和图形曲线描述变量间的关系外,还常常可以把所获得的实验数据整理成经验公式,即把所有的变量构建成某种函数关系,建立起数学模型,用以描述过程或现象规律。方法是将实验数据绘制成曲线,与典型的函数曲线相对照,通过比较发现某种已知的典型的函数曲线与实验数据所描绘的曲线相类似,即采用那种函数曲线的方程为待定的经验方程,通过图解法或数值方法来确定待定方程式中的各个参数。

如果实验数据能在直角坐标系上绘成一条直线,则可以看出变量之间属于线性关系,容易求出直线方程的常数和系数。有时在绘制图形时,发现两个变量之间的关系并不是线性的,而是符合其他典型的函数曲线,为了能够比较简单地寻找出变量间的关系,以便回归经验方程和对其进行数据分析,常将这些典型函数曲线进行线性化。通常,可线性化的典型的函数曲线包括六大类,详见表 4-3。

表 4-3 可线性化的曲线

序号	图 形	函数及其线性化方法
1		双曲线函数 $y = \dfrac{x}{a+bx}$ 令 $Y = \dfrac{1}{y}$,$X = \dfrac{1}{x}$ 则得直线方程 $Y = aX + b$
2		S形曲线 $y = \dfrac{1}{a+be^{-x}}$ 令 $Y = \dfrac{1}{y}$,$X = e^{-x}$ 则得到直线方程 $Y = a + bX$

第 4 章 实验数据的处理

序号	图　形	函数及其线性化方法
3	 (b>0)　　　　(b<0)	指数函数 $y = a\mathrm{e}^{bx}$ 令 $Y = \ln y, X = x$ 则得直线方程 $Y = \ln a + bX$
4	 (b>0)　　　　(b<0)	指数函数 $y = a\mathrm{e}^{b/x}$ 令 $Y = \ln y, X = 1/x$ 则得直线方程 $Y = \ln a + bX$
5	 (b>0)　　　　(b<0)	幂函数 $y = ax^b$ 令 $Y = \ln y, X = \ln x$ 则得直线方程 $Y = \ln a + bX$
6	 (b>0)　　　　(b<0)	对数函数 $y = a + b\lg x$ 令 $Y = y, X = \lg x$ 则得直线方程 $Y = a + bX$

4.3　实验数据的回归分析

4.3.1　回归分析法的含义和内容

上一节已经介绍了用图解法求取经验公式,图解法有很多优点,但应用范围有限。目前应用最广泛的是通过数值回归分析实验数据的变量之间是否存在数学模型。回归也称为拟合,分为两大类:线性回归和非线性回归,得到的方程称为回归方程(拟合方程)。目前,通过与电脑软件的结合使用,回归分析法已成为确定经验公式的另一条有效途径。

4.3.2　线性回归分析法

对具有相关关系的两个变量,若用一条直线描述,则称一元线性回归;对具有相关关系的三个变量,其中一个因变量、两个自变量,若用平面描述,则称二元线性回归。依次类推,可以延伸到 n 维空间进行回归,则称多元线性回归。进行线性回归时,最有效的方法是最小二乘法。下面主要介绍一元线性回归的处理方法。

设有 n 个实验数据点 $(x_1, y_1), (x_2, y_2), \cdots, (x_n, y_n)$,将其标绘在直角坐标系中,如果他们均能离散地分布于一条直线附近,则可以采用一元线性函数方程来描述两个变量之间的关系。

$$y' = b_0 + b_1 x \tag{4-2}$$

式中：y' 为由拟合出的方程所计算出的数值；b_0，b_1 为拟合出的方程系数。

根据拟合出来的方程，代入 n 组实验测定 x 值可计算出每一组对应的 y' 值。

$$y_1' = b_0 + b_1 x_1$$
$$y_2' = b_0 + b_1 x_2$$
$$\cdots$$
$$y_n' = b_0 + b_1 x_n$$

然而实际测定时，每个 x 值所对应的值为 $y_1，y_2，\cdots，y_n$，则偏差 σ 为每一组实验值减去相对应的计算值。

$$\sigma_1 = y_1 - y_1' = y_1 - (b_0 + b_1 x_1)$$
$$\sigma_2 = y_2 - y_2' = y_2 - (b_0 + b_1 x_2)$$
$$\cdots$$
$$\sigma_n = y_n - y_n' = y_n - (b_0 + b_1 x_n)$$

设

$$Q = \sum_{i=1}^{n} \sigma_i^2 = \sum_{i=1}^{n} \left[y_i - (b_0 + b_1 x_i) \right]^2 \tag{4-3}$$

按照最小二乘法原理，要求偏差的平方和为最小。根据数学上的极值原理，即要求 Q 分别对 b_0 和 b_1 求偏导数，并令其等于零。

$$\frac{\partial \left(\sum\limits_{i=1}^{n} \sigma_i^2 \right)}{\partial b_0} = 0, \qquad \frac{\partial \left(\sum\limits_{i=1}^{n} \sigma_i^2 \right)}{\partial b_1} = 0$$

展开得：

$$\frac{\partial \left(\sum\limits_{i=1}^{n} \sigma_i^2 \right)}{\partial b_0} = -2 \sum_{i=1}^{n} \left[y_i - (b_0 + b_1 x_i) \right] = 0$$

$$\frac{\partial \left(\sum\limits_{i=1}^{n} \sigma_i^2 \right)}{\partial b_1} = -2 \sum_{i=1}^{n} \left\{ \left[y_i - (b_0 + b_1 x_i) \right] x_i \right\} = 0$$

写成合式为：

$$\sum_{i=1}^{n} y_i - n b_0 - b_1 \sum_{i=1}^{n} x_i = 0$$

$$\sum_{i=1}^{n} (x_i y_i) - b_0 \sum_{i=1}^{n} x_i - b_1 \sum_{i=1}^{n} x_i^2 = 0$$

联立解得：

$$b_0 = \frac{\sum\limits_{i=1}^{n} (x_i y_i) \sum\limits_{i=1}^{n} x_i - \sum\limits_{i=1}^{n} y_i \sum\limits_{i=1}^{n} x_i^2}{\left(\sum\limits_{i=1}^{n} x_i \right)^2 - n \sum\limits_{i=1}^{n} x_i^2} \tag{4-4}$$

$$b_1 = \frac{\sum_{i=1}^{n} x_i \sum_{i=1}^{n} y_i - n \sum_{i=1}^{n} (x_i y_i)}{(\sum_{i=1}^{n} x_i)^2 - n \sum_{i=1}^{n} x_i^2} \qquad (4\text{-}5)$$

由此可求拟合出的直线方程的截距 b_0 和斜率 b_1。

在解决了如何拟合直线以后,还存在检验拟合得到的直线有无意义的问题,是否拟合出直线关联到各数据实验点,在此引入一个称为相关系数 r 的统计量,用来判断两个变量之间的线性相关程度,其定义为:

$$r = \frac{l_{xy}}{\sqrt{l_{xx} l_{yy}}} = \frac{\sum_{i=1}^{n} (x_i - \bar{x})(y_i - \bar{y})}{\sqrt{\sum_{i=1}^{n} (x_i - \bar{x})^2 \sum_{i=1}^{n} (y_i - \bar{y})^2}} \qquad (4\text{-}6)$$

式中:

$$l_{xx} = \sum_{i=1}^{n} (x_i - \bar{x})^2$$

$$l_{yy} = \sum_{i=1}^{n} (y_i - \bar{y})^2$$

$$l_{xy} = \sum_{i=1}^{n} (x_i - \bar{x}) \sum_{i=1}^{n} (y_i - \bar{y})$$

$$\bar{x} = \frac{1}{n} \sum_{i=1}^{n} x_i , \quad \bar{y} = \frac{1}{n} \sum_{i=1}^{n} y_i$$

由概率规律可得出,任意两个随机变量的相关系数 r 的绝对值不大于 1,即 $0 \leqslant |r| \leqslant 1$。相关系数 r 的物理意义为:表示两个随机变量 x 和 y 的线性相关程度。相关系数 r 的几何意义可用图 4-2 说明。当 $r=1$ 时,即实验值全部落在直线 $y' = b_0 + b_1 x$ 上,此时称为完全相关;当 r 越接近 1 时,即实验值越靠近直线 $y' = b_0 + b_1 x$,变量 y、x 之间的关系越接近于线性关系;当 $r=0$ 时,变量间完全没有线性关系;但当 r 很小时,表现的虽不是线性关系,但不等于就不存在其他关系。

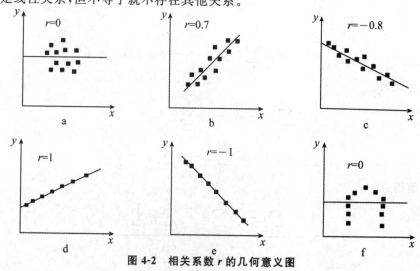

图 4-2 相关系数 r 的几何意义图

一般情况下，$|r| \neq 1$，但 $|r|$ 与 1 接近到什么程度才能认为 y 和 x 之间存在线性关系呢？这需要对相关系数 r 进行显著性检验。只有当 $|r| > r_{min}$ 时，y 和 x 之间线性相关程度显著，才能确认 y 和 x 之间存在线性关系。r_{min} 值可查数学手册中的相关系数表。可以根据实验数据点的个数 n 和显著性水平从该表中查出相应的 r_{min}，显著性水平可取为 $a = 0.01$ 或 0.05。

4.3.3 非线性回归

实际问题中变量间的关系很多属于非线性的，如指数函数、对数函数、双曲函数等，处理这些非线性函数的主要方法是先将其转化为线性函数，再进行处理。

1. 一元非线性回归

前面在用图解法整理数据求取经验公式时已经介绍了如何将指数函数、幂函数等六大类函数线性化的问题，即先利用变形方法，将其转化为线性关系，再进行一元线性拟合，得到其关联式。

2. 多项式回归

在化学工程中，为了便于查找和计算，对于常用的物性参数，通常将其回归成多项式，其方法如下：

对于如 $y = a + bx + cx^2$ 的二次多项式，可令 $x_1 = x$，$x_2 = x^2$，则前式可改写为 $y = a + bx_1 + cx_2$，这样，抛物线回归问题可以转化为二元线性回归。通常，多项式回归可通过类似变换变成线性回归。

3. 多元非线性回归

一般也是将多元非线性函数转化为多元线性函数，其方法同一元非线性函数。如圆形直管内强制湍流时的对流传热关联式为：

$$Nu = aRe^m Pr^n \tag{4-7}$$

方程两端取对数得：

$$\lg Nu = \lg a + m \lg Re + n \lg Pr \tag{4-8}$$

令 $y = \lg Nu$，$b_0 = \lg a$，$x_1 = \lg Re$，$x_2 = \lg Pr$，$b_1 = m$，$b_2 = n$，则可转化为：

$$y = b_0 + b_1 x_1 + b_2 x_2 \tag{4-9}$$

由此可按多元线性回归方法处理。

以上的回归方法的计算机使用详见附录中 origin 软件的例子。

附录

Origin 是美国 Origin Lab 公司推出的数据分析和科技作图软件，也是国际科技界公认的标准作图工具。其功能强大，但操作简便，既能满足一般的作图需求，也能够进行复杂的数据分析和图形处理。目前广泛使用的是 origin 7.0 和 7.5 两个版本。下面围绕线性回归和非线性回归，简要介绍 origin 7.5 版本中数值拟合的使用方法。

【例1】 根据表中的实验数据拟合线性方程 $y = ax + b$。

序号	1	2	3	4	5	6
x	2	4	6	14	18	23
y	11	13	15	20	23	26

解：（1）在 origin 软件的项目界面，在 A(X)、B(Y) 中分别输入 x 和 y 值。

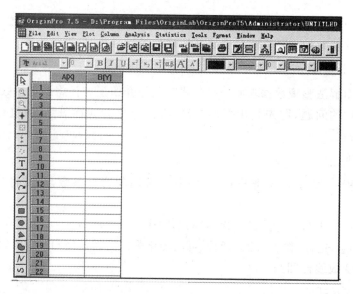

（2）全部选定 A(X)、B(Y) 的值，下拉菜单栏"tool"，点击其中的"linear fit"一项，在弹出的窗口中"settings"默认的显著性为 99 或 95。

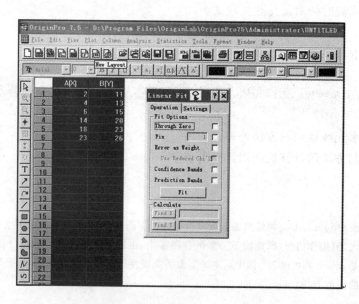

（3）点击"Fit"，如果有一组数据 x、y 都通过原点，则需要在"Through Zero"处打上钩。

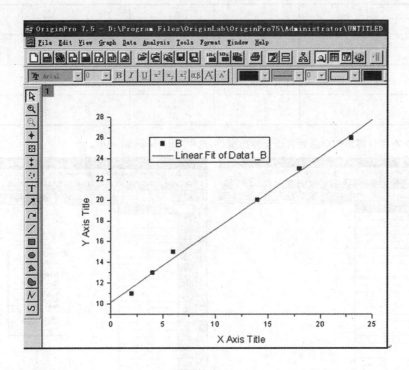

（4）拟合图形右下方的界面处则显示出拟合方程，A 和 B 分别代表 b 和 a，拟合后的线性方程为 $y=0.70061x+10.17655$。

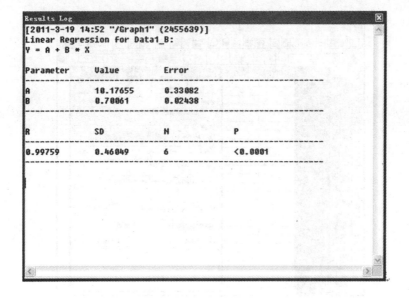

【例2】 根据下表中的数据拟合二元线性方程 $y = ax_1 + bx_2 + c$。

序号	1	2	3	4	5
x_1	1	2	2	1	2
x_2	2	3	1	2	3
y	8	5	10	6	7

解：（1）在项目界面的空白处右击会弹出窗口，选中"add new column"。

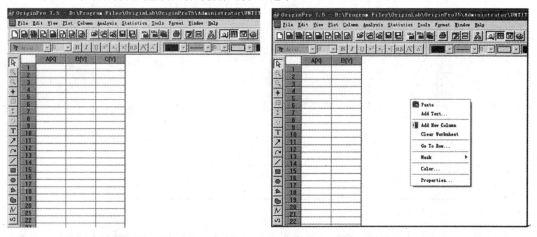

（2）双击 A 列标题栏，弹出"worksheet column format"窗口界面，在"plot designation"的下拉栏中选中 Y。重复前述步骤，依次把 B 列、C 列定义为 X₁ 和 X₂。

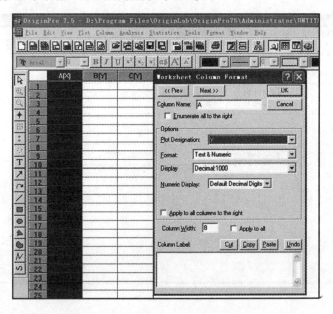

(3) 在表中填入数据,选定 B 和 C 两列。在菜单栏"statistics"下拉选项中选择"multiple regression",弹出"attention"界面。

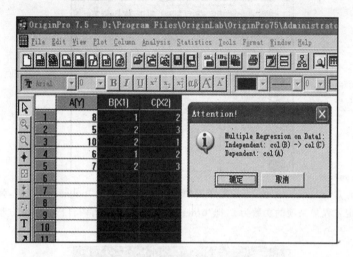

(4) 阅读完"attention"界面内容,点确定,数据列表右下方弹出如下界面,Y-Intercept、B 和 C 分别代表 c、a 和 b。

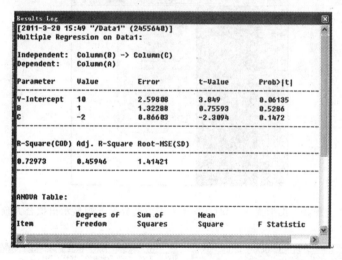

【例3】 离心泵性能测试实验中,得到压头 H 和流量 q_V 的数据如下表所示,试求 H 和 q_V 的关系表达式。

序号	1	2	3	4	5	6	7	8	9	10	11	12
$q_V/(\mathrm{m^3/h})$	0	0.74	2.01	3.03	4.07	4.63	5.15	5.91	6.76	7.25	7.89	8.49
$H/\mathrm{mH_2O}$	15.8	15.6	15.4	15.3	14.8	14.3	13.7	12.5	10.9	10	8.5	7

解: 由化工原理可知,H 和 q_V 的关系近似为二次抛物线,数学模型可采用 $H = aq_V^2 + bq_V + c$,只需求出 a、b 和 c 三个参数。

（1）在 origin 软件的项目界面，在 A(X)、B(Y)中分别输入 q_v 和 H 值。

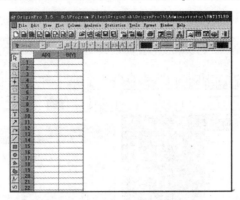

（2）全部选定 A(X)、B(Y)的值，下拉菜单栏"tool"，点击其中的"polynomial fit"，弹出如下窗口界面。如果初始设定方程最高项的次数为 2，把"order"调整为 2。同理，依自行设定的方程最高项次数做相应调整。

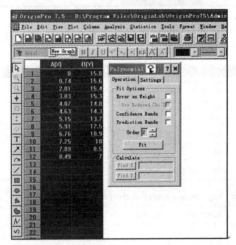

（3）点击"Fit"，出现如下图形界面，同时在图形右下方的界面处则显示出拟合方程，A、B1、B2 分别代表 c、b、a。

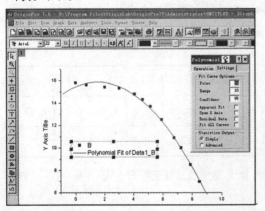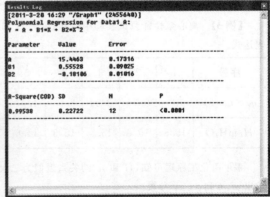

其他的拟合方法请参考 origin 软件自带的教程说明。

▶▶▶▶ 参考文献 ◀◀◀◀

[1] 费业泰.误差分析与数据处理(第四版).北京：机械工业出版社,2004.

[2] 贾沛璋.误差分析与数据处理.北京：国防工业出版社,1997.

[3] 肖明耀.误差理论与应用.北京：计量出版社,1995.

[4] 徐伟.化工原理实验.济南：山东大学出版社,2008.

[5] 吴洪特.化工原理实验.北京：化学工业出版社,2010.

[6] 王雪静,李晓波主编.化工原理实验.北京：化学工业出版社,2009.

[7] 宋长生.化工原理实验(第二版).南京：南京大学出版社,2010.

[8] 史贤林,田恒水,张平主编.化工原理实验.上海：华东理工大学出版社,2005

[9] 王建成,卢燕,陈振主编.化工原理实验.上海：华东理工大学出版社,2007.

[10] 雷良恒,潘国昌,郭庆丰.化工原理实验.北京：清华大学出版社,1994.

[11] 杨祖荣主编.化工原理实验.北京：化学工业出版社,2009.

第 4 章 实验数据的处理

第 5 章　化工原理演示实验

实验 1　雷诺演示实验

一、实验目的

1. 建立层流和湍流两种流动类型及流体处于过渡状态的直观感性认识。
2. 观察雷诺准数与流体流动型态的相互关系。
3. 建立圆形水平直管内作层流运动时的速度分布的感性认识。
4. 观察外界干扰对流体流动型态的影响。

二、实验原理

　　流体在流动过程中有两种不同的流态,即层流(滞流)和湍流(紊流)。层流流动时,流体质点作平行于管轴的直线运动;湍流时流体质点在沿管轴流动的同时,还做着杂乱无章的随机运动,即流体内部存在径向脉动。

　　雷诺准数 Re 是判断流动型态的准数。若流体在圆形管内流动,则雷诺准数可用下式表示:

$$Re = \frac{du\rho}{\mu} \tag{5-1}$$

式中:Re 为雷诺准数;d 为管子内径,m;u 为流体流速,m/s;ρ 为流体密度,kg/m³;μ 为流体黏度,Pa·s。

　　一般认为,$Re<2000$ 时,流动型态为层流;$Re>4000$ 时,流动型态为湍流;Re 数在两者之间时,有时为层流,有时为湍流,即过渡状态,它的运动状态和环境有关。

　　对于一定温度的流体,在管径一定的圆形直管内流动,雷诺准数仅与流体的流速或流量有关。本实验是改变水在管内的流速,观察在不同雷诺数下流体流型的变化。

　　当流体的流速较小时,管中心的指示液(红墨水)为一条通过全部水平玻璃管的直线,与周围的液体无质点的混合,此时流体的流动型态为层流。随着流速的增大,指示液开始波动,形成一条波浪形的细线,此时的流型可能是层流,也可能是湍流。当流速继续增加,指示液被打散,与管内液体充分混合,此时的流动状态为湍流。

三、实验内容

1. 以红墨水为示踪剂,水为工作介质(流体),在一定流速下,观察红墨水质点在水平圆形玻璃管内的运动轨迹。由此对层流、湍流和过渡状态流体质点的运动特点得到直观的感性认识。

2. 观察流体在圆形水平玻璃直管内作层流运动时的速度分布。

四、实验装置与流程

实验装置为卧式结构,可视性好,无动力装置,操作方便、稳定,Re 变化范围为 1000～10000。实验流程如图 5-1 所示。实验装置尺寸:玻璃管内径为 25mm,长度为 1200mm。

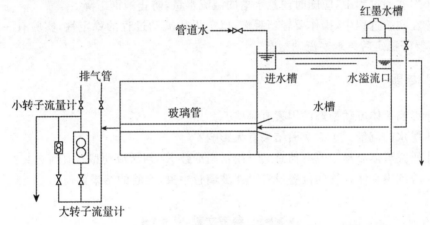

图 5-1　雷诺实验装置流程图

五、实验步骤

1. 实验前将水箱内注满水至溢流,静止数小时,消除流体内旋涡。为了保持水位恒定和避免波动,水由进口管先流入进水槽,再由进水槽小孔流入水箱,其中多余的水经溢流口泻入下水道中。检查针头是否堵塞,墨水是否沉淀。

2. 关闭流量调节阀,打开进水阀,使水充满水箱并保持有一定的溢流,保证水箱内的水位恒定。打开流量调节阀和排气阀,排除管路系统中的空气。

3. 将示踪剂(红墨水)加入贮瓶内。打开红墨水针型阀,排除墨水管内的气泡。

4. 用普通温度计测定水温。

5. 实验操作时,调节进水阀,打开流量计调节阀,让水缓慢流过玻璃管,使进水流量与出水流量大约相等。调节墨水针型阀,控制红墨水的注入速度。

6. 观察红墨水在水内的流动状态,红墨水在管中心形成一条直线,流动型态为层流。根据测定的流量值,可计算雷诺准数 Re。

7. 逐渐增加进水阀和出口调节阀开度,观察红墨水的流型的变化。如果红墨水的红线发生波动,但仍维持一定的形状,流型为过渡状态。如果红墨水布满整个管道,流型为湍流。

为了观察清楚,层流时红墨水流量可少些,湍流时红墨水流量要大一点,即红墨水的注入速度与水的流动速度基本一致。

8. 关闭流量调节阀,打开红墨水阀,使少量红墨水流入不动的玻璃管入口端。缓慢打开流量调节阀,保持流动型态为层流,观察红墨水团前端的界限,即为层流时流体速度的分布。

9. 层流时对设备施加一干扰,观察流体流型的变化。

10. 关闭红墨水针型阀,清洗设备管道,关闭进水阀和流量计流量调节阀。

六、实验注意事项

[1] 本实验过程中,应随时注意水槽的溢流水量,防止液面下降。

[2] 在实验过程中,操作要轻巧缓慢,以免干扰流动过程的稳定性,实验有一定的滞后现象,要等稳定后再观察流动型态。

七、思考题

[1] 影响流体流动型态的因素有哪些?

[2] 墨水的流量大小对实验结果有无影响?

[3] 研究流体流动型态有何意义?用雷诺准数 Re 判断流动型态有何意义?

[4] 若红墨水注入管的位置没有设在玻璃管中央,实验的结果如何?

▶▶▶▶ 参考文献 ◀◀◀◀

[1] 陈敏恒,从德滋,方图南,齐鸣斋编.化工原理(第三版).北京:化学工业出版社,2006.

[2] 谭天恩,窦梅,周明华等编著.化工原理(第三版).北京:化学工业出版社,2006.

[3] 蒋维钧,雷良恒,刘茂林等著.化工原理(第三版).北京:清华大学出版社,2009.

[4] 宋长生.化工原理实验(第二版).南京:南京大学出版社,2010.

[5] 冯晖,居沈贵,夏毅.化工原理实验.南京:东南大学出版社,2003.

[6] 王雪静,李晓波主编.化工原理实验.北京:化学工业出版社,2009.

[7] 陈同芸,瞿谷仁,吴乃登.化工原理实验.上海:华东理工大学出版社,1989.

[8] 王建成,卢燕,陈振主编.化工原理实验.上海:华东理工大学出版社,2007.

[9] 杨祖荣主编.化工原理实验.北京:化学工业出版社,2009.

[10] 徐伟.化工原理实验.济南:山东大学出版社,2008.

实验 2　柏努利方程演示实验

一、实验目的

1. 熟悉流体流动中各种能量和压头的概念,加深对能量相互转换的理解。
2. 观察流体流经收缩、扩大管(文氏管)段时,各截面上静压头随流速的变化。
3. 了解流体流动阻力的表现形式。

二、实验原理

不可压缩流体在水平管内作稳定流动时,由于管内截面的改变致使各截面上的流速不同,从而引起相应静压头的变化,其关系可由流动过程中能量衡算式描述,即:

$$z_1 g + \frac{u_1^2}{2} + \frac{p_1}{\rho} = z_2 g + \frac{u_2^2}{2} + \frac{p_2}{\rho} + \sum h_f \tag{5-2}$$

上式可变形为:

$$z_1 + \frac{u_1^2}{2g} + \frac{p_1}{\rho g} = z_2 + \frac{u_2^2}{2g} + \frac{p_2}{\rho g} + \sum H_f \tag{5-3}$$

该方程中各项能量均以液柱高度,即压头的形式表示,单位为 m。因此,由于管子截面和位置发生变化引起流速的变化,从而引起静压头与动压头间的变化,这种变化可通过玻璃管内液体高度指示出来。

对于水平等径的玻璃管,阻力很小可以忽略,则上式变为:

$$\frac{u_1^2}{2} + \frac{p_1}{\rho} = \frac{u_2^2}{2} + \frac{p_2}{\rho} \tag{5-4}$$

三、实验内容

在实验过程中,观察静压头随水平位置、流量、截面等的变化规律,验证机械能衡算方程——柏努利方程。

四、实验装置与流程

实验装置外形尺寸 800mm×500mm×1800mm;测试管长 700mm,管内径 25mm;文氏管长 300mm;贮水槽尺寸 250mm×500mm×300mm。实验流程如图 5-2 所示。

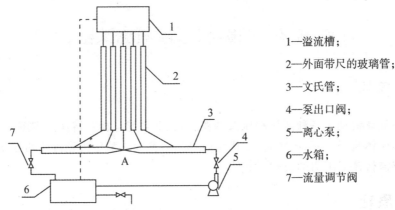

1—溢流槽;

2—外面带尺的玻璃管;

3—文氏管;

4—泵出口阀;

5—离心泵;

6—水箱;

7—流量调节阀

图 5-2 柏努利方程演示实验装置流程图

五、实验步骤

1. 将着色(红色)的水充入水箱,水量约为整个水箱的 2/3。

2. 关闭泵出口阀和流量调节阀,启动离心泵。泵启动后,打开流量调节阀和泵出口阀(两个阀全开),排尽管内的空气,让液体充满整根管。

3. 逐步关闭流量调节阀,注意观察玻璃管内液体柱的高度,不要让测压点 A 上的压力过低,以免空气被吸入文氏管内。

4. 当文氏管 A 点的压力为负压时,可以观察到有空气被倒吸入管内。继续增大流量,可将 A 点上方测压管上的蝴蝶夹将橡胶管夹紧,观察其他测压点液体柱的变化。

5. 将流量调节阀关小,流量从大到小重复一次实验,观察液体柱的变化。

六、实验注意事项

[1] 实验过程中要排除管内的空气,否则会干扰实验的结果。

[2] 在实验过程中,流量不能很大,否则水会从设备溢流槽溢出。

七、思考题

[1] 水在水平异径管(文氏管)中流动,流速与管径的关系如何? 管径的大小与该测压点的压强的关系如何?

[2] 实验中如何测量某截面的总压头、静压头和动压头?

[3] 实验中文氏管的阻力损失如何测量? 当文氏管出现负压时阻力损失如何测量?流量增大时阻力损失如何变化?

[4] 用水平等径的玻璃管,能否观察到阻力损失?

[1] 陈敏恒,从德滋,方图南,齐鸣斋编.化工原理(第三版).北京:化学工业出版社,2006.

[2] 谭天恩,窦梅,周明华等编著.化工原理(第三版).北京:化学工业出版社,2006.

[3] 蒋维钧,雷良恒,刘茂林等著.化工原理(第三版).北京:清华大学出版社,2009.

[4] 徐伟.化工原理实验.济南:山东大学出版社,2008.

[5] 冯晖,居沈贵,夏毅.化工原理实验.南京:东南大学出版社,2003.

[6] 宋长生.化工原理实验(第二版).南京:南京大学出版社,2010.

[7] 陈同芸,瞿谷仁,吴乃登.化工原理实验.上海:华东理工大学出版社,1989.

[8] 丁楠,吕树申.化工原理实验.广州:中山大学出版社,2008.

[9] 王建成,卢燕,陈振主编.化工原理实验.上海:华东理工大学出版社,2007.

[10] 杨祖荣主编.化工原理实验.北京:化学工业出版社,2009.

实验3　流体压强及其测量演示实验

一、实验目的

1. 理解绝对压强、表压强和真空度的概念,掌握它们之间的区别和联系。
2. 理解液体柱高度、压头与压强之间的关系。
3. 掌握用单管测压计、U形管测压计、微差压差计和压强计测量流体压强、压差的方法。

二、实验原理

静止流体所受的外力有质量力和表面力两种,其中,单位面积上所受的表面力称为压强,又称静压强。因为静止流体中任一点不同方向的静压强数值相等,所以静压强只要说明其大小即可,通常用符号 p 表示。

当使用压强的实际数值来表示压强大小时,称为绝对压强,简称绝压。另外,因为整个地球都处在大气层的压力下,故压强还可以以当地大气压为基准来计量,通常用压强表(工程上常称压力表)或真空表测出,称为表压或真空度。表压或真空度与绝压的关系如图 5-3 所示。

$$表压＝绝压－当地大气压$$
$$真空度＝当地大气压－绝压$$

第 5 章 化工原理演示实验

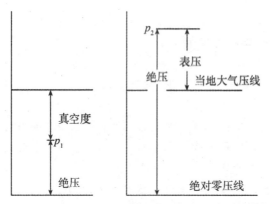

p_1. 测压点压强小于当地大气压
p_2. 测压点压强大于当地大气压

图 5-3 绝对压、表压和真空度的关系

在同一地理位置,表压越大,绝压也越大;真空度越大,绝压越小,真空度就高。而大气压即大气层压强的大小,与经纬度、海拔高度等因素有关,当地大气压可用气压计测得。

对于连续、均质且不可压缩流体,流体密度 ρ 为常数,如图 5-4 所示。在静止状态下,流体内部压强间的关系为:

$$p_2 = p_1 + \rho g(z_1 - z_2) \tag{5-5}$$

式中:p_1、p_2 为静止流体任意两点处压强;z_1、z_2 为该两点的垂直高度;g 为重力加速度。

上式转化为:

$$\frac{p_2}{\rho g} = \frac{p_1}{\rho g} + (z_1 - z_2) \tag{5-6}$$

式中:$\frac{p_1}{\rho g}$、$\frac{p_2}{\rho g}$ 为静压头;相应地,z_1、z_2 称为位压头。

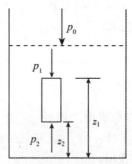

图 5-4 静止流体内部压强间的关系

工程实际中应用静力学原理测量流体压强和压差相当广泛,液柱式压力计就是利用流体静力学原理测量静压强的仪器。除液柱式压力计外,还有弹性式压力计、电气式压力计和活塞式压力计。

三、实验内容

在实验过程中,观察反应器模型内压强的变化;用 U 形液柱式压力计或 U 形液柱式压差计上液体柱高度显示压强或压差的变化。

四、实验装置与流程

本装置主要由模拟反应器、弹簧管压力计、u形管压力计和U形管压差计组成。主体设备为一有机玻璃制造的反应器模型,分为左、右两室,右室中通入来自高位水槽的水,溢流水从左室经下水管流入低位水槽,并经循环泵压至高位水槽,高位水槽中的溢流水也回到低位水槽中。实验中,通过改变模拟反应器中的液位量,从而使反应器液面上方产生不同的压强,经各检压装置测出其值。装置如图5-5所示。

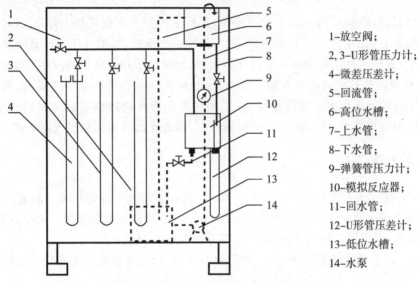

1-放空阀;

2,3-U形管压力计;

4-微差压差计;

5-回流管;

6-高位水槽;

7-上水管;

8-下水管;

9-弹簧管压力计;

10-模拟反应器;

11-回水管;

12-U形管压差计;

13-低位水槽;

14-水泵

图5-5　流体压强及其测量实验装置流程图

U形管压差计12的指示剂为四氯化碳(20℃时,密度为1594kg/m³);微差压差计4中装有水(20℃时,密度为998kg/m³)和煤油(20℃时,密度为800kg/m³)两种指示剂;u形管压力计2的指示剂为水;u形管压力计3的指示剂为水银(20℃时,密度为13600kg/m³)。

五、实验步骤

(一)绝对压强、表压强和真空度之间的关系

1. 将放空阀打开,低位水槽灌满水,开启水泵,并将水从高位水槽灌入反应器,使反应器左室水位达到总高度的一半,观察各测压计读数。此时u形管压力计2和3、微差压差计4以及弹簧管压力计9显示读数为零,U形管压差计12显示一定的液柱读数,表示反应器左、右室在U形管压差计12取压口之间的压差。

2. 将放空阀关闭,使反应器内成密闭体系,调节下水管进入反应器的水量,观察各测压计的读数变化,直到反应器内充满水。可观察到各u形管压力计、微差压差计、弹簧管压力计的读数增大,说明反应器内压增大。同时可观察到U形管压差计12的读数变小,这是由于反应器左、右室水位越来越相近,因而U形管压差计的两个取压口之间的压差

变小。

3. 将反应器下面的阀门打开,将水慢慢放掉,观察各 U 形管内的读数变化,直到模拟反应器左室的水排尽为止,观察 U 形管压差计、微差压差计、弹簧管压力计及 u 形管压力计的读数变化。可观察到 u 形管压力计、微差压差计、弹簧管压力计读数变小,说明反应器内压力减小最终读数为零,此时体系的压强与大气压相同;而 U 形管压差计读数又增大,说明左、右两室取压口间压差变大。

(二) 以液柱高度表示的压强与液柱式压力计

关闭放空阀,略微提高反应器左室液位,然后依次打开水银柱压力计 3、水柱压力计 2 和微差压差计 4 上的旋塞。可观察到,在测量同一压强时,水银柱压力计显示的水银柱高度差最小,水柱压力计显示的水柱高度差居中,而微差压差计显示的液柱高度差最大。

各 U 形管液柱升高的高度不同,说明当用液柱高度来表示体系的压强时,其值的大小还取决于指示液的密度。也就是说,用不同种类和密度的液柱来表示相同的压强时,应具有不同的液柱高度。因此,为提高测量精度,压力计的指示剂必须选择合适。

六、实验注意事项

[1] 实验过程中首先对系统检查是否漏气,否则会影响实验的结果。检查漏气的方法是保证整个反应器和测压体系为正压,过 30mim 后,观察压力的变化。如果没有变化,则系统不漏气,否则要对每个管件、阀件和管子接头进行试漏。

[2] 微差压差计中的指示液之一为煤油,容易挥发,注意煤油高度的变化,及时补加。

七、思考题

[1] 如何测量反应器内的绝对压强、压差和负压?如果反应器内的压强很低,则如何测量?如果反应器内的压强很高,能否用 u 形管压力计测量?

[2] 绝对压强、表压、真空度间的关系如何?

[3] 测量压强或压差常用的测压计有哪些?如何测量空气的压强变化?

▶▶▶▶ 参考文献 ◀◀◀◀

[1] 陈敏恒,从德滋,方图南,齐鸣斋编. 化工原理(第三版). 北京:化学工业出版社,2006.

[2] 谭天恩,窦梅,周明华等编著. 化工原理(第三版). 北京:化学工业出版社,2006.

[3] 蒋维钧,雷良恒,刘茂林等著. 化工原理(第三版). 北京:清华大学出版社,2009.

[4] 冯晖,居沈贵,夏毅. 化工原理实验. 南京:东南大学出版社,2003.

实验4 板式塔流体力学演示实验

一、实验目的

1. 观察板式塔和各类型塔板（泡罩、浮阀、筛孔）的结构。
2. 了解气液两相在全塔与塔板上的流动，比较各塔板上的气液接触状况。
3. 观察漏液、液泛现象，研究板式塔的极限操作状态，确定各塔板的漏液点和液泛点。

二、实验原理

板式塔是一种应用广泛的气液两相接触并进行传热、传质的塔设备，可用于吸收（解吸）、精馏和萃取等化工单元操作。与填料塔不同，板式塔属于分段接触式气液传质设备，塔板上气液接触的良好与否和塔板结构及气液两相相对流动情况有关，后者即是本实验研究的流体力学性能。

1. 塔板的组成

各种塔板板面大致可分为三个区域，即溢流区、鼓泡区和无效区，如图 5-6 所示。

降液管所占的部分称溢流区。降液管的作用除使液体下流外，还须使泡沫中的气体在降液管中得到分离，防止气泡带入下一塔板而影响传质效率。因此液体在降液管中应有足够的停留时间，使气体得以解脱，要求停留时间大于 3～5s。一般溢流区所占面积不超过塔板面积的 25%，对于液体量很大的情况，可超过此值。

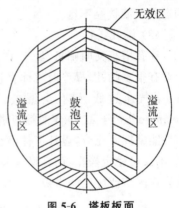

图 5-6 塔板板面

塔板开孔部分称为鼓泡区，即气液两相传质的场所，也是区别各种不同塔板的依据。

塔板上不开孔部分称为无效区，包括塔板入口安定区、出口安定区和边缘固定区。在入口堰附近一狭长带上不开孔，防止气体进入降液管或因降液管流出的液流冲击而造成漏液，此区域称塔板入口安定区。在靠近溢流堰部位一狭长的不开孔区，叫出口安定区。塔板边缘区域不开孔，这部分用于塔板固定，为边缘固定区。

2. 常用塔板类型

(1) 泡罩塔板

这是最早应用于生产的塔板之一，其因操作性能稳定，故一直到 20 世纪 40 年代还在板式塔中占绝对优势，后来逐渐被其他塔板代替，但至今仍占有一定地位，特别适用于容易堵塞的物系。

泡罩塔板的结构如图 5-7 所示。液体通过降液管从一块塔板流至下一块塔板。为使液体在塔板上有一定的积液厚度，塔板上液体流出口处设有溢流堰。在塔板上有若干规则排列的升气管，每根升气管上覆盖着一只泡罩，泡罩下缘开有齿缝。

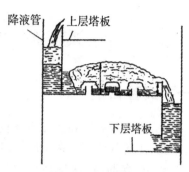

图 5-7　泡罩塔板

操作时，气体向上流过升气管后遇到泡罩便转而向下流动，经升气管外侧与泡罩内侧构成的通道后在泡罩齿缝处分散成许多小气泡进入塔板上液层。气体以气泡形式在液相中浮升并与液体进行相际传质。当气体跃离液面时液膜破裂，气体便流至上一层塔板。

泡罩塔板最大的优点是易于操作，操作弹性大。当液体流量变化时，塔板上液层厚度由溢流堰控制，塔板上液层厚度变化很小。若气体流量变化，泡罩齿缝开启度会随气体流量改变自动调节，故气体通过齿缝的流速变化亦较小，即维持较高传质效率的气液负荷变化范围很大。

泡罩塔板操作稳定，传质效率（对塔板而言称为塔板效率）也较高。但其也有不少缺点：结构复杂；造价高；塔板阻力大；液体通过塔板的液面落差较大，因而易使气流分布不均造成气液接触不良。

（2）筛孔塔板

筛孔塔板又叫筛板，约于 1832 年开始用于工业生产。如图 5-8 所示，筛板就是在板上钻有很多筛孔，操作时气体直接穿过筛孔进入液层。这种塔板早期一直被认为很难操作：若气速过低，筛孔会漏液；气速过高，气体通过筛孔造成过量液沫夹带。美国 Celanese 公司于 1949 年对筛板塔进行了大量研究。研究结果表明，过去由于对筛板塔操作性能掌握不充分，设计不佳，致使筛板塔不易稳定操作。筛板塔只要设计合理，操作得当，不仅可稳定操作，而且操作弹性可达 2～3，能满足生产要求。筛板塔改进后，一直是世界各国广泛应用的塔板。

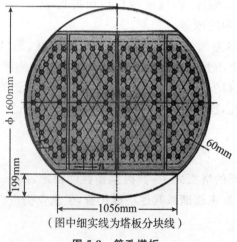

（图中细实线为塔板分块线）

图 5-8　筛孔塔板

筛板塔的优点是构造简单、造价低，此外也能稳定操作，板效率也较高。缺点是小孔易堵（近年来发展了大孔径筛板，以适应大塔径、易堵塞物料的需要），操作弹性和板效率比浮阀塔板略差。

（3）浮阀塔板

这种塔板是在 20 世纪四五十年代才发展起来的，现在使用很广。浮阀塔板对泡罩塔板的主要改革是取消了升气管，在塔板开孔上方设有浮阀，如图 5-9 所示。浮阀可根据气流的大小自由调节开度。当气量大时，阀片被顶起、上升，开度大，降低压降；气量小时，开度小，气体有足够的气速通过环隙，避免过多的漏液。

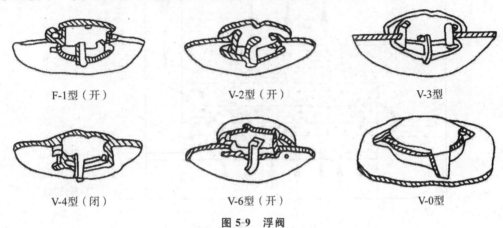

F-1型（开）   V-2型（开）   V-3型

V-4型（闭）   V-6型（开）   V-0型

图 5-9　浮阀

阀片升降位置随气流量大小作自动调节，而使进入液层的气速基本稳定。而气体在阀片下侧水平方向进入液层，减少液沫夹带量，延长气液接触时间，传质效果和生产能力都比泡罩塔板好。

3. 板式塔的操作

塔板的操作上限与操作下限之比称为操作弹性（即最大气量与最小气量之比或最大液量与最小液量之比）。操作弹性是塔板的一个重要特性。操作弹性大，则该塔稳定操作范围大，这是我们所希望的。

为了使塔板在稳定范围内操作，必须了解板式塔的几个极限操作状态。在本演示实验中，主要观察各塔板的漏液点和液泛点，也即塔板的操作上、下限。

（1）漏液点

可以设想，在一定液量下，当气速不够大时，塔板上的液体会有一部分从筛孔漏下，这样就会降低塔板的传质效率。因此，一般要求塔板应在不漏液的情况下操作。所谓漏液点，是指刚使液体不从塔板上泄漏时的气速，此气速也称为最小气速。

（2）液泛点

当气速大到一定程度，液体就不再从降液管下流，而是从下塔板上升，这就是板式塔的液泛。液泛速度也就是达到液泛时的气速。

（3）板式塔的操作原理

现以筛板塔为例来说明板式塔的操作原理。如图 5-10 所示，上一层塔板上的液体由降液管流至塔板上,并经过板上由另一降液管流至下一层塔板上。而下一层板上升的气体(或蒸汽)经塔板上的筛孔,以鼓泡的形式穿过塔板上的液体层,并在此进行气液接触传质。离开液层的气体继续升至上一层塔板,再次进行气液接触传质。由此经过若干层塔板,气相中轻组分浓度逐板升高,液相在下降过程中其轻组分浓度逐板降低,得到分离或部分分离。在塔板结构和液量已定的情况下,鼓泡层高度随气速而变。通常在塔板以上形成三种不同状态的区间:靠近塔板的液层底部属鼓泡区,如图 5-10 中 1;在液层表面属泡沫区,如图 5-10 中 2;在液层上方空间属雾沫区,如图 5-10 中 3。

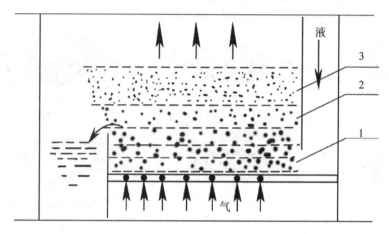

1—鼓泡区;
2—泡沫区;
3—雾沫区

图 5-10　筛板塔操作简图

这三种状态都能起气液接触传质作用,其中泡沫状态的传质效果尤为良好。当气速不很大时,塔板上以鼓泡区为主,传质效果不够理想。随着气速增大到一定值,泡沫区增加,传质效果显著改善,相应的雾沫夹带虽有增加,但还不至于影响传质效果。如果气速超过一定范围,则雾沫区显著增大,雾沫夹带过量,严重影响传质效果。为此,在板式塔中必须在适宜的液体流量和气速下操作,才能达到良好的传质效果。

三、实验内容

1. 用水-空气体系逆流接触,观察气液两相的流动与接触状态。
2. 增大水和空气流量,在操作极限时,观察气液两相的流动与接触状态。

四、实验装置与流程

本装置主体为直径 200mm、板间距为 300mm 的四个有机玻璃塔节与两个封头组成的塔体,配以风机,水泵,气、液转子流量计及相应的管线、阀门等部件。塔体内由上而下安装四块塔板,分别为泡罩塔板、浮阀塔板、有降液管的筛孔板和无降液管的筛孔板,降液管均为内径 25mm 的有机圆柱管。实验流程如图 5-11 所示。

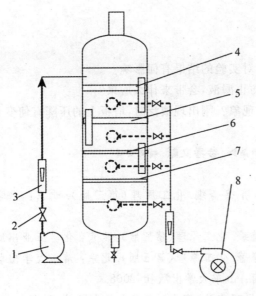

1-增压水泵；
2-调节阀；
3-转子流量计；
4-泡罩塔板；
5-浮阀塔板；
6-有降液管的筛孔板；
7-无降液管的筛孔板；
8-风机

图 5-11　板式塔流体力学实验装置流程图

五、实验步骤

1．实验开始前，检查水泵和风机电源，关闭所有阀门。下面以有降液管的筛孔板为例，介绍该塔板流体力学性能演示操作。

2．水泵进口连接水源（自来水接口或水槽），塔底排液阀接地沟或循环接入水槽。启动水泵，打开水泵出口调节阀，观察水从塔顶流出的速度，用转子流量计调节流量。选择合适的水流量，保持稳定流动。

3．打开风机出口阀，打开无降液管的筛孔塔板下对应的气流进口阀，开启风机电源。通过空气转子流量计自小而大调节空气流量，观察塔板上气液接触的几个不同阶段，即漏液、鼓泡、泡沫、喷射、过量液沫夹带到最后的淹塔（液泛）。

4．观察两个临界气速：①操作点下限的"漏液点"，即刚使液体不从塔板上泄漏时的气速；②操作点上限的"液泛点"，即液体不再从降液管（对于无降液管的筛孔板，筛孔中不降液）往下流动，而是从下一块塔板上升直至淹塔时的气速。

5．对于另两种类型的塔板也是做如上的操作，最后记录各塔板的气液两相流动参数，计算塔板操作弹性，并作出比较。

6．改变水量，重复前面操作，观察漏液、正常操作、过量液沫夹带和液泛现象。

7．实验过程中，注意塔身与下水箱的接口处应液封，以免漏出空气。

六、实验注意事项

[1] 为了防止开始实验时出现淹塔，水的流量不要太大，便于控制。

[2] 出现淹塔时，注意水不要从塔顶溢出。

七、思考题

[1] 当水的流量过大或过小,对实验的结果有何影响?

[2] 用增大气体流速的方法防止漏液,会带来什么后果?

[3] 液泛严重时,会出现什么现象?刚出现液泛时,塔板上的压降有何变化?

▶▶▶▶ 参考文献 ◀◀◀◀

[1] 陈敏恒,从德滋,方图南,齐鸣斋编.化工原理(第三版).北京:化学工业出版社,2006.

[2] 谭天恩,窦梅,周明华等编著.化工原理(第三版).北京:化学工业出版社,2006.

[3] 蒋维钧,雷良恒,刘茂林等著.化工原理(第三版).北京:清华大学出版社,2009.

[4] 徐伟.化工原理实验.济南:山东大学出版社,2008.

[5] 冯晖,居沈贵,夏毅.化工原理实验.南京:东南大学出版社,2003.

[6] 王建成,卢燕,陈振主编.化工原理实验.上海:华东理工大学出版社,2007.

[7] 陈同芸,瞿谷仁,吴乃登.化工原理实验.上海:华东理工大学出版社,1989.

第6章 化工原理基础实验

实验5 流体流动阻力测定实验

一、实验目的

1. 掌握流体流经直管和阀件时阻力损失的测定方法,通过实验了解流体流动中能量损失的变化规律和流体流动阻力对工程的实际意义。

2. 测定直管摩擦系数 λ 与雷诺准数 Re 的关系,将所得的 λ-Re 的关系与经验公式比较。

3. 测定流体流经阀件时的局部阻力系数 ζ。

4. 学会压差计和流量计的使用方法。

5. 观察组成管路的各种管件、阀件,并了解其作用。

二、实验原理

流体输送管路由直管、管件和阀件组成。流体在管路中流动时,由于黏性剪应力和涡流的存在,不可避免地要消耗一定的机械能。这种机械能的消耗包括流体流经直管的沿程阻力,以及流体运动方向改变或管子大小形状改变所引起的局部阻力。

1. 沿程阻力(直管阻力)

流体在水平等径圆管中稳定流动时,在管道截面 1 和截面 2 间的阻力损失表现为两截面间的压差,即:

$$h_{\mathrm{f}} = \frac{p_1 - p_2}{\rho} = \frac{\Delta p}{\rho} \tag{6-1}$$

影响阻力损失的因素很多,尤其对湍流流体,目前尚不能完全用理论方法求解,必须通过实验研究其规律。为了减少实验工作量,简化实验工作难度,使实验结果具有普遍意义,可采用量纲分析方法将各变量组合成准数关联式。根据实验结果分析,影响阻力损失的因素有三类变量。

(1)流体性质:密度 ρ、黏度 μ;

(2)管路的几何尺寸:管径 d、管长 l、管壁粗糙度 ε;

(3)流动条件:流速 u。

可将阻力损失与各变量之间表示为如下的函数形式:

$$\Delta p = f(d, l, \mu, \rho, u, \varepsilon) \tag{6-2}$$

根据量纲分析法，可将上述各变量间的关系转变为无因次准数之间的关系：

$$\frac{\Delta p}{\rho u^2} = \Phi(\frac{du\rho}{\mu}, \frac{l}{d}, \frac{\varepsilon}{d}) \tag{6-3}$$

$$\frac{\Delta p}{\rho} = \varphi(\frac{du\rho}{\mu}, \frac{\varepsilon}{d}) \cdot \frac{l}{d} \cdot \frac{u^2}{2} \tag{6-4}$$

令：
$$\lambda = \varphi(\frac{du\rho}{\mu}, \frac{\varepsilon}{d}) \tag{6-5}$$

则：
$$h_f = \frac{\Delta p}{\rho} = \lambda \frac{l}{d} \cdot \frac{u^2}{2} \tag{6-6}$$

式中：Δp 为压降，Pa；h_f 为直管阻力损失，J/kg；ρ 为流体密度，kg/m^3；λ 为直管摩擦系数，无因次，层流（滞流）时，$\lambda = 64/Re$，湍流时，λ 是雷诺准数 Re 和相对粗糙度 ε/d 的函数，需由实验确定；l 为直管长度，m；d 为直管内径，m；ε 为管壁绝对粗糙度，m；u 为流体流速，m/s，由实验测定。

2. 局部阻力

局部阻力通常有两种表示方法，即当量长度法和阻力系数法。

（1）当量长度法

流体流过管件或阀件时，近似地认为局部阻力造成的损失，相当于某一长度的直管的阻力损失，这个直管长度称为当量长度，用符号 l_e 表示。这样，就可以用直管阻力损失的公式来计算局部阻力损失，如管路中直管长度为 l，各种局部阻力的当量长度之和为 $\sum l_e$，则流体在管路中流动时的总阻力损失 $\sum h_f$ 为：

$$\sum h_f = \lambda \cdot \frac{l + \sum l_e}{d} \cdot \frac{u^2}{2} \tag{6-7}$$

（2）阻力系数法

流体通过某一管件或阀件时的阻力损失用流体在管路中的动能系数来表示，这种计算局部阻力的方法，称为阻力系数法。

即：
$$h_f = \zeta \frac{u^2}{2} \tag{6-8}$$

式中：ζ 为局部阻力系数，无因次；u 为在小截面管中流体的平均流速，m/s。

由于管件两侧距测压孔间的直管长度很短，引起的沿程阻力与局部阻力相比可以忽略不计，因此 h_f 值可应用柏努利方程根据压差计读数求取。

直管段两端或阀门局部阻力损失的压差若用水银 U 形管压差计测量，则压差为：

$$\Delta p = (\rho_{Hg} - \rho_{H_2O})gR \tag{6-9}$$

直管段两端或阀门局部阻力损失的压差若用倒 U 形管压差计测量，则压差为：

$$\Delta p = (\rho_{H_2O} - \rho_{air})gR = \rho_{H_2O}gR \tag{6-10}$$

对于非等径的管子，在计算局部阻力损失时，动能项采用小管内的流动速度，即采用流速大的一个进行计算。

三、实验内容

1. 测量流体在镀锌管(粗糙管)和不锈钢管(光滑管)中的直管阻力摩擦系数 λ,并确定摩擦系数 λ 与雷诺准数 Re 的关系,在双对数坐标轴上作 λ-Re 图。

2. 测量流体流过阀件的局部阻力系数 ζ。

四、实验装置与流程

目前测定流体流动阻力的实验装置常见的有两种,但实验流程相似。测量流体的流量用转子流量计或涡轮流量计,测量压差用水银倒 U 形管压差计或水银 U 形管压差计。

实验装置一　主要由贮水箱、离心泵、不同管径和材质的水管、各种阀门和管件、转子流量计和倒 U 形管压差计等组成,如图 6-1 所示。用于测定流体流动阻力的管路部分有三段长直管,自上而下分别用于测定局部阻力损失、光滑管直管阻力损失和粗糙管直管阻力损失。局部阻力的测定使用不锈钢管,其上装有待测的闸阀(管径为 3/4 英寸,$\phi26.75\text{mm}\times2.75$,或 1 英寸,$\phi33.5\text{mm}\times3.25\text{mm}$);光滑管直管阻力的测定使用内壁光滑的不锈钢管,粗糙管直管阻力的测定使用管内壁粗糙的镀锌管,管子规格为 $\phi26.75\text{mm}\times2.75\text{mm}$,管长为 1.2m。

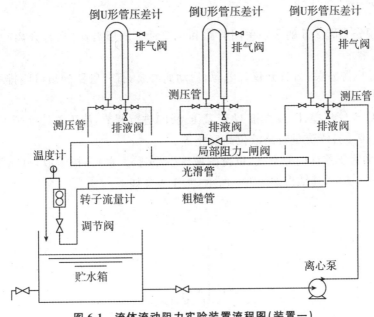

图 6-1　流体流动阻力实验装置流程图(装置一)

实验装置二　由贮水箱、离心泵、管径相同的镀锌管、各种阀门和管件、涡轮流量计和水银 U 形管压差计等组成,如图 6-2 所示。用于测定直管流体流动阻力损失的管路是一段长 2m 的粗糙管,管子规格为 $\phi26.75\text{mm}\times2.75\text{mm}$,同一根管子的另一边用于测定局部阻力损失,管子上装有待测的闸阀,闸阀的开度自由调节,没有光滑管。

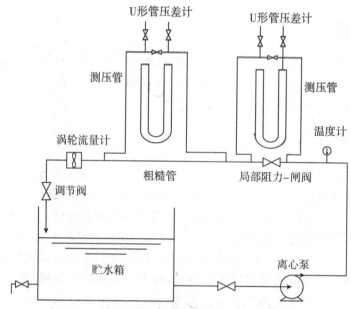

图 6-2　流体流动阻力实验装置流程图(装置二)

五、实验步骤

1. 水箱预先充满 2/3 的水。关闭管路和压差计上的所有阀门,打开离心泵入口阀,对离心泵进行灌水。

2. 打开总电源开关,再打开仪表电源,启动离心泵,打开管路的出口阀排尽管路里的空气,关闭出口阀。

3. 对倒 U 形管压差计(或水银 U 形管压差计)进行调节,使压差计处于工作状态,即压差计两侧在带压且零流量时的液位高度相等。

4. 倒 U 形管压差计内充空气,以待测液体(本实验为水)为指示液,只能用于测量液体压差比较小的场合,其结构如图 6-3 所示,操作步骤如下:

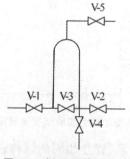

图 6-3　倒 U 形管压差计

启动离心泵,排除管路中的空气,关闭流量调节阀。打开低压侧阀门 V-1 和高压侧阀门 V-2,再打开平衡阀门 V-3 和排水阀门 V-4,当排出的水中无气泡,关闭低压侧阀门 V-1 和高压侧阀门 V-2,打开放空阀门 V-5。当倒 U 形管压差计内的水排净后,关闭排水阀门 V-4,再关闭放空阀门 V-5,缓慢地同时打开低压侧阀门 V-1 和高压侧阀门 V-2,观察倒 U 形管压差计内液体的高度。两边的高度应该相同,如果高度不断升高,表示倒 U 形管压差计漏气,应该试漏后,重新操作。当高度不变,关闭平衡阀门 V-3,压差计即可使用。

5. 水银 U 形管压差计的指示液为水银,能用于测量液体压差略大的场合,其结构如图 6-4 所示,操作步骤如下:

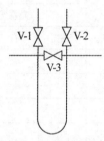

图6-4　U 形管压差计

泵启动前,首先打开 U 形管压差计平衡阀门 V-3,关闭低压侧排气阀门 V-1 和高压侧排气阀门 V-2,防止离心泵启动时水银冲出。

启动离心泵,排除管路中的空气,关闭管路出口调节阀门。缓慢打开低压侧排气阀门 V-1 和高压侧排气阀门 V-2,观察水银 U 形管压差计,防止水银冲出。当低压侧排气阀 V-1 和高压侧排气阀 V-2 排出的水无气泡,可缓慢关闭低压侧和高压侧的排气阀门,再关闭平衡阀门即可。

6. 实验时缓缓开启出口阀门,使倒 U 形管压差计(或水银 U 形管压差计)的读数达到最大。根据测量的流量范围合理分割调节流量,大流量的变化可大一点,小流量的变化需要小一点。调节流量并记录 10 个点以上的数据。每次改变流量后,分别记录压差计左、右两管的液位高度和流量的大小。如果指示液的高度有波动,可测量 3 次,取其平均值。

7. 实验结束后,关闭管路的出口阀门,打开水银 U 形管压差计的平衡阀门,停止离心泵的运转。再打开管路的出口阀门,将装置中的水排放干净,将管路的出口阀门关闭。

六、实验注意事项

[1] 为了防止水银 U 形管压差计内的水银冲出,离心泵启动或关闭时一定要将 U 形管压差计上的平衡阀门打开,低压侧排气阀门 1 和高压侧排气阀门关闭。

[2] 离心泵启动时,不要站在水银 U 形管压差计的旁边,防止 U 形管压差计突然破裂,水银溅出,发生事故。

[3] 开启、关闭管道上的各阀门及倒 U 形管压差计上的阀门时,一定要缓慢开关,切忌用力过猛过大,防止测量仪表因突然受压、减压而受损。

[4] 实验过程中,每调节一个流量,均需要等到流量和压差稳定后方可记录数据。

七、实验数据记录与处理

表 6-1 流体流动阻力的测定实验原始数据记录表

实验装置号_____;光滑管径 $d=$ _____ mm,管长 $l=$ _____ m;粗糙管径 $d=$ _____ mm,管长 $l=$ _____ m;局部阻力管径 $d=$ _____ mm;水温=_____℃;流量系数=_____

序号	流量/(L/h)	局部阻力/mH₂O 或 mmHg			直管阻力/mH₂O 或 mmHg					
					光滑管			粗糙管		
		左	右	压差	左	右	压差	左	右	压差
1										
2										
3										
...										
9										
10										

注：如果是涡轮流量计,流量为读数。实际流量等于流量计读数除以流量系数,单位为 L/s。

表 6-2 流体流动阻力的测定实验数据处理表

水温 $t=$ _____℃;水的密度 $\rho=$ _____ kg/m³;水的黏度 $\mu=$ _____ Pa·s

序号	局部阻力				直管阻力									
	$u/$(m/s)	$\Delta p/$Pa	ζ	$\bar{\zeta}$	光滑管						粗糙管			
					$u/$(m/s)	$\Delta p/$Pa	λ	Re	$\lambda_{理论}$	误差/%	$u/$(m/s)	$\Delta p/$Pa	λ	Re
1														
2														
3														
...														
9														
10														

八、实验报告内容

1. 根据粗糙管实验结果,在双对数坐标纸上标绘出 λ-Re 曲线,对照《化工原理》教材上的图,即可确定该管的相对粗糙度和绝对粗糙度。

2. 根据光滑管实验结果,在双对数坐标纸上标绘出 λ-Re 曲线,并对照柏拉修斯方程,计算其误差。

3. 根据局部阻力实验结果,求出闸阀的平均 ζ 值。

4. 列出一组数据计算示例。

5. 对实验结果进行分析讨论。

九、思考题

[1] 离心泵启动时为什么要注水灌泵和关闭泵出口调节阀？

[2] 在对装置做排气时,是否一定要关闭流程尾部的出口阀？为什么？

[3] 如何检测管路中的空气已经被排除干净？

[4] U形管压差计为什么要设置平衡阀？什么时候是关闭的,什么时候是打开的？

[5] 以水做介质所测得的 λ-Re 关系能否适用于其他流体？如何应用？

[6] 在不同设备上(包括不同管径),不同水温下测定的 λ-Re 数据能否关联在同一条曲线上？

[7] 如果取压口、孔边缘有毛刺或安装不垂直,对静压的测量有何影响？

[8] 相同的实验装置,镀锌粗糙管和不锈钢光滑管每年测量的摩擦系数是否一致？为什么？

►►►► 参考文献 ◄◄◄◄

[1] 陈敏恒,从德滋,方图南,齐鸣斋编.化工原理(第三版).北京：化学工业出版社,2006.

[2] 谭天恩,窦梅,周明华等编著.化工原理(第三版).北京：化学工业出版社,2006.

[3] 陈同芸,瞿谷仁,吴乃登.化工原理实验.上海：华东理工大学出版社,1989.

[4] 吴洪特.化工原理实验.北京：化学工业出版社,2010.

[5] 徐伟.化工原理实验.济南：山东大学出版社,2008.

[6] 雷良恒,潘国昌,郭庆丰.化工原理实验.北京：清华大学出版社,1994.

[7] 冯晖,居沈贵,夏毅.化工原理实验.南京：东南大学出版社,2003.

[8] 杨祖荣主编.化工原理实验.北京：化学工业出版社,2009.

[9] 北京大学,南京大学,南开大学编写.化工基础实验.北京：北京大学出版社,2004.

实验6　流量计流量校正实验

一、实验目的

1. 熟悉孔板流量计的构造、原理、性能、安装及使用方法。

2. 掌握流量计流量系数的校正方法。

3. 测定孔板流量计的孔流系数与雷诺准数的关系,掌握孔流系数的变化规律。

4. 掌握用容量法、涡轮流量计和孔板流量计测量流体流量的方法。

二、实验原理

非标准化的各种流量仪表在出厂前都必须进行流量标定,建立流量刻度标尺(如转子流量计),给出孔流系数(如涡轮流量计),给出校正曲线(如孔板流量计)。使用者在使用时,如工作介质、温度、压强等操作条件与原来标定时的条件不同,就需要根据现场情况对流量计进行标定。

孔板流量计的孔口面积是固定的,而流体通过孔板孔口的压降随流量大小而变化,据此来测量流量,这类流量计称变压头流量计。而另一类流量计中,当流体通过节流口时,压降不变,但节流口面积随流量而改变,这类流量计为变截面流量计,此类流量计的典型代表是转子流量计。

孔板流量计是应用最广泛的节流式流量计之一。本实验采用容量法(或用精度较高的涡轮流量计)测定流体的流量,作为标准流量,用来标定孔板流量计的孔流系数 C_0 与流动状态雷诺准数 Re 的关系。

孔板流量计是根据流体的动能和势能相互转化原理而设计的,流体通过孔口时流速增加,在孔板前后产生压差,可以通过引压管在压差计或压差变送器上显示。其基本构造如图 6-5 所示。

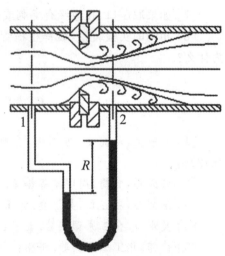

图 6-5 孔板流量计的工作原理

在水平圆形管道上,若管路直径为 d_1,孔板孔口直径为 d_0,流体流经孔板前后所形成的缩脉直径为 d_2,流体的密度为 ρ,假设流体流动过程中没有阻力损失,则根据柏努利方程,在截面1、2处有:

$$\frac{p_1}{\rho} + \frac{u_1^2}{2} = \frac{p_2}{\rho} + \frac{u_2^2}{2} \tag{6-11}$$

或:

$$\sqrt{u_2^2 - u_1^2} = \sqrt{2\Delta p/\rho} \tag{6-12}$$

孔板流量计由于缩脉处位置和大小随流速而变化,缩脉截面积 A_2 又难以确定,而孔板孔口的面积 A_0 是已知的,因此,用孔板孔口处流速 u_0 来替代上式中的 u_2,又考虑这种替代带来的误差以及实际流体局部阻力造成的能量损失,故需用系数 C 加以校正。上式改写为:

$$\sqrt{u_0^2 - u_1^2} = C\sqrt{2\Delta p/\rho} \tag{6-13}$$

对于不可压缩流体,根据连续性方程可知 $u_1 = u_0 A_0/A_1$,代入上式,整理可得:

$$u_0 = \frac{C\sqrt{2\Delta p/\rho}}{\sqrt{1-\left(\frac{A_0}{A_1}\right)^2}} = \frac{C\sqrt{2\Delta p/\rho}}{\sqrt{1-m^2}} \tag{6-14}$$

式中:$m = A_0/A_1$,即为孔口和管道的面积比。

令：

$$C_0 = \frac{C}{\sqrt{1 - \left(\frac{A_0}{A_1}\right)^2}} \qquad (6\text{-}15)$$

则简化为：

$$u_0 = C_0 \sqrt{2\Delta p/\rho} \qquad (6\text{-}16)$$

根据 u_0 和 A_0 即可计算出流体的体积流量 q_V：

$$q_V = u_0 A_0 = C_0 A_0 \sqrt{2\Delta p/\rho} \qquad (6\text{-}17)$$

或：

$$q_V = u_0 A_0 = C_0 A_0 \sqrt{2gR(\rho_i - \rho)/\rho} \qquad (6\text{-}18)$$

式中：q_V 为流体的体积流量，m^3/s；R 为 U 形管压差计的读数，m；ρ_i 为压差计中指示液密度，kg/m^3；C_0 为孔流系数，无因次。

孔板流量计的孔流系数 C_0 由孔板孔口的形状、取压口位置、孔口直径与横截面积之比 m 和雷诺准数 Re 所决定，具体数值由实验测定。当孔径与管径之比为一定值时，Re 超过某个临界数值后，孔流系数 C_0 接近于常数。一般工业上定型的流量计，就是在孔流系数 C_0 为定值的流动条件下使用。C_0 值的范围一般为 $0.6\sim0.7$。

孔板流量计安装时应在其上、下游各有一段直管段作为稳定段，上游长度至少应为 $10d_1$，下游为 $5d_2$，以防出现干扰。孔板流量计构造简单，制造和安装都很方便，其主要缺点是机械能损失大。由于机械能损失，使下游速度复原后，压强不能恢复到孔板前的值，称为永久损失压降。d_0/d_1 的值越小，永久损失越大。这个损失可由 U 形管压差计测得。

$$h_f = \frac{\Delta p}{\rho} = \zeta \frac{u_1^2}{2} \qquad (6\text{-}19)$$

对于特定的孔板，孔口直径与管径之比 m 为常数，而孔流系数 $C_0 = f(Re, m)$，上式可写为 $C_0 = f(Re)$。孔板所得的实验数据组在半对数坐标上绘制 $C_0\text{-}Re$ 曲线图形（图 6-6），从而可确定该孔板的孔流系数 C_0 和该孔板在工程上的测量范围。

由于孔板流量计的阻力损失太大，工程上对孔板流量计进行改进，即为文丘里流量计。它的结构如图 6-7 所示，工作原理与孔板流量计相似。

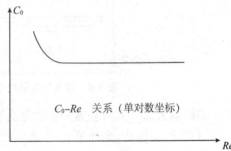

$C_0\text{-}Re$　关系（单对数坐标）

图 6-6　孔流系数 C_0 和 Re 的关系图

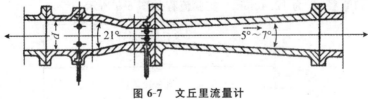

图 6-7　文丘里流量计

三、实验内容

1. 测量孔板流量计和文丘里流量计的流量系数，确定孔流系数 C_0 与雷诺准数 Re 的关系，用软件在单对数坐标轴上绘制 $C_0\text{-}Re$ 图。

2. 测量孔板流量计的局部阻力系数 ζ。

四、实验装置与流程

本实验有两种类型的装置。

实验装置一 实验装置主要由贮水箱、离心泵、管道、校准流量计(孔板流量计)、基准流量计(涡轮流量计)和调节阀门组成,孔板流量计的压差用水银 U 形管压差计测量。实验流体为水,由离心泵提供并循环使用。

设备主要参数为管道内径 $d_1 = 27\text{mm}$,孔板孔口直径 $d_0 = 18\text{mm}$。实验流程如图 6-8 所示。

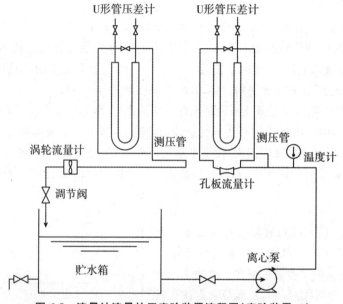

图 6-8 流量计流量校正实验装置流程图(实验装置一)

实验装置二 实验装置主要部分由离心泵、阀门、孔板流量计、文丘里流量计、倒 U 形管压差计、温度计、水计量槽(容量法测定流体的流量计)和贮水箱等组成,设备主要参数为管道内径 d_1 为 27.0mm 的不锈钢管(1 英寸),孔板孔口直径 d_0 为 15.35mm,文丘里流量计的孔口直径 d_0 为 12.40mm。实验流程如图 6-9 所示。

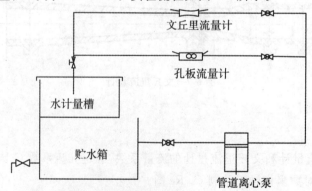

图 6-9 流量计流量校正实验装置流程图(实验装置二)

五、实验步骤

（一）实验装置一的操作步骤

1. 熟悉实验装置，了解各阀门的位置及作用。

2. 水箱充水至 70%~80%，打开 U 形管压差计上的平衡阀，关闭 U 形管压差计上的放气阀。

3. 关闭系统出口阀，启动离心泵。

4. 打开系统出口阀，管路排气。管路排气结束，关闭系统出口阀。

5. 水银 U 形管压差计测压导管排气。同时缓慢旋动压差计上的放气阀，排除压差计中的气泡，排气时观看 U 形管压差计测压管内的水银高度变化，严防水银被冲走。排气完毕，同时关闭压差计上的放气阀，再关闭平衡阀。

6. 缓缓打开系统出口阀，边开大阀门，边观察水银 U 形管压差计的高度变化，使水银 U 形管压差计的读数达到最大。根据测量的流量范围合理分割调节流量，大流量的变化可大一点，小流量的变化需要小一点，确定实验点。测量过程从大流量开始到小流量结束，调节流量并记录 14 个点左右的实验数据。每次改变流量后，分别记录压差计左、右两管的液位高度和流量的大小。如果指示液的高度有波动，可测量 3 次，取其平均值。

7. 实验结束，关闭系统出口阀，打开压差计上的平衡阀，关闭电源。

（二）实验装置二的操作步骤

1. 熟悉实验装置，了解各阀门的位置及作用。

2. 水箱预先充满 2/3 的水。关闭管路和倒 U 形管压差计的所有阀门，打开离心泵入口阀，对离心泵进行灌水。

3. 打开总电源开关，再打开仪表电源，启动离心泵，打开管路的出口阀，排尽管路里的空气，关闭出口阀。

4. 对倒 U 形管压差计进行调节，使压差计处于工作状态。具体操作方法见流体流动阻力的测定实验中倒 U 形管压差计的调节方法。

5. 对应每一个阀门开度，用容积法测量流量，同时记录压差计的读数，按流量从大到小的顺序，测量 10 个点的实验数据。

6. 测量流量时应保证每次测量中，计量桶液位差大于 150mm 或测量时间不少于 40s。

7. 孔板流量计的实验结束，再测量文丘里流量计的实验数据，方法同上。

8. 实验结束，关闭系统出口阀，关闭电源，排净管路中的水。

六、实验注意事项

[1] 实验注意事项参见实验 5。

[2] 容积法测量流量，调节流量和测量时间应该一致。

七、实验数据记录与处理

（一）实验装置一的实验数据记录和处理

表 6-3　流量计流量校正实验原始数据记录表

实验装置号_____;管径 $d_1 =$ _____mm;孔板流量计的孔口直径 $d_0 =$ _____mm;水温＝_____℃;涡轮流量计的流量系数＝_____

序号	涡轮流量计读数	孔板压降/mm		阻力损失/mm	
		左读数	右读数	左读数	右读数
1					
2					
3					
...					
14					

表 6-4　流量计流量校正实验数据处理表

水温＝____℃;水的密度 $\rho =$ ____kg/m³;水的黏度 $\mu =$ ____Pa·s;管径 $d_1 =$ ____mm

序号	流量/(L/s)	流速 u_1/(m/s)	Re	C_0	永久损失 ζ
1					
2					
3					
...					
14					

注：流量＝涡轮流量计读数/流量系数。

（二）实验装置二的实验数据记录和处理

表 6-5　流量计流量校正实验原始数据记录表

实验装置号_____;管径 $d_1 =$ _____mm;孔板流量计的孔口直径 $d_0 =$ _____mm;文丘里流量计的孔口直径 $d_0 =$ _____mm;水温＝_____℃;水箱底面积＝_____m²

序号	时间/s	水位高/mm	孔板压降 R/mm		文氏管压降 R/mm	
			左读数	右读数	左读数	右读数
1						
2						
3						
...						
10						

表 6-6　流量计流量校正实验数据处理表

水温＝＿＿＿℃；水的密度 ρ＝＿＿＿kg/m³；水的黏度 μ＝＿＿＿Pa·s

序号	孔板流量计				文丘里流量计			
	流量 q_V /(m³/s)	u_1 /(m/s)	Re	C_0	流量 q_V /(m³/s)	u_1 /(m/s)	Re	C_0
1								
2								
3								
...								
10								

八、实验报告内容

1. 在单对数坐标纸上绘出流量计的 C_0 - Re 关系曲线图。

2. 根据孔板流量计的永久阻力损失，求出孔板流量计的平均局部阻力系数 ζ 值。

3. 列出一组数据计算示例。

4. 对实验结果进行分析讨论。

九、思考题

[1] 流量系数 C_0 与哪些因素有关？

[2] 孔板流量计安装时应注意什么问题？

[3] 如何检查系统排气是否完全？

[4] 从实验中，可以直接得到 R - q_V（R 为 U 形管压差计的读数）的校正曲线，经整理后也可以得到 C_0 - Re 的曲线，这两种表示方法各有什么优点？

[5] 什么情况下流量计需要标定？

[6] 流量计使用时应该注意什么问题？

▶▶▶▶ 参考文献 ◀◀◀◀

[1] 陈敏恒，从德滋，方图南，齐鸣斋编.化工原理（第三版）.北京：化学工业出版社，2006.

[2] 谭天恩，窦梅，周明华等编著.化工原理（第三版）.北京：化学工业出版社，2006.

[3] 陈同芸，瞿谷仁，吴乃登.化工原理实验.上海：华东理工大学出版社，1989.

[4] 史贤林，田恒水，张平主编.化工原理实验.上海：华东理工大学出版社，2005.

[5] 徐伟.化工原理实验.济南：山东大学出版社，2008.

[6] 雷良恒，潘国昌，郭庆丰.化工原理实验.北京：清华大学出版社，1994.

[7] 冯晖，居沈贵，夏毅.化工原理实验.南京：东南大学出版社，2003.

[8] 王建成，卢燕，陈振主编.化工原理实验.上海：华东理工大学出版社，2007.

第 6 章　化工原理基础实验

实验 7　离心泵特性曲线测定实验

一、实验目的

1. 熟悉离心泵的结构、性能、操作和调节方法,掌握离心泵的工作原理。
2. 掌握离心泵特性曲线的测定方法。测定单级离心泵在恒定转速下的特性曲线,绘制 H_e-q_V、P_a-q_V、η-q_V 曲线,分析离心泵的额定工作点。
3. 掌握离心泵流量调节的方法。
4. 掌握离心泵特性曲线的影响因素。
5. 了解常用的测压仪表。

二、实验原理

离心泵是一种液体输送机械,主要构件为旋转的叶轮、固定的泵壳和轴封装置。离心泵泵体内的叶轮固定在泵轴上,叶轮上有若干弯曲的叶片,泵轴在外力带动下旋转,叶轮同时旋转,泵壳中央的吸入口与吸入管路相连接,侧旁的排出口和排出管路相连接。启动前,需灌液排出泵壳内的气体,防止出现气缚现象。启动电机后,泵轴带动叶轮一起高速旋转,充满叶片之间的液体也随着旋转,在惯性离心力的作用下液体从叶轮中心被抛向外缘的过程中便获得了能量,使叶轮外缘的液体静压强提高,同时也增大了动能。液体离开叶轮进入壳体,部分动能变成静压能,进一步提高了静压能。流体获得能量的多少,不仅取决于离心泵的结构和转速,而且和流体的密度有关。当离心泵内存在空气,由于空气的密度远比液体小,相应获得的能量不足以形成所需的压强差,液体无法输送,该现象称为"气缚"。为了保证离心泵的正常操作,在启动前必须在离心泵和吸入管路内充满液体,并确保运转过程中尽量不使空气漏入。

离心泵的特性曲线是选择和使用离心泵的重要依据之一。其特性曲线是在恒定转速下泵的扬程 H_e、轴功率 P_a 及效率 η 与液体流量 q_V 之间的关系曲线,如图 6-10 所示,它是流体在泵内流动规律的宏观表现形式。离心泵的特性曲线与离心泵的设计、加工情况有关,而泵内部流动情况复杂,难以用数学方法计算,只能依靠实验测定。

1. 流量的测定

本实验用涡轮流量计测量液体的流量。测量时,从仪表显示仪上读取的数据是涡轮的频率 f,液体的体积流量为:

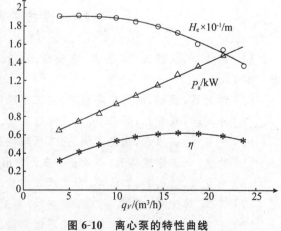

图 6-10　离心泵的特性曲线

$$q_V = \frac{f}{C} \tag{6-20}$$

式中：f 为涡轮流量计的脉冲频率，Hz；C 为涡轮流量计的流量系数，脉冲数/L。

2. 扬程 H_e 的测定与计算

见图 6-11，在泵的吸入口截面 1—1（真空表处的截面）、压出口截面 2-2（压力表处的截面）之间列柏努利方程：

$$H_e = \frac{p_2 - p_1}{\rho g} + z_2 - z_1 + \frac{u_2^2 - u_1^2}{2g} + H_{f1-2} \tag{6-21}$$

式中：p_1、p_2 分别为泵吸入口、压出口的压强，N/m^2；ρ 为流体密度，kg/m^3；u_1、u_2 分别为泵吸入口、压出口的流速，m/s；g 为重力加速度，m/s^2；$z_2 - z_1 = \Delta z$，为截面 2—2 和截面 1—1 间的垂直距离，或是进、出口测压计仪表盘中心间的高度差，m；H_{f1-2} 为截面 1—1 和截面 2—2 间的阻力损失，m。

H_{f1-2} 与其他能量项目相比可以不计。当泵进、出口管径一样，则：

$$H_e = \frac{p_2 - p_1}{\rho g} + \Delta z \tag{6-22}$$

由上式可知，只要直接读出进、出口压力表上的数值，就可以计算出泵的扬程。如果进口为真空表，读数为 p_1；出口为压力表，读数为 p_2。则离心泵的扬程为：

$$H_e = \frac{p_1 + p_2}{\rho g} + \Delta z \tag{6-23}$$

如果进、出口测压计仪表盘中心的高度为等高，$\Delta z = 0$，则离心泵的扬程为：

$$H_e = \frac{p_1 + p_2}{\rho g} \tag{6-24}$$

3. 离心泵功率 P_a 的测定和计算

功率表测定的功率为电动机的输入功率。功率表有两种：一种是显示三相功率，就是电动机的输入功率；另一种是显示单相功率，则电动机的输入功率等于 3 倍的功率表读数。由于泵由电动机带动，传动效率约为 1，所以电动机的输出功率等于泵的轴功率。而电动机的输出功率等于电动机的输入功率与电动机的效率的乘积，所以有：

泵的轴功率＝电动机的输入功率×电动机的效率

4. 离心泵效率 η 的计算

离心泵的效率 η 是泵的有效功率 P_e 与轴功率 P_a 的比值。有效功率 P_e 是单位时间内流体自泵得到的功，轴功率 P_a 是单位时间内泵从电机得到的功，两者差异反映了水力损失、容积损失和机械损失的大小。

泵的有效功率 P_e 可用下式计算：

$$P_e = H_e \rho g q_V \tag{6-25}$$

故

$$\eta = \frac{P_e}{P_a} = \frac{H_e \rho g q_V}{P_a} \tag{6-26}$$

5. 转速改变时的换算

泵的特性曲线是在指定转速下的数据，但是，实际上感应电动机在转矩改变时，其转速会有变化,这样随着流量的变化,多个实验点的转速将有所差异,因此在绘制特性曲线之前,需将实测数据换算为平均转速下的数据。换算关系如下:

流量
$$q_V{}' = q_V \, \frac{n'}{n} \tag{6-27}$$

扬程
$$H_e{}' = H_e (\frac{n'}{n})^2 \tag{6-28}$$

轴功率
$$P_a{}' = P_a (\frac{n'}{n})^3 \tag{6-29}$$

效率
$$\eta' = \frac{q_V{}' H_e{}' \rho g}{P_a{}'} = \frac{q_V H_e \rho g}{P_a} = \eta \tag{6-30}$$

三、实验内容

1. 熟悉离心泵的结构、性能、操作和调节方法。
2. 测定单级离心泵在一定转速下的扬程、轴功率、效率和流量之间的关系,绘制离心泵在一定转速下的特性曲线。

四、实验装置与流程

离心泵实验台按其回路系统形式一般分为开式和闭式两种。本实验使用开式实验装置,由贮水箱、底阀、吸入管、灌水阀、电机、转速传感器、功率传感器、离心泵、排出管、流量计、流量调节阀、真空表及压力表组成。离心泵将水从贮水箱中吸入,然后由排出管排至贮水箱,循环使用。在离心泵的吸入口和排出口处,分别装有真空表和压力表,分别测量进、出口压强,出口管路上装有流量计,测量管路体积流量,出口管路下游装有泵的出口阀,用来调节水的流量,此外有功率表连接,测取电机的功率。开式实验装置有两种类型,实验流程如图6-11所示。

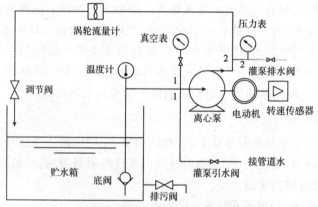

6-11　离心泵特性曲线测量实验装置流程图

实验装置一　泵进口管子规格 $\phi 48mm \times 3.5mm$;测压点高度差 $\Delta z = 0.15m$;电动机效率87%;离心泵的型号 ISWH40-125,涡轮流量计。

实验装置二　泵进口管径 40mm;出口管径 25mm;测压点高度差 $\Delta z = 0m$;离心泵的型号 $1\frac{1}{2}$BL-6;电动机效率87%;LW-25 智能涡轮流量计,量程 $1.6 \sim 10m^3/h$;DP3(1)-

W1100 单相功率表。

五、实验步骤

1. 贮水箱预先充满 2/3 的水,关闭出口调节阀。打开离心泵出口排气阀和进口引水阀,用自来水对离心泵进行灌水排气。当排气阀有水流出,关闭进口引水阀和出口排气阀。

2. 打开总电源开关,启动离心泵,打开管路的出口调节阀,排尽管路里的空气,关闭出口阀,再打开仪表电源。

3. 缓缓开启出口调节阀至全开,使水的流量达到最大。根据测量的流量范围均匀分割调节流量,测量顺序从最大流量到零,记录 15~20 组数据。

4. 每次改变流量至稳定后,记录电机转速 n、水温 t、轴功率 P_a、泵入口真空表读数 p_1 和出口压力表读数 p_2。如果读数有波动,可测量 3 次,取其平均值。

5. 实验完毕,关闭泵的出口阀,关闭仪表电源,按下仪表台上的离心泵停止按钮,停止离心泵的运转。

6. 最后关闭仪表台上的电源开关。

六、实验注意事项

[1] 实验过程中,必须在出口阀关闭的情况下启动或停泵。

[2] 离心泵启动前要灌泵排气,防止出现气缚现象。

[3] 离心泵不能空转(泵内为空气)和长时间零流量(泵内充满液体)时转动,离心泵也不能反转,防止损坏离心泵。

[4] 整个实验操作应严格按步骤进行,爱护设备,注意动力设备的安全。

[5] 在最大流量和零流量间合理分割流量,在每一次流量调节稳定后,再读取实验参数,特别不要忘记流量为零时的各有关参数。

[6] 保持水箱水质清洁,不允许有纤维状杂质。

[7] 涡轮流量计要定时拆下清洗。

七、实验数据记录与处理

表 6-7 离心泵特性曲线测定实验原始数据记录表

实验装置号_____;进口管径 d_1 =_____mm;出口管径 d_2 =_____mm;测压点高度差 Δz =_____m;
离心泵的型号_____;流量系数=_____;电机效率=_____;水温=_____℃

序号	流量计读数	转速 n /(r/min)	电机功率 $P_电$ /kW	真空度 p_1 /MPa	出口表压强 p_2 /MPa
1					
2					
3					
...					
20	0				

表 6-8　离心泵特性曲线测定实验数据处理表

水温 $t=$ ___℃;水的密度 $\rho=$ ___kg/m³;水的黏度 $\mu=$ ___Pa·s;平均转速＝___r/min

序号	流量 q_V /(m³/h)	流量 $q_V{'}$ /(m³/h)	扬程 H /m	扬程 $H{'}$ /m	轴功率 P_a /kW	轴功率 $P_a{'}$ /kW	效率 η /%
1							0
2							
3							●
…							
20	0	0					

注:$q_V{'}$、$H{'}$、$P_a{'}$ 为平均转速下的流量、扬程和轴功率。

八、实验报告内容

1. 将整理后的实验数据,换算成平均转速下的数据。

2. 在同一坐标轴上描绘平均转速下的 $H_e\text{-}q_V$、$P_a\text{-}q_V$、$\eta\text{-}q_V$ 曲线,图中标明离心泵的型号和转速。平均转速 $\bar{n}=(n_1+n_2+n_3+\cdots+n_i)/i$。

3. 列出一组数据计算示例。

4. 分析实验结果,判断泵较为适宜的工作范围,评价实验数据和结果的好与差。

5. 对实验装置和实验方案进行评价,提出自己的设想和建议。

九、思考题

[1] 离心泵在启动时为什么要关闭出口阀和仪表电源?

[2] 启动离心泵之前为什么要引水灌泵? 如果灌泵后依然泵不上液体,你认为可能的原因是什么?

[3] 为什么用泵的出口阀调节流量? 这种方法有什么优缺点? 是否还有其他方法调节流量?

[4] 泵启动后,出口阀如果打不开,压力表读数是否会逐渐上升? 为什么?

[5] 正常工作的离心泵,在其进口管路上安装阀门是否合理? 为什么? 能否用泵的进口阀调节流量? 造成什么后果?

[6] 试分析,用清水泵输送密度为 1200kg/m³ 的盐水(假设系统是耐腐蚀的),在相同流量下泵的压力是否变化? 轴功率是否变化?

[7] 为什么在离心泵进口管液面下安装底阀? 从节能的观点分析,安装底阀是否合理? 如何改进比较好?

▶▶▶▶ 参考文献 ◀◀◀◀

[1] 陈敏恒,从德滋,方图南,齐鸣斋编. 化工原理(第三版). 北京:化学工业出版社,2006.

[2] 谭天恩,窦梅,周明华等编著.化工原理(第三版).北京:化学工业出版社,2006.

[3] 宋长生.化工原理实验(第二版).南京:南京大学出版社,2010.

[4] 吴洪特.化工原理实验.北京:化学工业出版社,2010.

[5] 徐伟.化工原理实验.济南:山东大学出版社,2008.

[6] 雷良恒,潘国昌,郭庆丰.化工原理实验.北京:清华大学出版社,1994.

[7] 冯晖,居沈贵,夏毅.化工原理实验.南京:东南大学出版社,2003.

[8] 史贤林,田恒水,张平主编.化工原理实验.上海:华东理工大学出版社,2005.

[9] 杨祖荣主编.化工原理实验.北京:化学工业出版社,2009.

[10] 王建成,卢燕,陈振主编.化工原理实验.上海:华东理工大学出版社,2007.

实验8　恒压过滤常数测定实验

一、实验目的

1. 熟悉板框压滤机或板式过滤机的构造和操作方法。
2. 掌握板框压滤机或板式过滤机过滤常数 K、q_e、τ_e 及压缩性指数 s 的测定方法。
3. 通过恒压过滤实验,验证过滤的基本原理。
4. 了解操作压力对过滤速率的影响。

二、实验原理

过滤是以某种多孔物质作为介质,在外力作用下,悬浮液中的液体或气体通过介质的孔道,而悬浮液中固体微粒被截留在介质上,从而实现固液或气固分离的单元操作。过滤操作所处理的悬浮液称滤浆或料浆,所用的多孔性物质为过滤介质,通过过滤介质的液体为滤液,被过滤介质截留下来的颗粒层为滤饼。实现过滤操作的外力有重力、压差和离心力,在化工中应用最为广泛的是在压差作用下的过滤操作。

过滤过程的本质是流体通过固体颗粒层(滤饼)的流动,过滤操作中,随着过滤过程的进行,固体颗粒层的厚度不断增加,流体阻力也不断增加,故在恒压过滤操作中,单位时间通过单位过滤面积的滤液量在不断减少,过滤速率不断降低。如果将单位时间通过单位过滤面积的滤液量定义为过滤速率,即:

$$u = \frac{\mathrm{d}V}{A\,\mathrm{d}\tau} = \frac{\mathrm{d}q}{\mathrm{d}\tau} \tag{6-31}$$

$$q = \frac{V}{A} \tag{6-32}$$

式中:A 为过滤面积,m^2;V 为滤液量,m^3;q 为单位过滤面积的滤液量,m^3/m^2;τ 为过滤时间,s;u 为过滤速率,m/s。

可以预测,在恒定的压差下,过滤速率 u 与过滤时间 τ、单位过滤面积的滤液量 q 与过滤时间 τ 之间的关系如图 6-12 所示。

85

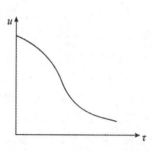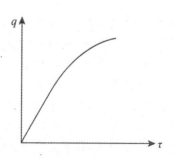

图 6-12 过滤速率 u、单位过滤面积的滤液量 q 与过滤时间 τ 之间的关系

影响过滤速率的主要因素除压差、滤饼厚度外,还有滤饼和悬浮液的性质、悬浮液的温度、过滤介质的阻力等。故难以用严密的流体力学方程处理。

当流体通过固定颗粒床层时,由于颗粒层内的颗粒大小不均匀,形状不规则,所形成的通道是弯弯曲曲的、变截面的、纵横交错的网状结构。这种结构在床层两端造成很大的阻力,同时使流体沿床层截面的速度分布变得相当均匀,难以直接采用流体在圆形管道中流动的有关方法计算过滤速率和流动阻力。因此对流动模型进行简化,对于颗粒床层采用最为成熟的一维简化模型,即将流体通过具有复杂几何边界的固定床压降简化为通过均匀圆管的压降。由于流体在圆管内的流动属于滞流,过滤速率 u 可用康采尼方程表示:

$$u = \frac{1}{K'} \times \frac{\varepsilon^3}{a^2(1-\varepsilon)^2} \times \frac{\Delta p}{\mu L} \tag{6-33}$$

式中:K' 为康采尼常数,层流时,$K'=5.0$;ε 为床层空隙率,$\mathrm{m^3/m^3}$;μ 为滤液黏度,$\mathrm{Pa \cdot s}$;a 为颗粒的比表面积,$\mathrm{m^2/m^3}$;Δp 为过滤的压差,Pa;L 为床层厚度,m。

考虑过滤介质的阻力,对于不可压缩的滤饼,由上式可以导出过滤速率的基本方程式:

$$\frac{\mathrm{d}q}{\mathrm{d}\tau} = \frac{\Delta p}{r\phi\mu(q+q_\mathrm{e})} \tag{6-34}$$

$$\frac{\mathrm{d}q}{\mathrm{d}\tau} = \frac{K}{2(q+q_\mathrm{e})} \tag{6-35}$$

$$K = \frac{2\Delta p}{r\phi\mu} = \frac{2\Delta p^{1-s}}{r_0\phi\mu} \tag{6-36}$$

$$K = 2k\Delta p^{1-s} \tag{6-37}$$

式中:q_e 为过滤常数,形成与过滤介质阻力相等的滤饼层所得的单位面积的虚拟滤液体积,$\mathrm{m^3/m^2}$;K 为过滤常数,s;r 为滤饼比阻,$1/\mathrm{m^2}$,$r=r_0\Delta p^s$;s 为滤饼压缩性指数,无因次,一般 $s=0.2\sim0.8$,对于不可压缩滤饼,$s=0$;ϕ 为滤饼体积与相应滤液体积之比,无因次;μ 为滤液黏度,$\mathrm{Pa \cdot s}$;k 为物料特性常数,$k=1/(r_0\phi\mu)$。

恒压过滤时,Δp 为常数,对(6-35)式积分,可得:

$$q^2 + 2qq_\mathrm{e} = K\tau \tag{6-38}$$

由上述方程可计算在过滤设备、过滤条件一定时,过滤一定滤液量所需要的时间,或者在过滤时间、过滤条件一定时,为完成一定生产任务所需要的过滤设备大小。

利用上述方程计算时,需要知道 K、q_e 等常数,而 K、q_e 常数只有通过实验才能测定。在用实验方法测定过滤常数时,需将上述方程式微分变换成如下形式:

$$\frac{\mathrm{d}\tau}{\mathrm{d}q} = \frac{2}{K}q + \frac{2}{K}q_e \qquad (6\text{-}39)$$

当时间间隔不大时,用 $\Delta\tau/\Delta q$ 代替 $\mathrm{d}\tau/\mathrm{d}q$,上式转化为:

$$\frac{\Delta\tau}{\Delta q} = \frac{2}{K}q + \frac{2}{K}q_e \qquad (6\text{-}40)$$

在恒压条件下,用秒表和量筒分别测定一系列时间间隔 $\Delta\tau_i$ 和对应的滤液体积 ΔV_i,可计算出一系列 $\Delta\tau_i$、Δq_i、q_i,在直角坐标系中绘制 $\Delta\tau/\Delta q\text{-}\bar{q}$[$\bar{q}$ 为各时间间隔的平均值,$\bar{q} = (q_i + q_{i+1})/2$]的函数关系,得一直线,斜率为 $2/K$,截距为 $2q_e/K$,可求得过滤常数 K 和 q_e。作直线时要注意通过矩形的顶边中点,此点即为两次测定的 q 的平均值 $\bar{q}$。

若在恒压过滤之前已过滤了一段时间 τ_0,得到单位过滤面积的滤液 q_0,则在 $\tau_0 \sim \tau$ 及 $q_0 \sim q$ 范围内将上述方程积分,整理后得:

$$(q^2 - q_0^2) + 2q_e(q - q_0) = K(\tau - \tau_0) \qquad (6\text{-}41)$$

变换为:

$$\frac{\tau - \tau_0}{q - q_0} = \frac{1}{K}(q - q_0) + \frac{2}{K}(q_0 + q_e) \qquad (6\text{-}42)$$

上式表明 $q - q_0$ 和 $\dfrac{\tau - \tau_0}{q - q_0}$ 为线性关系。根据实验结果,能求出过滤常数 K 和 q_e 的值。但是,如果对上式微分,结果与式(6-38)一致。因此采用微分式处理实验数据,可以消除非恒压过滤的影响。但如果非恒压过滤时间 τ_0 比较长,则这样的处理就不正确。而实际的过滤实验,从打开阀门至过滤压力稳定的时间不长,用恒压过滤处理实验数据对实验结果的影响可以不考虑。

改变过滤压差 Δp,可测得不同的 K 值,由 K 的定义式两边取对数得:

$$\lg K = (1 - s)\lg\Delta p + \lg(2k) \qquad (6\text{-}43)$$

在实验压差范围内,若 k 为常数,则 $\lg K\text{-}\lg\Delta p$ 的关系在直角坐标上应是一条直线,斜率为 $(1 - s)$,由此可得滤饼压缩性指数 s,进而确定物料特性常数 k。

三、实验内容

1. 测定 $CaCO_3$ 的悬浮液在恒压操作下的过滤常数 q_e 和 K。

2. 测定洗涤速度与最终过滤速率的关系(选做实验)。

3. 测定 $CaCO_3$ 的滤饼压缩性指数 s(选做实验)。

四、实验装置与流程

过滤操作的实验装置有两种形式:一种是板框压滤机;另一种是板式压滤机。

板框压滤机　板框压滤机实验装置由空压机、配料桶、压力储槽、板框过滤机和压力定值调节阀等组成。$CaCO_3$ 的悬浮液在配料桶内配制成一定浓度后,利用压差送入压力储槽中,用压缩空气搅拌,同时利用压缩空气将滤浆送入板框过滤机过滤,滤液流入量筒计量,压缩空气从压力储槽排空管排出。板框压滤机的结构尺寸为:框厚度 25mm,每个框过滤面积 $0.012m^2$,框数 2 个。空气压缩机规格型号为:YL-90S-2,风量 $0.06m^3/min$,最大气压 0.7MPa。实验流程如图 6-13 所示。

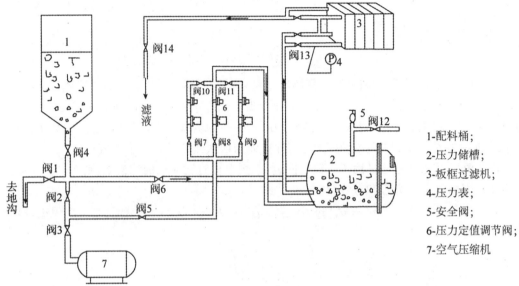

1-配料桶;
2-压力储槽;
3-板框过滤机;
4-压力表;
5-安全阀;
6-压力定值调节阀;
7-空气压缩机

图 6-13　恒压过滤常数测定实验装置流程图

圆形板式压滤机　圆形板式压滤机实验装置由配料桶、供料泵、卧式圆形板式过滤机、滤液计量筒等组成,可进行过滤、洗涤和吹干等操作过程。$CaCO_3$ 的悬浮液在配料桶内配制成一定浓度后,利用供料泵一部分送入板式过滤机过滤,另一部分循环流入配料桶,搅拌 $CaCO_3$ 的悬浮液,防止沉淀,配料桶也可用压缩空气搅拌。浆液经过滤机过滤后,滤液流入计量筒计量。过滤完毕后,可用洗涤水洗涤和压缩空气吹干。圆形板式压滤机的过滤器直径为 0.15m。实验流程如图 6-14 所示。

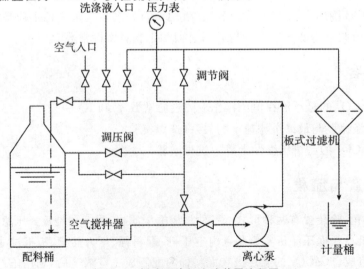

图 6-14　板式压滤机实验装置流程图

五、实验步骤

（一）板框压滤机实验装置的操作步骤

1. 配制含 8%～13%（质量分数，下同）的 $CaCO_3$ 水悬浮液，熟悉实验装置的流程。

2. 将配好的料液倒入配料桶，打开阀2，关闭阀1、阀5、阀6，开启空压机，开启少许配料桶底阀4，将压缩空气通入配料桶搅拌 $CaCO_3$ 悬浮液5min。

3. 滤布用水浸湿，滤布要绷紧，不能起皱，然后正确安装滤板、滤框及滤布。先慢慢转动手轮使板框合上，然后再压紧。

4. 关闭阀2、阀4，打开压力储槽排气阀12，再开启阀6、阀4，使料浆自动由配料桶流入压力储槽，至其视镜1/2～1/3处，关闭阀4、阀6。

5. 调节压力储槽的压强至需要值，用电磁阀进行压强设定。一旦设定压强，进气阀不要再动。压强细调可通过调节压力储槽上的排气阀12完成。每次实验过程中，当压强稳定后，所有阀门不要调节，防止引起压力的变化。

6. 最大操作压强不要超过0.3MPa，要考虑各个压强的分布（做不同压差的过滤实验时考虑），从低压过滤实验开始较好。如果只测量过滤常数，操作压强不要太高，因为操作压强太高，实验点的数量少，影响结果的准确性。

7. 打开滤液出口阀14，再打开过滤机料浆进口阀13。当滤液从滤液汇集管流出的时候开始记录时间，每次 ΔV 取600mL，采用双秒表交替记录相应的过滤时间 $\Delta \tau$。

8. 当滤液量很少时，停止过滤。关闭过滤机料浆进口阀13，调节丝杆，取出滤框，滤饼悬浮于水中，重新倒入配料桶内。清洗滤框、滤板及滤布，将压力储槽内的悬浮液用空气倒压入配料桶，实验结束。

9. 如果测量不同压差，调节压强按照前述步骤再测一组数据。

10. 如果需要测量洗涤速率，将压力储槽内的悬浮液用空气倒压入配料桶，再用水清洗干净，水充入压力储槽，用相同的压强洗涤，记录洗涤时间和洗涤水量即可。

（二）圆形板式压滤机实验装置的操作步骤

1. 实验可选用 $CaCO_3$ 粉末配制成滤浆，其量约占料桶的2/3左右，配制 $CaCO_3$ 浓度在8%～13%，或浓度在8.0Be左右。

2. 关闭料液进入过滤机的阀门，启动供料泵，打开料液循环阀，搅拌 $CaCO_3$ 悬浮液10min。

3. 用水浸湿滤布，安装好滤板、滤布与滤框，安装时滤布表面要平整，不起皱纹，以免漏液。注意：过滤板与框之间的密封垫应放正，过滤设备应压紧，以免漏液。

4. 打开过滤机料浆进口阀，调节压强到需要的值。以滤液从汇集管流出的时候作为开始时刻，每次 ΔV 取200mL左右。记录相应的过滤时间 $\Delta \tau$。要熟悉双秒表轮流读数的方法。

5. 当滤液量很少时，滤渣已充满滤框，过滤阶段可结束，关闭过滤机料浆进口阀，打开旁路上的清水管路清洗供料泵,以防 $CaCO_3$ 在泵体内沉积。取出滤框,回收滤饼,清洗滤框、滤板及滤布,并打扫、整理实验场地。

六、实验注意事项

[1] 用压缩空气搅拌配料桶中的 $CaCO_3$ 悬浮液,开启少许空气阀门,防止将 $CaCO_3$ 悬浮液冲出。

[2] 板框压滤机用螺旋压紧时,手指不能放入板框,防止压伤。操作时先慢慢转动手轮使板框合上,然后压紧。板框压滤机安装时注意板框的方向,不能安装错误。

[3] 板框压滤机的电磁阀(压力定值调节阀)的顺序不能搞错。压力设定顺序为 1♯(低压)、3♯(中压)、2♯(高压),否则压力定值调节阀会漏气。

[4] 每次滤液及滤饼均收集在小桶内,滤饼弄细后重新倒入料浆桶内。

[5] 实验结束后要冲洗滤框、滤板及滤布,滤布不要折,应用刷子刷。

七、实验数据记录与处理

表 6-9　恒压过滤常数测定实验原始数据记录表

实验装置号＿＿＿＿＿;滤板尺寸＝＿＿＿＿＿mm;过滤面积 A＝＿＿＿＿＿m^2;滤液温度＝＿＿＿＿＿℃

过滤压差 Δp＝＿＿＿＿＿MPa		过滤压差 Δp＝＿＿＿＿＿MPa	
τ/s	$\Delta V/mL$	τ/s	$\Delta V/mL$

表 6-10　恒压过滤常数测定实验数据处理表

滤板尺寸＝＿＿＿＿＿mm;过滤面积 A＝＿＿＿＿＿m^2;滤液温度＝＿＿＿＿＿℃

过滤压差 Δp＝＿＿＿MPa					过滤压差 Δp＝＿＿＿MPa				
$\Delta\tau$ /s	$\Delta q/$ (m^3/m^2)	$\Delta\tau/\Delta q$ /(s/m)	$q/$ (m^3/m^2)	$\bar{q}/$ (m^3/m^2)	$\Delta\tau$ /s	$\Delta q/$ (m^3/m^2)	$\Delta\tau/\Delta q$ /(s/m)	$q/$ (m^3/m^2)	$\bar{q}/$ (m^3/m^2)

八、实验报告内容

1. 在直角坐标系中绘制 $\Delta\tau/\Delta q - \bar{q}$ 的关系曲线。

2. 从图中读出直线斜率、截距,斜率为 $2/K$,截距为 $2q_e/K$,求出过滤常数 K 和 q_e,写出完整的过滤速率方程式。

3. 列出一组数据计算示例。

4. 对实验结果进行分析讨论。

5. 求出洗涤速率,并与最终过滤速率比较(选做实验)。

6. 求出压缩性指数 s(选做实验)。

九、思考题

[1] 当操作压差增加一倍,过滤常数 K 值是否也增加一倍?要得到同样的滤液,过滤时间是否缩短一半?

[2] 为什么过滤开始时,滤液常常有点混浊,过滤一段时间后才变澄清?

[3] 影响过滤速率的主要因素有哪些?

[4] 常见的过滤介质有几类?真正起过滤作用的是过滤介质还是滤饼本身?

[5] 恒压过滤时,过滤速率随时间如何变化?

[6] 过滤时,Δq 值取大些好,还是小些好?同一次实验过程中,Δq 取值不同对过滤常数 K 和 q_e 有何影响?作直线时,为何通过矩形的顶边中点比较好?

[7] 实验初始阶段不是恒压操作,这对过滤实验的结果有何影响?如何消除这种影响?

▶▶▶▶ 参考文献 ◀◀◀◀

[1] 陈敏恒,从德滋,方图南,齐鸣斋编.化工原理(第三版).北京:化学工业出版社,2006.

[2] 谭天恩,窦梅,周明华等编著.化工原理(第三版).北京:化学工业出版社,2006.

[3] 史贤林,田恒水,张平主编.化工原理实验.上海:华东理工大学出版社,2005.

[4] 吴洪特.化工原理实验.北京:化学工业出版社,2010.

[5] 徐伟.化工原理实验.济南:山东大学出版社,2008.

[6] 王建成,卢燕,陈振主编.化工原理实验.上海:华东理工大学出版社,2007.

[7] 冯晖,居沈贵,夏毅.化工原理实验.南京:东南大学出版社,2003.

[8] 杨祖荣主编.化工原理实验.北京:化学工业出版社,2009.

第 6 章 化工原理基础实验

实验 9　固体流态化实验

一、实验目的

1. 观察流化床中两相的流动状态,观察散式流态化和聚式流态化的实验现象。
2. 学习流体通过颗粒层流动特性的测量方法。
3. 掌握测定固定床层的堆积密度和空隙率的方法。
4. 掌握测定流化床 Δp-u 流化曲线和临界流化速度 u_{mf}。

二、实验原理

1. 固体流态化过程的基本概念

将大量固体颗粒悬浮于运动的流体之中,从而使颗粒具有类似于流体的某些表观性质,这种流固接触状态称为固体流态化。当流体自下而上地流过颗粒床层时,随着流体表观速度 u 的增加,床层中颗粒由静止不动趋向松动,床层体积膨胀,此为固定床阶段。当流速继续增大至某一数值后,床层内固体颗粒上下翻动,此状态的床层称为流化床阶段,此时的表观速度为临界流化速度。若床层的表观速度 u 继续增大到大于沉降速度 u_t,则颗粒将获得向上上升的速度,将颗粒带出器外,这一阶段称为颗粒输送阶段。

以上讨论的是理想流化现象,实际流化现象与理想流化现象有一定的差异。实际流化现象为散式流化和聚式流化。床层高度 L、床层压降 Δp 与流化床表观速度 u 的变化关系如图 6-15 所示。

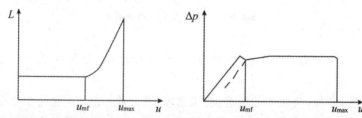

图 6-15　流化床的 L、Δp 与流化床表观速度 u 的变化关系

散式流化为固体颗粒均匀地分散在流体中并做随机运动,造成床内固体颗粒的充分混合。这种流化床内各处的空隙率 ε 大致相等,床层有稳定的上界面,床层压降稳定。散式流化一般发生于液固系统,比较接近理想流化床。

聚式流化通常发生在两相密度差较大的系统,如气固系统的流化床。当表观速度大于起始流化速度开始流化,床层出现一些空穴,气体优先通过空穴至床层顶部逸出。由于空穴处流速较大,空穴顶部的气体被推开,结果在床层界面处破裂。聚式流化床床层内不再处处相等,床层无稳定的上界面,上界面以某种频率上下波动,床层压降也随之相应波动,颗粒直径小的易被带出。

2. 床层静床特征

固定床的静床特征是研究动态特征和规律的基础，其主要特征参数有堆积密度 ρ_b 和空隙率 ε。堆积密度又称静床密度，可以通过测量床层中颗粒质量 m 和颗粒堆积体积 V 计算：

$$\rho_b = \frac{m}{V} \tag{6-44}$$

静止床层的空隙率定义为：

$$\varepsilon = 1 - \frac{\rho_b}{\rho_p} \tag{6-45}$$

式中：ρ_p 为固体颗粒的密度。

3. 床层的动态特征和规律

（1）固定床阶段

固定床的压降用欧根（Ergun）方程进行计算：

$$\frac{\Delta p}{L} = K_1 \frac{(1-\varepsilon)^2}{\varepsilon^3} \cdot \frac{\mu u}{(\varphi_S d_p)^2} + K_2 \frac{1-\varepsilon}{\varepsilon^3} \cdot \frac{\rho u^2}{\varphi_S d_p} \tag{6-46}$$

$$\frac{\Delta p}{uL} = K_1 \frac{(1-\varepsilon)^2}{\varepsilon^3} \cdot \frac{\mu}{(\varphi_S d_p)^2} + K_2 \frac{1-\varepsilon}{\varepsilon^3} \cdot \frac{\rho u}{\varphi_S d_p} \tag{6-47}$$

分别以 $\Delta p/(uL)$、u 为纵、横坐标，从而求得 K_1、K_2。

（2）流化床阶段

如果床层由均匀颗粒组成，则起始流化速度为：

$$u_{mf} = \varepsilon u_t \tag{6-48}$$

如果床层由非均匀颗粒组成，对床层进行受力分析，就可以计算出流化床的压降：

$$\Delta p = \frac{m}{A\rho_p}(\rho_p - \rho)g = L(\rho_p - \rho)(1-\varepsilon)g \tag{6-49}$$

（3）临界流化速度 u_{mf}

临界流化速度 u_{mf} 可通过实验测定，目前有许多计算 u_{mf} 的经验公式。当颗粒雷诺数 $Re < 5$ 时，可用李伐公式计算：

$$u_{mf} = 0.00923 \frac{d_p^{1.82}[\rho(\rho_p - \rho)]^{0.94}}{\mu^{0.88}\rho} \tag{6-50}$$

式中：d_p 为颗粒平均直径，m；μ 为流体黏度，Pa·s。

三、实验内容

1. 测定固定床和流化床的表观速度与压降，绘制流化曲线 Δp-u 图。
2. 测量临界流化速度 u_{mf}。
3. 观察散式流态化和聚式流态化的现象。

四、实验装置与流程

实验设备可以由水或空气体系组成。采用水系统实验，用泵输送的水经过水调节阀、转子流量计、液体分布器送至分布板，水经二维床层后从床层上部溢流至下水槽。采用空气系统做实验时,空气由风机供给,经过流量调节阀、转子流量计、气体分布器进入分布板,空气流经二维床中颗粒后从床层顶部排出。通过调节水(或空气)流量,可以进行不同流动状态下的实验测定。设备中装有压差计指示床层压降,标尺用于测量床层高度的变化。装置的物料特性及设备参数列于表 6-11 中。实验流程如图 6-16 所示。

表 6-11　装置的物料特性及设备参数表

截面积 A/mm^2	粒径 d_p/mm	颗粒质量 m/g	球形度 φ_s	颗粒密度 $\rho_p/(kg/m^3)$
190×26	0.70	1158.6	0.85	2660

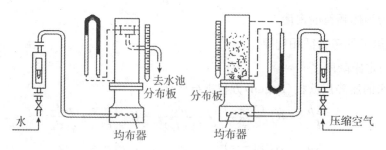

图 6-16　固体流态化实验装置流程图

五、实验步骤

1. 检查装置中各个阀门及仪表是否处于备用状态。
2. 用木棒轻敲床层,然后测定静床高度。
3. 启动风机(风机管路要开旁路阀)或者水泵。
4. 由小到大缓慢改变进气量或者进水量(上行段),记录压差计、流量计以及床层高度的变化。
5. 进气量或者进水量(下行段)由大到小重复步骤 4 的操作,操作要平稳细致。
6. 关闭电源,测量静床高度,比较两次静床高度的变化。
7. 实验要求在临界流化点前保证有六组以上数据,在临界流化点附近应多测几组数据。

六、实验注意事项

[1] 对于水-固体流化床体系,实验前必须用水润湿流化床内的固体颗粒,排净床层内的水。

[2] 实验过程中一定要注意,必须缓慢打开空气或水的进口阀,缓慢增大空气或水的流量,防止由于空气或水流量过大而直接进入流化床阶段,没有固定床阶段,造成实验失败。

[3] 如果由于实验不当直接进入流化床阶段,关闭空气或水的进口阀,排净床层内的水,重新开始实验。

[4] 实验进入流化床阶段,空气或水的流量不要太大,防止固体颗粒被流体带走。

[5] 实验过程中,每调节一个流量,均需要等到流量和压差稳定后方可记录数据。

七、实验数据记录与处理

表 6-12　固体流态化实验原始数据记录表

实验装置号_____;截面积 $A=$_____ m^2;颗粒质量 $m=$_____ kg;颗粒密度 $\rho_p=$_____ kg/m^3;平均粒径 $d_p=$_____ m;球形度 $\varphi_s=$_____;水温 $t=$_____ ℃

序号	流量/ (m^3/h)	床层高度 L/cm	温度 /℃	压差计读数/Pa	
				左	右
1					
2					
3					
...					
36					

表 6-13　固体流态化实验数据处理表

水温 $t=$_____℃;水的密度 $\rho=$_____ kg/m^3;水的黏度 $\mu=$_____ Pa·s

序号	流速 $u/$ (m/s)	床层高度 L /m	压差 Δp /Pa	固定床阶段$\dfrac{\Delta p}{uL}$	
				上行段	下行段
1					
2					
3					
...					
36					

八、实验报告内容

1．在直角坐标上绘制 Δp-u 流化曲线。

2．利用固定床阶段实验数据,分别以 $\dfrac{\Delta p}{uL}$、u 为纵、横坐标,求取欧根系数 K_1 和 K_2,并对结果进行讨论。

3．求取实测的临界流化速度 u_{mf},并与理论值进行比较。

4．对实验中观察到的现象,运用气(液)体与颗粒运动的规律加以解释。

九、思考题

[1] 根据实验观察到的现象,判断属于散式流态化还是聚式流态化?

[2] 实际流化实验中,Δp 为什么会波动?

[3] 由小到大改变流量与由大到小改变流量测定的流化曲线是否重合?为什么?

[4] 流体分布板的作用是什么？

[5] 如何测量流化曲线的驼峰？为什么会产生驼峰？

▶▶▶▶ 参考文献 ◀◀◀◀

[1] 陈敏恒,从德滋,方图南,齐鸣斋编.化工原理(第三版).北京:化学工业出版社,2006.

[2] 谭天恩,窦梅,周明华等编著.化工原理(第三版).北京:化学工业出版社,2006.

[3] 雷良恒,潘国昌,郭庆丰.化工原理实验.北京:清华大学出版社,1994.

[4] 冯晖,居沈贵,夏毅.化工原理实验.南京:东南大学出版社,2003.

[5] 王雪静,李晓波主编.化工原理实验.北京:化学工业出版社,2009.

实验 10   传热系数测定实验(水蒸气–空气体系)

一、实验目的

1. 了解套管式换热器的结构。

2. 观察水蒸气在水平换热管外壁上的冷凝现象,判断冷凝类型。

3. 测定水蒸气-空气在换热器中的总传热系数 K 和对流给热系数 α,加深对其概念和影响因素的理解。

4. 学习用线性回归法确定关联式 $Nu = ARe^m Pr^{0.4}$ 中常数 A、m 的值。

5. 掌握热电偶测量温度的原理和方法。

二、实验原理

1. 总传热系数的测定

在套管换热器中,环隙通以水蒸气,内管通冷空气,水蒸气冷凝放出热量加热空气,传热过程如图 6-17 所示。

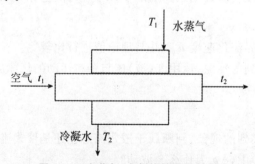

图 6-17 水蒸气-空气换热流程简图

当冷热流体在换热器内进行稳定传热时，该换热器同时满足热量衡算和传热速率方程。若忽略热损失，则有如下公式：

$$Q = KA\Delta t_m = q_m c_p(t_2 - t_1) = \rho q_V c_p(t_2 - t_1) \tag{6-51}$$

其中传热面积 $A = \pi d_2 l$，水蒸气的平均温度 $T = (T_1 + T_2)/2$，则传热平均温度差 Δt_m 为：

$$\Delta t_m = \frac{(T - t_1) - (T - t_2)}{\ln \dfrac{T - t_1}{T - t_2}} \tag{6-52}$$

式中：t_1、t_2 为空气进、出口温度，℃；T_1、T_2 为水蒸气进、出口温度，℃；Q 为换热量，W；K 为总传热系数，W/(m² · ℃)；A 为内管外壁的传热面积，m²；Δt_m 为对数平均温度差，℃；q_m 为空气的质量流量，kg/s；c_p 为空气平均比热容，J/(kg · ℃)；q_V 为空气体积流量，m³/s；ρ 为空气密度，kg/m³。

通过测量空气的流量，进、出口温度，计算换热器的换热量 Q。测出水蒸气的进、出口温度，计算传热平均温度差 Δt_m，通过传热的基本方程式，可以计算套管换热器的总传热系数 K 值的大小。

2. 对流给热系数测定（选做实验）

如果要测定空气对流给热系数 α_1 和水蒸气对流给热系数 α_2，只要再测定冷流体进、出口侧的壁温 t_{w1}、t_{w2} 和热流体进、出口侧的壁温 T_{w1}、T_{w2}，就可以计算对流给热系数。

$$Q = \rho q_V c_p(t_2 - t_1) = \alpha_2 A_2 (T - T_w)_m = \alpha_1 A_1 (t_w - t)_m \tag{6-53}$$

$$\alpha_1 = \frac{\rho q_V c_p(t_2 - t_1)}{A_1(t_w - t)_m} \tag{6-54}$$

$$\alpha_2 = \frac{\rho q_V c_p(t_2 - t_1)}{A_2(T - T_w)_m} \tag{6-55}$$

式中：α_1、α_2 为换热管管内空气、管外水蒸气的对流给热系数，W/(m² · ℃)；A_1、A_2 为换热管以内径、外径为基准的传热面积，m²；$(t_w - t)_m$ 和 $(T - T_w)_m$ 分别是空气与管内壁间的传热平均温度差、水蒸气与管外壁间的传热平均温度差，℃。

$$(t_w - t)_m = \frac{(t_{w1} - t_1) - (t_{w2} - t_2)}{\ln \dfrac{t_{w1} - t_1}{t_{w2} - t_2}} \tag{6-56}$$

$$(T - T_w)_m = \frac{(T_1 - T_{w1}) - (T_2 - T_{w2})}{\ln \dfrac{T_1 - T_{w1}}{T_2 - T_{w2}}} \tag{6-57}$$

当传热管的导热性能很好，管壁厚度又很薄时，可以认为 $t_{w1} = T_{w1}$，$t_{w2} = T_{w2}$。

3. 空气对流给热系数的关联

在换热器中，传热管的导热性能很好，如果不考虑污垢热阻，而热流体（水蒸气冷凝）的对流给热系数比空气的对流给热系数大得多，则空气的对流给热系数 $\alpha_1 \approx K$，则有：

$$\alpha_1 = \frac{Q}{A_{内} \Delta t_m} \tag{6-58}$$

无相变的对流给热系数特征数的准数方程一般形式为：

$$Nu = f(Re, Pr, Gr, l/d) \tag{6-59}$$

当空气的流动状态为湍流时,自然对流准数 Gr 可不计。当管径与管长之比 $l/d >$ 50,l/d 的影响也可忽略。上述方程变为:

$$Nu = \frac{\alpha l}{\lambda} = f(\text{Re}, Pr) = A\text{Re}^m Pr^n \tag{6-60}$$

干空气在不同温度下的普朗特准数 Pr 变化不大,当空气被加热时,$n = 0.4$。两边取对数,得到直线方程:

$$\lg \frac{Nu}{Pr^{0.4}} = \lg A + m\lg Re \tag{6-61}$$

用实验数据进行线性回归,关联出方程中的常数 A 和 m,即可得到对流给热系数的方程式。实验中通过改变空气的流量,测量其对流给热系数 α_1(总传热系数 K),计算 Nu。

三、实验内容

1. 测量水蒸气-空气通过换热器的总传热系数 K(空气的对流给热系数 α_1),对 α_1 的实验数据进行线性回归,求出准数方程 $Nu = A\text{Re}^m Pr^{0.4}$ 中的常数 A、m 的值。

2. 通过计算分析影响总传热系数的因素。

四、实验装置与流程

来自蒸气发生器的水蒸气进入不锈钢套管换热器,与来自风机的空气进行热交换,冷凝水经管道排入地沟。冷空气经转子流量计进入套管换热器内管(紫铜管),热交换后排出装置。紫铜管规格:直径 $\phi 16\text{mm} \times 1.5\text{mm}$,长度 $l = 1010\text{mm}$;外套不锈钢管规格:直径 $\phi 112\text{mm} \times 6\text{mm}$,长度 $l = 1010\text{mm}$;压力表规格:0~0.1MPa。实验流程如图6-18所示。

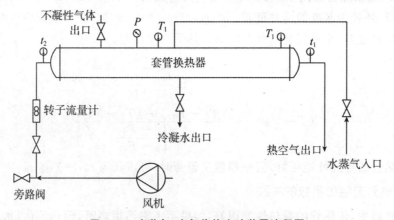

图6-18 水蒸气-空气传热实验装置流程图

五、实验步骤

1. 检查蒸气发生器的仪表和水位是否正常,关闭蒸气发生器出口蒸气阀门,打开蒸气发生器的进水阀,启动蒸气发生器加热电源(教师完成)。

2. 打开换热器的总电源开关,打开仪表电源开关,观察仪器读数是否正常。打开仪表台上的风机电源开关,让风机工作,把冷空气入口阀门调节至最大流量,打开少许风机出口空气旁路阀。

3. 当蒸气压稳定后,排除蒸气发生器到实验装置之间管道中的冷凝水,防止夹带冷凝水的蒸气损坏压力表及压力变送器。排除冷凝水的方法是:打开少许装置下面的排冷凝水阀门,关闭进入换热器的蒸气进口阀门,缓慢且少许打开蒸气发生器的蒸气出口阀,让蒸气把管道中的冷凝水带走,当排液口有蒸气溢出,关闭排液阀门。

4. 打开换热器内的不凝性气体排出阀。少许打开换热器冷凝水排放阀,有冷凝水排出即可;如果阀门开度过大,排出蒸气过多,实验操作压强可能调节不上;但不能关闭,否则压强过高容易引起换热器炸裂。再缓慢且少许打开换热器蒸气进口阀(注意:阀门打开次序一定不能错,否则换热器容易爆裂)。当换热器内蒸气的进出口温度超过100℃,关闭不凝性气体排出阀,用换热器蒸气进口阀调节实验操作压力。

5. 刚开始通入蒸气时,要仔细调节蒸气进口阀门的开度,让蒸气徐徐流入换热器中,逐渐加热,由"冷态"转变为"热态",不得少于10min。

6. 恒定空气流量,改变蒸气压(换热器内的蒸气压不能高于0.05MPa),测量4组实验数据。改变空气流量,恒定蒸气压,测量4组实验数据。记录实验数据时,空气流量和蒸气压必须稳定10min,方可测量。

7. 实验完毕后,首先关闭换热器蒸气进口阀和蒸气发生器出口阀,开大换热器冷凝水排放阀(注意:必须开大,防止换热器内由于蒸气冷凝出现负压,压瘪换热器),用空气冷却换热器,当换热器内的温度小于80℃,可以关闭风机的电源,再关闭仪表电源,后关闭总电源和蒸气发生器电源。清理实验场地。

六、实验注意事项

[1] 实验过程中如果蒸气发生器的水位不正常或蒸气总压超过设定值,立刻关闭蒸气发生器电源。

[2] 一定要在套管换热器内管输以一定量的空气后方可开启蒸气阀门。

[3] 实验开始时,必须排除管道中的冷凝水。

[4] 水蒸气刚进入换热器时要缓慢,逐渐加热,防止换热器因突然受热、受压而损坏。

[5] 排冷凝水的排出阀,只开一点开度即可。

[6] 操作过程中,蒸气压控制在0.05MPa(表压)以下,防止换热器玻璃视镜爆裂。

[7] 风机不能在流量为零或小流量下工作,必须打开空气旁路阀,防止风机因空气流量过小而发热烧毁风机。

[8] 记录实验各参数时,必须是在稳定传热状态下。

[9] 由于换热器及管道外表面的温度很高,注意不要烫伤皮肤。

第6章 化工原理基础实验

七、实验数据记录与处理

表 6-14 总传热系数测定实验原始数据记录表

实验装置号_____;传热管外径 $d_2=$_____mm,管长 $l=$_____m;室温=_____℃

序号	水蒸气压强 /MPa	空气流量 /(m³/h)	水蒸气温度/℃		空气温度/℃	
			T_1	T_2	t_1	t_2
1						
2						
3						
...						
8						

表 6-15 总传热系数测定实验数据处理表

传热面积(外表面积)$A=$_____m²;室温=_____℃

序号	1	2	3	4	5	6	7	8
水蒸气压强/MPa								
空气流量/(m³/h)								
空气进口温度/℃								
空气进口密度/(kg/m³)								
空气质量流量/(kg/h)								
空气定性温度/℃								
空气定压比热容 c_p/[kJ/(kg·℃)]								
Q/W								
Δt_m/℃								
总传热系数 K/[W/(m²·K)]								

表 6-16 空气对流传热过程测定的准数关联

传热管内径 $d_1=$_____mm;传热面积(内表面积)$A=$_____m²;室温=_____℃

序号	1	2	3	4	5	6	7	8
空气定性温度/℃								
空气黏度/(Pa·s)								
空气密度/(kg/m³)								
空气导热系数 λ/[W/(m·K)]								
空气定压比热容 c_p/[kJ/(kg·℃)]								
空气的 Pr								

序号	1	2	3	4	5	6	7	8
空气的 Re								
空气的 $\alpha/[\mathrm{W}/(\mathrm{m}^2 \cdot \mathrm{K})]$								
空气的 Nu								

八、实验报告内容

1. 将实验原始数据及计算结果列入表格中,列出一组数据计算示例。

2. 计算总传热系数。

3. 计算空气对流给热系数,在双对数坐标上绘制出 Re-Nu 关系曲线,求出相关系数和关联式中的常数 A 和 m。

4. 根据线性回归的对流给热系数关联式,与通用的对流给热系数关联式对比,分析差异的原因。

九、思考题

[1] 实验中冷流体和蒸气的流向对传热效果有何影响?

[2] 蒸气冷凝过程中,若存在不冷凝气体,对传热有何影响?应采取什么措施?

[3] 实验过程中,冷凝水不及时排走会产生什么影响?如何及时排走冷凝水?

[4] 实验中,有哪些因素影响实验的稳定性?

[5] 对本实验而言,为了提高传热系数 K,可采取哪些有效的方法?其中最有效的方法是什么?为什么?

[6] 空气的对流给热系数为什么要用传热内表面为基准的总传热系数?

[7] 本实验关联出的常数 A、m 的值准确度如何?主要影响因素是什么?如何改进?

▶▶▶▶ 参考文献 ◀◀◀◀

[1] 陈敏恒,从德滋,方图南,齐鸣斋编.化工原理(第三版).北京:化学工业出版社,2006.

[2] 谭天恩,窦梅,周明华等编著.化工原理(第三版).北京:化学工业出版社,2006.

[3] 冯晖,居沈贵,夏毅.化工原理实验.南京:东南大学出版社,2003.

[4] 王雪静,李晓波主编.化工原理实验.北京:化学工业出版社,2009.

[5] 吴洪特.化工原理实验.北京:化学工业出版社,2010.

[6] 徐伟.化工原理实验.济南:山东大学出版社,2008.

[7] 北京大学,南京大学,南开大学编写.化工原理实验.北京:北京大学出版社,2004.

[8] 杨祖荣主编.化工原理实验.北京:化学工业出版社,2009.

第6章 化工原理基础实验

实验 11　传热系数测定实验(水-热空气体系)

一、实验目的

1. 了解列管式换热器的结构。

2. 测定水-热空气在换热器中的总传热系数 K 和对流给热系数 α,加深对其概念和影响因素的理解。

3. 学习用线性回归法确定关联式中 $Nu = ARe^m Pr^{0.3}$ 常数 A、m 的值。

4. 掌握热电阻测量温度的原理和方法。

二、实验原理

1. 总传热系数的测定

在列管式换热器中,壳程通冷水,管程通热空气,热空气冷却放热加热水。传热过程如图 6-19 所示。

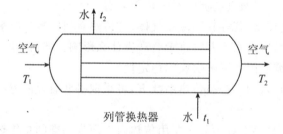

图 6-19　水-热空气换热流程简图

当冷、热流体在列管式换热器内进行稳定传热时,该换热器同时满足热量衡算和传热速率方程。若忽略热损失,则有如下公式:

$$Q = KA\Delta t_m = q_{mh} c_{ph} (T_1 - T_2) = q_{mc} c_{pc} (t_2 - t_1) \tag{6-62}$$

其中传热面积 $A = n\pi d^2 l$,传热平均温度差 Δt_m 为:

$$\Delta t_m = \frac{(T_2 - t_1) - (T_1 - t_2)}{\ln \dfrac{T_2 - t_1}{T_1 - t_2}} \tag{6-63}$$

式中:t_1、t_2 为水进、出口温度,℃;T_1、T_2 为热空气进、出口温度,℃;Q 为换热量,W;K 为总传热系数,$W/(m^2 \cdot ℃)$;A 为传热外表面积,m^2;d_2 为传热管外径,m;Δt_m 为对数平均温度差,℃;q_{mc}、q_{mh} 为冷(水)、热(空气)流体的质量流量,kg/s;c_{pc}、c_{ph} 为冷(水)、热(空气)流体的平均定压比热容,J/(kg · ℃);q_{Vc} 为水的体积流量,m^3/s;ρ_c 为水的密

度,kg/m^3。

测量水的流量,进、出口温度,计算换热器水的换热量 Q_c。测量空气的流量、出口温度,计算换热器空气的换热量 Q_h,再计算换热器的平均换热量 Q;计算传热平均温度差 Δt_m,可以计算换热器的总传热系数 K 值的大小。

对于列管式换热器,空气与水的流动方式不是纯的逆流或并流,而传热平均温度差 Δt_m 用纯逆流计算,必须对其进行修正。

$$\Delta t_m = \varPsi \Delta t_{m逆} \tag{6-64}$$

式中:$\varPsi$ 为传热平均温度差修正系数,逆流时 $\varPsi = 1.0$。

本实验的换热器为折流,修正系数 $\varPsi$ 可根据 $P = \dfrac{t_2 - t_1}{T_1 - t_1}$、$R = \dfrac{T_1 - T_2}{t_2 - t_1}$ 两个参数,从相应的传热线图中查得。

2. 对流给热系数(选做实验)

如果要测定热空气对流给热系数 α_1 和水对流给热系数 α_2,只要测定冷流体进、出口侧的壁温 t_{w1}、t_{w2} 和热流体进出口侧的壁温 T_{w1}、T_{w2},就可以计算对流给热系数。具体内容见实验 10 的选做实验内容。

用这种方法测量水侧的对流给热系数时,由于水容易结垢,热阻比较大,计算结果误差比较大。

3. 空气对流给热系数的关联

在换热器中,传热管的导热性能很好,如果不考虑污垢热阻,由于冷流体(水)的对流给热系数比空气的对流给热系数大得多,空气的对流给热系数 $\alpha_1 \approx K$。则有:

$$\alpha_1 = \frac{Q}{A_内 \Delta t_m} \tag{6-65}$$

实际的传热过程,水侧的污垢热阻一般比较大,空气的对流给热系数不等于总传热系数 K,空气的对流给热系数 α_1 用下式计算。

$$\alpha_1 = \frac{\rho_h q_{Vh} c_{ph}(T_1 - T_2)}{A_1(T - T_w)_m} \tag{6-66}$$

式中:A_1 为换热器的内表面积,m^2;$(T - T_w)_m$ 为热流体空气侧的对数平均温度差,℃。

无相变化的对流给热系数特征数的准数方程一般形式为:

$$Nu = f(Re, Pr, Gr, l/d) \tag{6-67}$$

当空气的流动状态为湍流时,自然对流准数 Gr 可不计。当管径与管长之比 $l/d > 50$,l/d 的影响也可忽略。上述方程变为:

$$Nu = f(Re, Pr) = ARe^m Pr^n \tag{6-68}$$

干空气在不同温度下的普朗特准数 Pr 变化不大,当气体被冷却时,$n = 0.3$。两边取对数,得到直线方程:

$$\lg \frac{Nu}{Pr^{0.3}} = \lg A + m\lg Re \tag{6-69}$$

用实验数据进行线性回归,关联出方程中的常数 A 和 m,即可得到对流给热系数的方程式。实验中通过改变空气的流量,测量其对流给热系数 α,计算 Nu。

三、实验内容

1. 测量水-热空气通过换热器的总传热系数 K 和空气的对流给热系数 α，对 α 进行线性回归，求出准数方程 $Nu = ARe^m Pr^{0.3}$ 中的常数 A、m 的值。

2. 通过计算分析影响总传热系数的因素。

四、实验装置与流程

来自小型风机的空气首先进入用 AI 人工智能温度自控调节系统控制的电加热器加热至设定的温度，进入列管换热器的管程，与水热交换，加热后的水经管道排入地沟，空气排出装置，水用转子流量计测量，温度用 Cu50 铜电阻测量。列管换热器规格为：列管直径 $\phi 10\text{mm} \times 1\text{mm}$，长度 $l = 290\text{mm}$，列管数目 $n = 14$，传热面积 $A = 0.4\text{m}^2$。实验流程如图 6-20 所示。

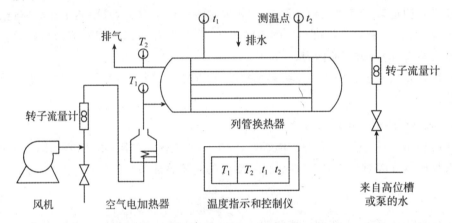

图 6-20　水-热空气传热体系的实验装置流程图

五、实验步骤

1. 打开转子流量计前的列管换热器进水阀，用大流量水将换热器管程内的空气排尽，出水排入地沟，然后控制一定的冷水流量。

2. 打开总电源开关，打开仪表电源开关。风机电源插头接入电源插座，风机工作，对列管换热器供气。

3. 设定列管换热器空气进口温度为 90℃，调节空气和水至一定流量不变。当空气进口温度为 90℃不再变化（保持 5min 以上不变），分别读取空气的出口温度，空气的流量，水的进、出口温度，水的流量。

4. 改变水的流量，固定空气的流量，测量 4 组实验数据。改变空气的流量，固定水的流量，测量 4 组实验数据。改变流量后，由于温度是自动调节，只有重新达到稳定状态 5min 以上才能测量数据。

5. 实验结束，首先关闭空气加热电源。当列管换热器空气的出口温度下降到 40℃以下，关闭风机，再关闭冷却水阀门。清理实验场地。

六、实验注意事项

[1] 实验开始时一定要用水排尽换热器壳程内的空气。

[2] 实验时一定要注意,在列管换热器内输以一定量的空气后,方可开启加热空气电源,否则电加热管马上烧坏。

[3] 风机出口阀不能关闭,防止风机因空气流量过小而发热烧毁风机。

[4] 确定各参数时,必须是在稳定传热状态下进行测量。

[5] 实验结束后,必须先关闭空气电加热管电源开关,用空气冷却电加热管到室温后才能关闭空气泵开关,防止空气电加热管由于余热而烧毁。

七、实验数据记录与处理

表 6-17　传热系数测定实验(水–热空气体系)原始数据记录表

实验装置号____;传热管外径 $d_2=$ ____mm;传热管长 $l=$ ____m;传热管数 $n=$ ____;室温=____℃

序号	水流量 /(m³/h)	空气流量 /(m³/h)	空气温度/℃		水温度/℃	
			T_1	T_2	t_1	t_2
1						
2						
3						
...						
8						

表 6-18　传热系数测定实验(水–热空气体系)数据处理表

传热管内径 $d_1=$ _____mm;传热面积(外表面积)$A=$ _____m²;室温=_____℃

序号	空气					水					平均 Q /W	Δt_m /℃	K/[W/ (m²·K)]
	q_{Vh} /(m³/h)	c_{ph}/[kJ/ (kg·K)]	ρ_h/ (kg/m³)	ΔT /℃	Q_h /W	q_{Vc} /(m³/h)	c_{pc}/[kJ/ (kg·K)]	ρ_c/ (kg/m³)	Δt /℃	Q_c /W			
1													
2													
3													
...													
8													

八、实验报告内容

1. 说明水和空气在列管换热器中的总传热系数变化规律。

2. 列出一组数据计算示例。

3. 对实验结果进行分析讨论。

九、思考题

[1] 实验中水和空气的流向,对传热效果有何影响?

[2] 空气加热过程中,为什么要空气进口温度稳定后再进行测量?

[3] 实验过程中,如何判断过程已稳定? 有哪些因素影响实验的稳定性?

[4] 在处理实验数据时,为什么换热器的热负荷用冷、热流体热负荷的平均值计算?

[5] 对本实验而言,为了提高总传热系数 K,可采取哪些有效的方法? 其中最有效的方法是什么? 为什么?

▶▶▶▶ **参考文献** ◀◀◀◀

[1] 陈敏恒,从德滋,方图南,齐鸣斋编.化工原理(第三版).北京:化学工业出版社,2006.

[2] 谭天恩,窦梅,周明华等编著.化工原理(第三版).北京:化学工业出版社,2006.

[3] 王建成,卢燕,陈振主编.化工原理实验.上海:华东理工大学出版社,2007.

[4] 北京大学,南京大学,南开大学编写.化工原理实验.北京:北京大学出版社,2004.

[5] 徐伟.化工原理实验.济南:山东大学出版社,2008.

实验 12 填料塔流体力学特性实验

一、实验目的

1. 了解填料塔的结构和填料特性。

2. 观察填料塔内气、液两相在填料层内的流动情况。

3. 测定干填料层及不同液体喷淋密度下填料层的压降与空塔速度的关系曲线。

4. 测定填料层的液泛速度,并与文献上介绍的液泛关联式进行比较。

二、实验原理

填料塔是一种应用很广的气液传质设备,它具有结构简单、压降低、填料易用耐腐蚀材料制造等优点。早期的填料塔主要是小型设备,现代的填料塔直径可达数十米。

典型填料塔的结构如图 6-21 所示。塔体为圆筒形,筒内堆放一定高度的填料。操作时,液体从塔顶进入,经液体分布器均匀喷洒在塔截面上,在填料表面呈膜状流下。填料较高的塔,可将填料分层,中间设置液体再分布器,防止填料层中的液体向塔壁流动。气体从塔底进入,通过填料中的空隙由塔顶排出。塔顶安装液体除沫器,防止气体夹带液沫出塔。

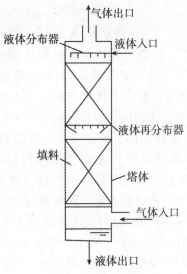

图 6-21   填料塔的结构

因此填料塔在操作时,气体由下而上呈连续相通过填料层空隙,液体则沿填料表面流下,形成相际接触界面并进行传质。

填料塔的主要构件是填料。常见填料有散装填料和规整填料两大类,前者可以在塔内乱堆或整砌,后者一般在塔内整砌。经过一百多年的研究,目前国内外已经开发了拉西环、鲍尔环、矩鞍形填料、阶梯环、金属英特洛克斯填料、网体等和规整填料。常见填料的形状如图 6-22 所示。

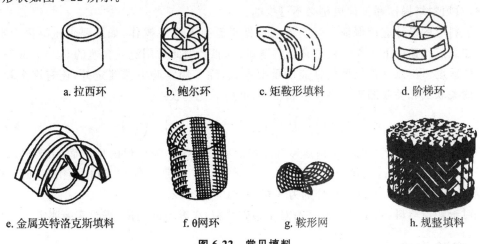

a. 拉西环   b. 鲍尔环   c. 矩鞍形填料   d. 阶梯环

e. 金属英特洛克斯填料   f. θ网环   g. 鞍形网   h. 规整填料

图 6-22   常见填料

填料塔的流体力学特性包括压降和液泛规律,它与填料的形状、大小及气液两相的流量和性质等因素有关。在填料塔中,当气体由下而上通过干填料层,与气体通过其他固体颗粒床层一样,其压降 Δp 与空塔气速 u 的 1.8~2.0 次方成比例,在双对数坐标纸上，它们的关系为一直线，直线斜率为$1.8\sim2.0$。压降主要用来克服气体流经填料层的形体阻力。当填料层上有液体喷淋时，气体通过床层的压降与空塔气速、液体喷淋密度和填料特性等因素有关。

在一定的液体喷淋密度下，当气速较小时，床层的阻力压降Δp与空塔气速u的$1.8\sim2.0$次方仍然遵循比例关系。但在同样的空塔速度下，填料层的部分空隙被液体所充满，填料表面形成液膜，减小了气体流通的截面，填料空隙中实际气体流速增大，因此床层压降Δp比无喷淋时的值要大。但由于气体空塔速度较小，液体沿填料表面流动很少受逆向气流的牵制，持液量（单位体积填料所持有的液体体积）基本不变。

当气速增大到某一值后，液体的向下流动受逆向气流的牵制开始明显，上升的气流与下降液体的摩擦力增大，阻碍液体往下流动，造成填料层内持液量随空塔气速增大而不断增多，这种现象称拦液现象。开始拦液时的空塔气速称载点气速。进入载点区以后，随着空塔气速的增加，填料层内的持液量不断增多，压降有较大的增加，即压降Δp-空塔气速u曲线斜率加大。到达某一气速后，气液间的摩擦力完全阻止液体往下流动，填料层的压降迅速升高，表示塔内发生液泛。在Δp-u^n的关系式中，n的值可达到10左右。开始完全阻止液体往下流动时的空塔气速称泛点气速。当填料塔发生液泛时，往往可以看到填料层顶部出现连续相的液体，而气体变成分散相在液体中鼓泡，填料失去了作用，传质效率迅速降低。

从压降Δp-空塔速度u双对数曲线图可见，当空塔速度增加，填料层的压降不断增加。压降Δp-空塔速度u的关系曲线为一折线，折线的第一转折点为载点，第二转折点为泛点。在不同的喷淋密度下，绘制Δp-u双对数曲线，可以得到系列接近平行的折线。随着喷淋密度的增加，填料层的载点速度和泛点速度下降。

确定流体通过填料层的压降，对填料塔减压精馏的设计计算十分重要，而掌握液泛规律，对填料塔操作和设计更是必不可少的。

填料层的设计应该保证是在空塔气速低于泛点速度下操作，如果要求压降很稳定，则宜在载点气速以下工作。由于载点气速难以确定，因此常用泛点气速的$50\%\sim80\%$设计气体速度。泛点气速是填料性能的重要参数，除了用实验方法测定外，还有许多较为准确的关联式和关联图表。对于散装填料，可用下式关联：

$$\lg\left[\frac{u_F^2}{g}\left(\frac{a}{\varepsilon^3}\right)\left(\frac{\rho_G}{\rho_L}\right)\mu_L^{0.2}\right]=A-1.75\left(\frac{L}{G}\right)^{1/4}\left(\frac{\rho_G}{\rho_L}\right)^{1/8} \tag{6-70}$$

式中：u_F为泛点空塔气速，m/s；g为重力加速度，m/s²；a为填料的比表面，m²/m³；a/ε^3为干填料因子，1/m；ε为填料的空隙率，m³/m³；ρ_G、ρ_L分别为气相、液相的密度，kg/m³；μ_L为液相的黏度，Pa·s；G、L分别为气相、液相的流量，kg/h。

对于颗粒填料，式中$A=0.022$；对于整砌填料，A有不同的值，需要实验测定。

三、实验内容

1. 测定空气通过干填料层的阻力压降。
2. 测定在水喷淋填料时，空气通过填料层的阻力损失压降。
3. 测量填料层空气-水体系的液泛速度。

四、实验装置与流程

填料塔的塔径 100mm，塔内装有金属丝 θ 网环散装填料（规格 φ10mm×10mm，填料层比表面为 540m²/m²，空隙率为 0.97），填料层总高度 2000mm，分为两段。塔顶有液体初始分布器，塔中部有液体再分布器，塔底部有栅板式填料支承装置。填料塔底部有液封装置，以避免气体泄漏。气体的流量用转子流量计测量，空气用涡流风机供给（XGB-13 型，风量 0～100m³/h，风压 14kPa）。

实验装置流程：来由管道的自来水经离心泵加压后送入高位槽，进入填料塔塔顶经喷头喷淋在填料顶层。由风机送来的空气进入气体中间贮罐后，从塔底进入，与水在塔内进行逆流接触。由于没有气体被吸收，整个实验过程为等温操作。实验流程如图 6-23 所示。

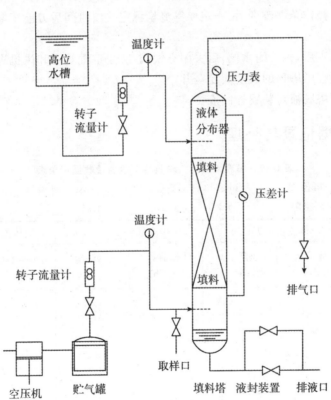

图 6-23　填料塔流体力学特性实验装置流程图

五、实验步骤

1. 打开总电源开关，再打开仪表电源开关，将水送入高位槽。

2. 全开尾气放空阀，打开气体管道旁路阀，启动鼓风机，调节空气流量至最大值。用空气吹干填料塔内的填料（1h 以上，最好用热空气）。

3. 当填料干燥后，改变空气流量，测量干填料层在不同空气流量下的压降。

4. 打开水调节阀门,让水进入填料塔润湿填料。用水调节阀将流量控制在某一实验值,调节塔底控制液位的排液阀,使塔底液位稳定在一定范围内,防止塔底液封过高而溢满至填料或过低造成气体直接泄气,影响实验结果的准确性。

5. 固定两次不同的水流量,改变空气流量,测量湿填料层在不同空气流量下的压降。

6. 实验完毕,关闭水调节阀,再关闭风机,排净填料塔内的空气和水。当填料塔内的水排净后,再启动风机,吹干填料,下次实验备用。

7. 当填料塔内的填料干燥后,关闭风机,关闭仪表电源和总电源,清理实验场地。

六、实验注意事项

[1] 用空气吹干填料层时,一定要等填料干燥后方能测量干燥填料层的空气流量与压降的实验数值。否则,由于填料表面有吸附水,影响实验的准确性。

[2] 填料塔操作条件改变后,一定要等流量稳定一段时间后方能读取有关实验数据,如流量、压差等。

[3] 实验结束后,先关闭水阀,后关闭空气阀,防止空气管道和风机进水,损坏风机。

[4] 实验过程中塔顶的放空阀要全开。

[5] 注意用塔底液封装置控制液位。

七、实验数据记录与处理

表 6-19 填料塔流体力学特性实验原始数据记录表

实验装置号_____;塔径 $D=$_____mm;填料层高度 $H=$_____m;填料型号_____;填料比表面=_____m^2/m^3;填料层空隙率=_____m^3/m^3;室温=_____℃;水温=_____℃

序号	液体流量=0m^3/h		液体流量=___m^3/h		液体流量=___m^3/h	
	气体流量/(m^3/h)	压降 Δp/mH_2O	气体流量/(m^3/h)	压降 Δp/mH_2O	气体流量/(m^3/h)	压降 Δp/mH_2O
1						
2						
3						
4						
5						
6						
7						
...						
15						

表 6-20　填料塔流体力学特性实验数据处理表

塔径 $D=$ _____mm;填料层型号_____;填料比表面=_____m^2/m^3;填料层空隙率=_____m^3/m^3

序号	液体流量＝0____m^3/h		液体流量＝____m^3/h		液体流量＝____m^3/h	
	空塔气速 u /(m/s)	压降 Δp /mH_2O	空塔气速 u /(m/s)	压降 Δp /mH_2O	空塔气速 u /(m/s)	压降 Δp /mH_2O
1						
2						
3						
4						
5						
6						
7						
...						
15						

八、实验报告内容

1. 在双对数坐标上绘制空塔气速与压降的关系曲线,确定载点气速与泛点气速。

2. 列出一组数据计算示例。

3. 将测量的泛点气速与由文献上介绍的经验式或经验图表所得的值进行比较。

九、思考题

[1] 填料塔塔底为什么要有液封装置？液封高度如何计算？液封装置如何设计？

[2] 测定填料的流体力学特性有何意义？

[3] 填料塔与板式塔有何异同点？

[4] 填料层的空隙率可用哪些方法测量？

[5] 流体通过干填料层与湿填料层的压降有何异同？

[6] 实验过程中,能否用自来水直接进塔代替高位水槽或水泵进料？

[7] 泛点空速与液体流量有何关系？请说明原因。

▶▶▶▶ 参考文献 ◀◀◀◀

[1] 陈敏恒,从德滋,方图南,齐鸣斋编. 化工原理(第三版).北京:化学工业出版社,2006.

[2] 谭天恩,窦梅,周明华等编著.化工原理(第三版).北京:化学工业出版社,2006.

[3] 宋长生.化工原理实验(第二版).南京:南京大学出版社,2010.

[4] 史贤林,田恒水,张平主编.化工原理实验.上海:华东理工大学出版社,2005.

[5] 陈同芸,瞿谷仁,吴乃登.化工原理实验.上海:华东理工大学出版社,1989.

[6] 雷良恒,潘国昌,郭庆丰.化工原理实验.北京:清华大学出版社,1994.

实验 13 筛板精馏塔的操作与全塔效率的测定实验

一、实验目的

1. 了解板式精馏塔及其附属设备的基本结构,熟悉精馏过程的工艺流程,掌握精馏过程的基本操作方法。

2. 熟悉气相色谱仪(TCD 检测器)的使用方法,掌握色谱仪测定塔顶、塔釜溶液浓度的方法。

3. 学习测定精馏塔全塔效率的实验方法。

4. 观察精馏塔内气液两相的接触状态。

二、实验原理

1. 全塔效率

将双组分均相溶液加热,使其部分汽化,气相中易挥发组分的浓度高于液相中易挥发的组分浓度,达到部分分离。精馏操作就是基于这一原理实现均相溶液分离的最重要最基本的操作方法之一。

在板式精馏塔中,塔釜再沸器加热釜液产生的蒸气沿塔板上升,与来自塔顶下降的回流液体在塔板上接触,经过多次部分汽化和部分冷凝,进行传质和传热。轻组分向塔顶浓缩,重组分向塔底浓缩,塔顶得到较纯的轻组分,塔底得到较纯的重组分,从而实现分离。因此,回流是实现精馏的基础,是精馏操作最重要的参数之一,它的大小直接影响分离的效果和能耗的大小。料液浓度,进料的位置、温度和数量也影响精馏操作的分离效果。如果每层塔板上液体和蒸气处于平衡状态,这块塔板为理论板,板效率等于 100%。但在实际操作过程中,由于接触时间的限制、流体的反向流动及塔板上流体流动的不均匀性,气液两相没有达到平衡,实际的板效率低于理论板效率。因此,可用单板效率表示塔板上传质偏离理论板传质的程度。由于每层塔板的板效率不同,单板效率难以体现精馏塔全塔的分离效果,常用全塔效率描述实际板的平均效率。

全塔效率又称总板效率,指达到指定分离效果所需理论塔板数与实际板数的比值,即:

$$E_T = \frac{N_T - 1}{N_P} \qquad (6\text{-}71)$$

式中：N_T 为完成一定分离任务所需的理论塔板数，包括蒸馏釜；N_P 为完成一定分离任务所需的实际塔板数，本装置 $N_P = 10$（或 15）。

全塔效率简单地反映了整个塔内塔板的平均效率，说明了塔板结构、物性系数、操作状况对塔分离能力的影响。对于塔内所需理论塔板数 N_P，根据已知的双组分物系相平衡关系，以及实验中测得的塔顶馏出液、塔釜残液的组成，回流比 R 和进料热状况 q 等，用逐板计算法或用图解法求得。本实验中，由于乙醇-水为非理想体系，只能采用图解法求得。

2. 图解法求理论塔板数 N_T

图解法又称麦卡勃-蒂列（McCabe-Thiele）法，简称 M-T 法，其原理与逐板计算法完全相同，只是将逐板计算过程在 y-x 图上直观地表示出来。

（1）全回流操作

在精馏全回流操作时，操作线在 y-x 相图上为对角线，如图 6-24 所示，根据塔顶、塔釜的组成在操作线和平衡线间作梯级，即可得到理论塔板数。

（2）部分回流

部分回流时回流比 R 的值定义为：

$$R = \frac{L}{D} \qquad (6\text{-}72)$$

式中：L 为回流液量，kmol/s；D 为馏出液量，kmol/s。

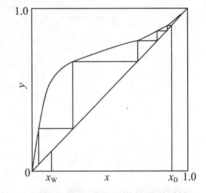

图 6-24　全回流时理论塔板数的确定

在部分回流的精馏操作时，只要测量回流液量 L、馏出液量 D、釜液量 W，计算回流比 R，测量塔顶、塔釜、进料的组成和温度，即可求出精馏段和提馏段的操作线方程，在 y-x 图上作操作线和相平衡线，根据塔顶、进料、塔釜的组成在操作线和平衡线间作梯级，即可得到部分回流的理论塔板数。

三、实验内容

1. 测量全回流和部分回流状态下的理论塔板数和全塔效率。
2. 在一定回流比下，对 20% 左右的乙醇水溶液的精馏分离。

四、实验装置与流程

实验装置有两种规格的不锈钢筛板精馏塔，每套装置由塔体、加料系统、产品出料管路、残液出料管路、回流系统、产品贮罐、仪表控制柜等部分组成。实验流程如图 6-25 所示。

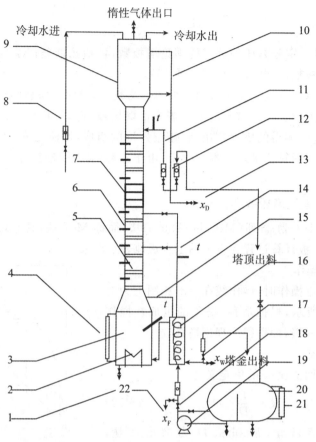

惰性气体出口

冷却水进　　　冷却水出

1-釜液出口；2-电加热器；3-塔釜；4-塔釜液位计；5-塔板；6-温度计（其余用 t 表示）；7-窥视节；
8-冷却水流量计；9-盘管冷凝器；10-塔顶平衡管；11-回流液流量计；12-塔顶出料流量计；
13-产品取样口；14-进料管；15-塔釜平衡管；16-盘管换热器；17-塔釜出料流量计；18-进料流量计；
19-进料泵；20-料液贮槽；21-料液液位计；22-料液取样口

图 6-25　筛板精馏塔的操作与全塔效率的测定实验装置流程图

　　本实验料液为乙醇水溶液，釜内液体由电加热器产生蒸气逐板上升，经与各板上的液体传质后，进入盘管式换热器壳程，冷凝成液体后再从集液器流出，一部分作为回流液从塔顶流入塔内，另一部分作为产品馏出，进入产品贮罐；残液流入釜液贮罐。

　　实验装置一　筛板塔主要结构参数：塔内径 $d=68\text{mm}$，塔板厚度 $\delta=2\text{mm}$，塔节 $\phi76\text{mm}\times4\text{mm}$，塔板数 $N=10$ 块，板间距 $H_T=100\text{mm}$。加料板位置由上向下起数第 6 块和第 8 块塔板。降液管采用弓形，齿形堰，堰长 56mm，堰高 7.3mm，齿深 4.6mm，齿数 9 个。降液管底隙高度 4.5mm。筛孔直径 $d_0=1.5\text{mm}$，正三角形排列，孔间距 $t=5\text{mm}$，开孔数为 74 个。塔釜为内电加热式，加热功率 4.5kW，有效容积为 10L。塔顶冷凝器、塔釜换热器均为盘管式。

　　实验装置二　筛板塔主要结构参数：塔高 3400mm，塔内径 $d=50\text{mm}$，塔板厚度 $\delta=1\text{mm}$ 的不锈钢，塔节 $\phi57\text{mm}\times3.5\text{mm}$，塔板数 $N=15$ 块，板间距 $H_T=100\text{mm}$。加料位置由上向下起数第 10 块和第 12 块塔板。降液管为直径 14mm×2mm 的不锈钢管，堰高

10mm。降液管底隙高度 4.5mm。筛孔直径 $d_0 = 2mm$，孔数 $n = 25$，正三角形排列，开孔率为 4%。塔釜内为两组 SRY-2-1 型电加热棒加热，一组为 1.0kW 进行恒定加热（常开），另一组为 1.0kW，用自变耦合变压器在 0～1.0kW 内调节，由仪表控制柜上电热电压表显示；蒸馏釜尺寸为 250mm×340mm×3mm 不锈钢立式结构，有效容积为 10L。

五、实验步骤

1. 配制 10%（体积分数，下同）和 20% 左右的乙醇水溶液。

2. 打开精馏塔塔顶放空管阀门，关闭其他阀门，将 10% 的乙醇水溶液加入塔釜中，至釜容积的 2/3 处（玻璃液位计 4/5 处）。将 20% 的乙醇水溶液加入料液贮槽内，用气相色谱测量其浓度 x_F。

3. 打开塔顶冷凝器的冷却水，调节至适当的冷却水流量。打开回流管阀门，关闭塔顶出料管和料液进料管阀门，使全塔处于全回流状态。

4. 启动总电源后，先打开仪表电源，再打开电加热管电源。开始加热时可用 220V 的电压加热，当塔釜沸腾后，注意观察塔板上气液两相的接触状态和气液两相的不正常流动。

5. 当回流管内有液体回流，将加热电压调节到 80V 以下进行加热，开始全回流操作。在全回流操作时，精馏塔的操作条件不能改变。全回流操作稳定 30min 后，分别取样，测定塔顶浓度 x_D 和塔釜浓度 x_W。

6. 全回流操作结束后，打开进料泵和进料阀，调节进料至适当的流量 F。控制塔顶回流量 L 和出料的流量 D，调节适当的回流比 $R(R = 1～4)$。控制塔釜液体排出的流量 W，使进、出精馏塔的物料平衡。

7. 当塔顶、塔内温度读数稳定一段时间后（15min 以上）对塔顶、塔釜取样，测定塔顶馏出液、塔釜残液的浓度。

8. 部分回流 30min 后，记录加热电压，冷却水流量，精馏塔操作的 D、L、W、F，关闭进料泵和进料阀，关闭塔顶馏出液阀和塔釜排出液阀，全开回流阀。

9. 关闭加热电源、仪表电源和总电源。收集塔顶产品量和塔釜残液量，冷却后测其平均含量。清理实验现场。

六、实验注意事项

[1] 预热开始后，要及时打开塔顶冷凝器的冷却水阀；当釜液预热沸腾后要注意控制加热量。

[2] 塔顶放空阀一定要打开，否则容易因塔内压力过大导致危险。

[3] 料液一定要加到设定液位 2/3 处（玻璃液位计 4/5 以上）方可打开加热管电源，否则塔釜液位过低会使电加热丝露出而干烧致坏。

[4] 实验结束后，塔顶产品注意回收。

七、实验数据记录与处理

表 6-21　筛板精馏塔的操作与全塔效率的测定实验原始数据记录表

实验装置号_____；釜液浓度 x_W =_____；料液浓度 x_F =_____；进料位置：第_____塔板；

进料温度 =_____℃；冷却水流量 =_____m³/h

项　目 ＼ 操　作		全回流	部分回流
加热电压/V			
进料温度/℃			
气液接触状态	上		
	中		
	下		
塔釜压强/kPa			
塔釜温度/℃			
灵敏板温度/℃			
F/(L/h)			
L/(L/h)			
D/(L/h)			
W/(L/h)			
x_D/%			
x_W/%			
部分回流产品 V_D/mL			
部分回流产品 V_W/mL			

八、实验报告内容

1. 用图解法计算全回流和部分回流时的理论塔板数。
2. 计算全塔效率和回流比。
3. 对实验结果及实验中观察到的现象进行分析讨论。

九、思考题

[1] 什么是全回流？全回流操作的标志性指标有哪些？实际生产中有何作用？测定全回流全塔效率需测几个参数？取样位置在何处？

[2] 板式塔气液两相的流动特点是什么？

[3] 操作中增加回流比的作用是什么？精馏塔在操作过程中，由于塔顶采出率太大

而造成产品不合格,恢复正常的最快、最有效的方法是什么?

[4] 为什么把塔釜当成一块理论板来处理?

[5] 实验中怎样调节各参数,提高塔顶产品的浓度和全塔效率?

[6] 如果增加塔的塔板数,在相同的操作条件下,是否可以得到100%纯乙醇?请说明原因。

[7] 在连续精馏实验中,塔釜出料管没有安装流量计,如何判断和保持全塔物料平衡?

[8] 将全回流改为部分回流,理论塔板数如何变化?全塔效率如何变化?请说明原因。

[9] 为什么要控制塔釜液位?如何控制?

[10] 精馏塔操作过程中,灵敏板温度和塔釜压强是非常重要的参数,为什么要控制塔釜压强?塔釜压强与哪些因素有关?如果塔釜压强突然升高,可能是什么原因?生产上如何处理?

[11] 本实验采用常压操作、冷进料,说明常压操作的原因,以及冷进料的优缺点。

附表 乙醇-水溶液的气液相平衡组成

表 6-22 乙醇-水溶液(0.1MPa)的气液相平衡组成

乙醇的	液相	0.00	1.90	7.21	9.66	12.38	16.61	23.37	26.08
摩尔分数/%	气相	0.00	17.00	38.91	43.75	47.04	50.89	54.45	55.80
温度/℃			100	95.5	89.0	86.7	85.3	84.1	82.7	82.3
乙醇的	液相	32.73	39.65	50.79	51.98	57.32	67.63	74.72	89.41
摩尔分数/%	气相	58.26	61.22	65.64	65.99	68.41	73.85	78.15	89.41
温度/℃		81.5	80.7	79.8	79.7	79.3	78.74	78.41	78.15

▶▶▶▶ **参考文献** ◀◀◀◀

[1] 陈敏恒,从德滋,方图南,齐鸣斋编. 化工原理(第三版). 北京:化学工业出版社,2006.

[2] 谭天恩,窦梅,周明华等编著. 化工原理(第三版). 北京:化学工业出版社,2006.

[3] 王建成,卢燕,陈振主编. 化工原理实验. 上海:华东理工大学出版社,2007.

[4] 史贤林,田恒水,张平主编. 化工原理实验. 上海:华东理工大学出版社,2005.

[5] 徐伟. 化工原理实验. 济南:山东大学出版社,2008.

[6] 雷良恒,潘国昌,郭庆丰. 化工原理实验. 北京:清华大学出版社,1994.

[7] 冯晖,居沈贵,夏毅. 化工原理实验. 南京:东南大学出版社,2003.

[8] 王雪静,李晓波主编. 化工原理实验. 北京:化学工业出版社,2009.

[9] 陈同芸,瞿谷仁,吴乃登. 化工原理实验. 上海:华东理工大学出版社,1989.

第6章 化工原理基础实验

实验 14　液液萃取实验

一、实验目的

1. 了解液液萃取设备的结构和特点。
2. 熟悉萃取操作的工艺流程,掌握液液萃取塔的操作。
3. 观察萃取塔内液液两相流动现象。
4. 掌握液液萃取传质单元高度的测量方法,并分析外加能量对液液萃取塔传质单元高度的影响。
5. 掌握液液萃取总传质系数 $K_x a$ 的测量方法。

二、实验原理

液液萃取是利用原料液中的溶质在适当溶剂中溶解度的差异,实现溶质分离的单元操作。它是分离均相液体混合物常用的一种单元操作。

液液萃取和液体精馏、气体吸收均属于两相间传质过程,这两类传质过程具有相似之处,也有明显的差异。在液液萃取操作中,两种液体的密度比较接近,界面张力也不大,所以从过程进行的流体力学条件来看,在液液相的接触过程中,能用于强化过程的推动力不大,同时分散两相的分层分离能力也不高。因此,对于气液接触效率较高的设备,用于液液接触就显得效率不高。为了提高液液相传质设备的效率,常常需要对液体补给能量,如采用搅拌、脉动、振动和转动等措施。为了使两液相分离,需要分层段,以保证有足够的停留时间,让分散的液相凝聚。同时,为了使液相间充分接触,除对液体施加补给能量、提高接触面积外,液相间采用逆流接触,也是一种重要的萃取操作工艺。

在液液萃取塔的操作过程中,轻相由塔底进入,重相由塔顶加入,进行逆流接触。本实验选用煤油-水-苯甲酸萃取体系,水作为萃取剂,萃取煤油中的苯甲酸。煤油作为分散相(轻相为分散相为宜)和萃余相,水为连续相(重相)和萃取相。溶液中的苯甲酸的浓度用 NaOH 标准溶液滴定分析。煤油的分散借助往复振动的筛板或连续转动的转盘,使煤油液滴尺寸下降,提高两相间的相际接触面积。

考虑到煤油-水是完全不互溶体系,苯甲酸在煤油和水中的溶解度都不大,可以认为在萃取过程中两相的液体流量不发生变化。因此煤油-水的微分逆流萃取过程可采用传质单元数和传质单元高度来处理,用传质单元数表示煤油-水萃取过程分离的难易程度,用传质单元高度表示萃取塔传质性能的好坏。

在萃取实验中,一般根据分散相计算传质单元高度。对于用水萃取煤油中的苯甲酸萃取体系,煤油为分散相和萃余相,按萃余相计算传质单元数,可用下式表示:

$$N_{OR} = \int_{x_1}^{x_2} \frac{dx}{x - x^*} \tag{6-73}$$

$$H_{OR} = \frac{H}{N_{OR}} \tag{6-74}$$

$$K_x a = \frac{R}{H_{OR}} \tag{6-75}$$

式中：R 为萃余相的质量流率，其数值等于萃余相的质量流量除以萃取塔的横截面积，$kg/(m^2 \cdot h)$。

由于苯甲酸的浓度很低，在实验的操作范围内，相平衡关系可近似为：

$$y = 2.26x^* \tag{6-76}$$

对于稀溶液，$R=F$，$E=S$，x 与 y 的关系由物料衡算式计算：

$$R(x_1 - x_2) = E(y_1 - y_2) \tag{6-77}$$

或 $$F(x_F - x_R) = Sy_E \tag{6-78}$$

传质单元数可用对数平均推动力计算：

$$N_{OR} = \frac{(x_1 - x_1^*) - (x_2 - x_2^*)}{\ln \dfrac{x_1 - x_1^*}{x_2 - x_2^*}} = \frac{(x_F - x^*) - x_R}{\ln \dfrac{x_F - x^*}{x_R}} \tag{6-79}$$

$$x^* = x_1^* = \frac{y_E}{2.26} \tag{6-80}$$

式中：N_{OR} 为萃余相为基准的总传质单元数；H_{OR} 为萃余相为基准的总传质单元高度，m；H 为萃取塔的有效接触高度，m；R 为萃余相的质量流率，$kg/(m^2 \cdot h)$；E 为萃取相的质量流率，$kg/(m^2 \cdot h)$；F 为料液的质量流率，$kg/(m^2 \cdot h)$；S 为萃取剂的质量流率，$kg/(m^2 \cdot h)$；$K_x a$ 为萃余相为基准的总传质系数，$kg/(m^3 \cdot h)$；x 为萃余相中溶质的浓度，以质量分数来表示；x^* 为与相应萃取相浓度成平衡的萃余相溶质的浓度，质量分率；x_1、x_2 为分别表示进塔和出塔的萃余相浓度，质量分率；$x_1 = x_F$，$x_2 = x_R$；y_1、y_2 分别表示出塔和进塔的萃取相浓度，质量分率；$y_1 = y_E$，$y_2 = 0$。

实验中固定煤油流量，改变转盘转速（或振动频率）（用电源电压调节），测量一系列分散相煤油中苯甲酸的进、出口含量 x_1、x_2，通过物料衡算求出水相的出口浓度 $y_1(y_E)$，由相平衡方程计算 x_1^*。再用对数平均推动力法计算传质单元数 N_{OR}、传质单元高度 H_{OR} 和总传质系数 $K_x a$，将相应的总传质系数 $K_x a$ 对外加能量（转速 n 或电压 V）作图，可以确定它们间的关系。

（选做实验）固定水流量和转盘转速（或振动频率），改变煤油流量，重复上述相同的实验和计算过程，将相应的总传质系数 $K_x a$ 对 R 作图，可以确定它们间的关系。

三、实验内容

1. 以煤油为分散相，水为连续相，进行萃取过程操作。用酸碱滴定法测量萃余相进出口苯甲酸质量浓度 x。

2. 测定不同转速或不同振动频率下萃余相传质单元数 N_{OR}、传质单元高度 H_{OR}。

3. 测量不同操作条件下的总体积传质系数 $K_x a$。

4. 作总传质系数 $K_x a$ 与外加能量（转速 n 或电压 V）关系图，总传质系数 $K_x a$ 与煤油流量 R 关系图。

四、实验装置与流程

本实验装置中的主要设备为振动式萃取塔或转盘式萃取塔,振动式萃取塔或转盘式萃取塔是效率比较高的液液萃取设备。振动式萃取塔的上、下两端各有一沉降室。为了使每相在沉降室中停留一定时间,通常做成扩大形状。在萃取区有一系列的筛板固定在中心轴上,中心轴由塔顶上的曲柄连杆机构驱动,以一定的频率和振幅带动筛板做往复运动。当筛板向上运动时,筛板上侧的液体通过筛孔向下喷射;当筛板向下运动时,筛板下侧的液体通过筛孔向上喷射,使两相液体处于高度湍动状态,液体不断分散并推动液体上下运动,直至沉降。实验流程如图 6-26 所示。

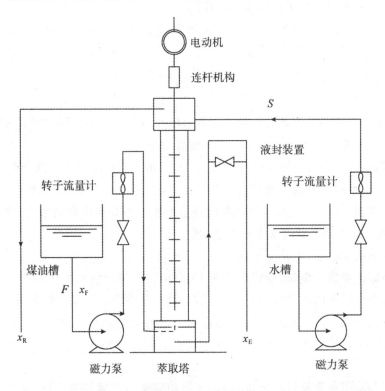

图 6-26 液液萃取实验装置流程图

转盘式萃取塔的流程与振动式萃取塔相似,在萃取塔的上、下两端也有沉降室。为了使每相在沉降室中停留一定时间,沉降室通常也是做成扩大形状。在萃取区有一些转盘固定在中心轴上,中心轴由塔顶的电动机驱动,以一定的转速带动转盘旋转运动,使两相液体处于高度湍动状态,液体不断分散并推动液体上下运动,直至沉降。实验流程如图 6-26 所示。

五、实验步骤

1. 将煤油配制成近饱和的苯甲酸溶液(1.5~2.0g 苯甲酸/kg 煤油),把它倒入加料泵附近的贮槽内,用磁力泵将它送入高位槽内(或直接用磁力泵输送到萃取塔塔底)。

2.将水加入贮水槽内,用磁力泵输送水至高位槽(或直接用磁力泵输送到萃取塔塔顶)。

3.启动水泵,打开入塔进水阀,将连续相(水相)充满塔体。然后打开分散相(煤油)管路上的阀门,使水与煤油的质量比为 1：1,即水的流量为 4L/h,煤油的流量为 4.4L/h。

4.待分散相在塔顶凝聚一定厚度的液层后,通过连续相出口管路中 II 形管上的阀门,适当调节两相界面的高度,维持两相界面在上集液器中的恒定。

5.将控制电机的调速器调到 0 位。启动电机后,通过改变电压调节转速(转盘萃取塔)或振动频率(振动萃取塔)来控制外加能量的大小,操作电压从小到大,再从大到小各测量 4 组数据。转盘萃取塔转速不要大于 600r/min,振动筛板萃取塔电压不大于 100V,防止电压过大使设备振动太大而损坏。

6.在某一电压下,保持水和煤油的流量不变,萃取操作稳定 15～20min 后,取样分析分散相(煤油相、萃余相)的进、出口浓度 x_1、x_2。

7.(选做实验)固定水流量和转盘转速(或振动频率),改变煤油流量,重复上述实验。

8.分散相(煤油相、萃余相)的进、出口浓度 x_1、x_2(质量分率)的分析方法如下：

收集 100mL 左右煤油相,用移液管移取 25mL 样品于预先用去离子水冲洗的锥形瓶中,加入 10mL 左右的去离子水萃取煤油中的苯甲酸,滴加 3 滴酚酞指示剂,摇动。用标准 NaOH 溶液滴定至终点。计算公式如下：

$$x = \frac{c_{NaOH} \times V_{NaOH} \times 122.24}{25 \times 800} \tag{6-81}$$

式中：c_{NaOH} 为 NaOH 标准溶液的浓度,mol/L;V_{NaOH} 为分析消耗的 NaOH 标准溶液的体积量,mL;x 为煤油相中苯甲酸的质量分率;122.24 为苯甲酸的摩尔质量,g/mol;25 为分散相(煤油)的取样量,mL;800 为煤油的密度,g/L。

六、实验注意事项

[1] 振动或转盘电机启动时,一定要将控制电机的调压器或调速器调到 0 位,因为该设备设置 0 位启动,否则无法启动。

[2] 电机工作时,调节外加能量要小心,慢慢地增加或慢慢地减小,不能增速过猛而损坏设备。

[3] 由于分散相和连续相在塔顶、塔底滞留时间比较长,改变操作条件后,稳定时间要足够长,一般要求 15～20min,否则误差极大。

[4] 实验过程中塔顶两相界面一定要控制在轻相出口和重相入口之间适中位置并保持不变。

[5] 在实验过程中如转轴发生异常响动,应立即切断电源,查找原因。

[6] 磁力泵接单相电源,磁力泵不可空载运行。

[7] 实验中严禁一切明火。

[8] 由于煤油的密度不同,要对煤油的流量进行校正。

第 6 章 化工原理基础实验

$$q_{m,\mathrm{B}} = q_{m,\mathrm{A}}\sqrt{\frac{\rho_{\mathrm{B}}(\rho_{\mathrm{f}}-\rho_{\mathrm{B}})}{\rho_{\mathrm{A}}(\rho_{\mathrm{f}}-\rho_{\mathrm{A}})}} = q_{m,\mathrm{A}}\sqrt{\frac{800(\rho_{\mathrm{f}}-800)}{1000(\rho_{\mathrm{f}}-1000)}} \tag{6-82}$$

式中：$q_{m,\mathrm{B}}$ 为校正后煤油的实际流量，kg/h；$q_{m,\mathrm{A}}$ 为流量计的读数流量，kg/h；ρ_{f} 为转子流量计转子的密度，kg/m³；1000 为水的密度，kg/m³；800 为煤油的密度，kg/m³；

$\sqrt{\dfrac{800(\rho_{\mathrm{f}}-800)}{1000(\rho_{\mathrm{f}}-1000)}}$ 为煤油的流量校正系数。

七、实验数据记录与处理

表 6-23　液液萃取实验原始数据记录表

实验装置号_____；塔径 $d=$_____ m；塔有效高度 $H=$_____ m；溶质_____；稀释剂_____；萃取剂_____；连续相_____；分散相_____；重相密度＝_____ kg/m³；轻相密度＝_____ kg/m³；转子密度＝_____ kg/m³；塔内温度＝_____ ℃；$c_{\mathrm{NaOH}}=$_____ mol/L

序号	煤油流量 F /(L/h)	水流量 S /(L/h)	外加能量 E /(V 或 r/min)	$V_{R,\mathrm{NaOH}}$ /mL	$V_{F,\mathrm{NaOH}}$/mL
1					
2					
3					
4					
5					
6					
7					
8					

表 6-24　液液萃取实验数据处理表

煤油的流量校正系数＝_____

序号	x_{F}	外加能量 $E/$ (V 或 r/min)	x_{R}	y_{E}	Δx_{m}	N_{OR}	H_{OR}	η
1								
2								
3								
4								
5								
6								
7								
8								

八、实验报告内容

1. 列出一组数据计算示例。
2. 在直角坐标上作 H_{OR}-E(电压 V 或转速 n)曲线。
3. 讨论外加能量对 H_{OR}、萃取效率的影响。

九、思考题

[1] 液液萃取设备与气液传质设备有何主要区别？

[2] 在萃取过程中选择连续相和分散相的原则是什么？本实验为什么不易用水作分散相？若用水作为分散相,操作步骤是怎样的？两相分层分离段应该设在塔顶还是塔底？

[3] 重相出口管路为什么采用 Π 形管？Π 形管的高度是怎么确定的？

[4] 什么是萃取塔的液泛？在操作过程中,你是怎样确定液泛速度的？

[5] 对液液萃取过程来说,是否外加能量越大越有利？

▶▶▶▶ 参考文献 ◀◀◀◀

[1] 陈敏恒,从德滋,方图南,齐鸣斋编. 化工原理(第三版). 北京:化学工业出版社,2006.

[2] 谭天恩,窦梅,周明华等编著. 化工原理(第三版). 北京:化学工业出版社,2006.

[3] 雷良恒,潘国昌,郭庆丰. 化工原理实验. 北京:清华大学出版社,1994.

[4] 吴洪特. 化工原理实验. 北京:化学工业出版社,2010.

[5] 徐伟. 化工原理实验. 济南:山东大学出版社,2008.

[6] 史贤林,田恒水,张平主编. 化工原理实验. 上海:华东理工大学出版社,2005.

[7] 北京大学,南京大学,南开大学编写. 化工原理实验. 北京:北京大学出版社,2004.

[8] 王雪静,李晓波主编. 化工原理实验. 北京:化学工业出版社,2009.

实验 15　干燥曲线与干燥速率曲线的测定实验

一、实验目的

1. 熟悉常压洞道干燥器的构造、流程和操作。
2. 掌握在恒定干燥条件下湿物料干燥曲线和干燥速率曲线的测定方法。
3. 掌握物料含水量 X_t、临界自由含水量 X_c、平衡含水量 X^* 和干燥对流给热系数 α

的测定方法。

4. 了解影响干燥速率曲线的因素。

二、实验原理

将湿物料试样置于恒定空气中进行干燥,例如大量空气流过小块固体物料。在干燥过程中气流的温度 t、相对湿度 φ 及流速保持不变,物料表面的空气状态基本相同。随着干燥过程的进行,水分被不断汽化并向空气扩散,湿物料的质量不断减少,记录试样的自由含水量 X 与时间 τ 的变化规律,如图 6-27a 所示,此曲线称干燥曲线。根据干燥过程的特点,干燥过程可分为三个阶段,物料预热阶段、恒速干燥阶段和降速干燥阶段。每个干燥阶段的传热、传质有各自的特点。

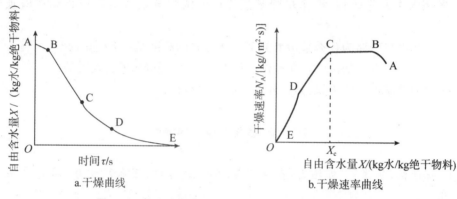

图 6-27　恒定空气条件下的干燥曲线与干燥速率曲线

湿物料和热空气接触时,被预热升温并开始干燥。图 6-27a 中,A 点表示物料起始自由含水量。AB 段为空气中的部分热量用于加热物料,物料的质量变化不大,为物料的预热阶段。由于预热阶段 AB 段物料的质量变化不大,为了计算方便,一般也作为恒速干燥。

BC 段为恒速干燥阶段。在此阶段,固体物料表面覆盖着水层,物料中的非结合水的性质与液态纯水相同。此阶段的空气传递给物料的显热恰好等于水分从物料表面汽化所需的潜热,物体表面的温度等于该空气的湿球温度 t_w,物料表面温度不变。在恒速干燥阶段,物料表面的温度 t_w、湿含量 H_w 为定值,空气流量 q_v、温度 t 和相对湿度 φ 也为定值,所以恒速干燥阶段的传热系数 α 不变。恒速干燥阶段的传热系数 α 可以通过下式计算:

$$N_A = k_H(H_w - H) = \frac{\alpha}{r_w}(t - t_w) \tag{6-83}$$

$$\alpha = \frac{N_A r_w}{t - t_w} = \frac{u_C r_w}{t - t_w} \tag{6-84}$$

式中：N_A 为干燥过程的传质速率,kg/(m² · s)；u_C 为恒速干燥过程的传质速率,kg/(m² · s)；k_H 为干燥过程传质系数,kg/(m² · s)；H_w 为湿球温度下空气的饱和湿含量,kg 水汽/kg 绝干空气；H 为空气的湿含量,kg 水汽/kg 绝干空气；t 为空气的干球温度,℃；t_w

为空气的湿球温度，℃；r_w 为湿球温度下水的潜热，J/kg。

　　显然，恒速干燥阶段干燥速率的大小取决于物料表面水分的汽化速率，以及物料外部的干燥条件，与物料本身性质无关。因此，恒速干燥阶段又称为表面汽化控制阶段。

　　CDE 段为降速干燥阶段。当物料的自由含水量降至临界自由含水量 X_C 以下时，热空气中部分热量用于加热物料，物料表面的温度从湿球温度开始升高；另一部分热量用于汽化水分，因此干燥速率随物料含水量的减小而降低，干燥曲线逐渐变为平坦，直到物料中含水量降至平衡含水量 X^* 为止。

　　降速阶段干燥速率的变化规律与物料性质及其内部结构有关。降速的原因大致为实际汽化表面减小，汽化面内移，平衡蒸气压下降和固体内部水分的扩散极慢，具体原因见《化工原理》教材中干燥这一章的内容。

　　在恒定干燥条件下，标绘以干燥速率 u 为纵坐标，物料自由含水量 X 为横坐标的直角坐标图，即可得到干燥速率与物料自由含水量之间变化的规律，即干燥速率曲线，如图 6-27b 所示。其中等速干燥阶段和降速干燥阶段的交点对应的物料含水量称为临界自由含水量 X_C。

　　物料的自由含水量 X_t 的计算公式如下：

$$X_t = \frac{G - G_C}{G_C} = \frac{w}{1-w} \tag{6-85}$$

　　单位干燥时间单位物料表面（气固接触界面）上蒸发的水分质量称为干燥速率，即

$$u = \frac{\mathrm{d}W}{A\,\mathrm{d}\tau} = \frac{-G_C\,\mathrm{d}X}{A\,\mathrm{d}\tau} = \frac{-G_C\,\Delta X}{A\,\Delta\tau} \tag{6-86}$$

式中：u 为干燥速率，$kg/(m^2 \cdot s)$；G_C 为湿物料中的绝干物料的质量，kg；G 为湿物料的质量，kg；w 为物料的湿含量，kg 水/kg 湿物料；X 为湿物料的自由含水量，$X = X_t - X^*$，kg 水/kg 绝干物料；A 为干燥面积，m^2；W 为湿物料中被干燥掉的水分，kg；τ 为干燥时间，s。

三、实验内容

　　1. 在恒定的干燥条件下测定湿物料干燥曲线和干燥速率曲线。
　　2. 测定平衡含水量 X^*、临界自由含水量 X_C 和干燥对流给热系数 α。
　　3. 改变空气流量或空气温度测量 3 组实验数据。

四、实验装置与流程

　　主要设备及仪表：厢式干燥器，180mm×180mm×1250mm；BYF7122 型鼓风机，370W；电加热器，4kW；毛毡，直径 d 为 85mm；SH-18 型称重传感器，0～200g。

　　干燥流程：空气用风机送入电加热器，经加热后的空气进入厢式干燥器的干燥室，加热干燥室中的湿毛毡，经排出管道排入大气。在干燥过程中，物料失去的水分量由称重传感器和智能数显仪表记录下来。实验流程如图 6-28 所示。

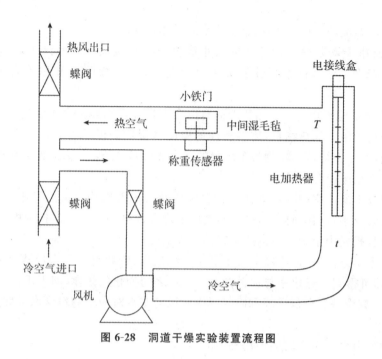

图 6-28　洞道干燥实验装置流程图

五、实验步骤

1．将厢式干燥器后面的湿球温度计水箱加水至漏斗底部。

2．先打开总电源，再开仪表电源，将干毛毡小心地放置于称重传感器上。称托盘重量 G_t 以及托盘与干毛毡的总重量 G_z，两者相减即为干毛毡重 G_c。

3．开启风机，加热器通电加热，干燥室温度（干球温度）设定为 70℃。

4．当干燥室温度恒定在 70℃时，将干毛毡加入一定量的水使其润湿均匀，水量不能过多或过少。然后将湿毛毡小心地放置于称重传感器上，防止用力过大损坏称重传感器。

5．每 2min 记录一次时间、脱水量、干球温度和湿球温度，直到毛毡重量不再有明显下降为止。

6．改变空气流量或温度，重复上述实验。

7．当实验结束，停止电加热器加热。当空气温度下降到 50℃以下，关闭风机电源、仪表电源，最后切断总电源。小心取下毛毡。

8．清理实验设备和场地。

六、实验注意事项

[1] 为了保护电加热管，必须先开风机，后开加热器，否则容易烧坏电加热管。

[2] 称重传感器属于贵重仪器且极易损坏，其负荷量只有 200g，放取托盘和毛毡时需小心，不能下压，以免损坏称重传感器。称重传感器在测量过程中要保持温度恒定，其测量零点受温度的影响较大。

[3] 要保证湿球温度计水槽内有足够的水,但水位只能达到漏斗底部,防止过量的水进入干燥器,使空气的状态变化。

七、实验数据记录与处理

表 6-25　干燥速率曲线的测定实验原始数据记录表

实验装置号____;托盘与干毛毡的总重量 G_2 =____g;托盘重量 G_t =____g;毛毡直径 d =____mm

序　号	干燥时间 τ /min	湿球温度 t_w /℃	干球温度 t /℃	托盘＋湿毛毡重 G /g
1				
2				
3				
...				

表 6-26　干燥速率曲线的测定实验数据处理表

干毛毡重 G_c =____g;干燥面积 A =____m²;湿球温度 t_w =____℃;湿球温度水的汽化潜热 r_w =____kJ/kg

序号	干燥时间 τ /min	干球温度 t /℃	湿毛毡重 G /g	自由含水量 X/（kg 水/kg 绝干物料）	干燥速率 u /[kg/(m²·s)]	对流给热系数 α /[W/(m²·K)]
1						
2						
3						
...						

注:只计算恒速干燥条件下的对流给热系数 α。

八、实验报告内容

1. 根据实验结果绘制干燥曲线和干燥速率曲线。
2. 根据干燥速率曲线,计算恒定干燥速率、临界自由含水量 X_c 和对流给热系数 α。
3. 列出计算示例。
4. 分析空气流量或温度对恒定干燥速率、临界自由含水量和对流给热系数的影响。

九、思考题

[1] 毛毡中的水是什么性质的水分?

[2] 实验过程中干球、湿球温度计是否变化?为什么?如何判断实验已经结束?

[3] 恒定干燥条件是指什么?本实验装置采用哪些措施保持干燥过程中恒定的干燥条件?

第 6 章　化工原理基础实验

[4] 如果空气流量加大或空气温度升高,物料厚度减薄,干燥曲线、干燥速率曲线、临界自由含水量有何变化?说明原因。

[5] 为什么在实验操作中要先开鼓风机送气,然后再通电加热?

[6] 在实验条件(70℃)下,湿毛毡经过很长时间的干燥,能否得到绝干的物料?说明原因。要得到绝干的物料,通常采用什么方法?

[7] 使用废气循环对干燥过程有何好处和不利之处?干燥热敏性物料,或易变形、开裂物料为什么使用废气循环进行干燥?实验过程如何调节新鲜空气和废气的比例?

[8] 在恒速和降速干燥阶段,分别除去的是什么性质的水分?

[9] 如果室外空气温度和干燥温度相同,下雨天与晴天相比,哪种天气下干燥速率快?为什么?

[10] 为了提高干燥速率,可采用什么方法?

▶▶▶▶ 参考文献 ◀◀◀◀

[1] 陈敏恒,从德滋,方图南,齐鸣斋编.化工原理(第三版).北京:化学工业出版社,2006.

[2] 谭天恩,窦梅,周明华等编著.化工原理(第三版).北京:化学工业出版社,2006.

[3] 宋长生.化工原理实验(第二版).南京:南京大学出版社,2010.

[4] 吴洪特.化工原理实验.北京:化学工业出版社,2010.

[5] 徐伟.化工原理实验.济南:山东大学出版社,2008.

[6] 王建成,卢燕,陈振主编.化工原理实验.上海:华东理工大学出版社,2007.

[7] 冯晖,居沈贵,夏毅.化工原理实验.南京:东南大学出版社,2003.

[8] 王雪静,李晓波主编.化工原理实验.北京:化学工业出版社,2009.

第7章 化工原理综合实验

实验16 吸收塔的操作及吸收传质系数测定综合实验

一、实验目的

1. 了解填料吸收塔的基本结构、流程及操作方法。
2. 了解吸收剂进口条件的变化对吸收操作结果的影响。
3. 掌握溶质吸收率 η 的测定方法。
4. 掌握总体积传质系数 $K_x a$ 的测定方法。
5. 了解气体空塔速度和液体喷淋密度对总体积传质系数 $K_x a$ 的影响。
6. 了解 CO_2 测定仪和气相色谱仪的使用方法。

二、实验原理

气体吸收是根据气体混合物中某些组分在吸收剂中的溶解度不同实现分离的一种方法。气体吸收是典型的分离均相混合物的传质过程之一。

在吸收过程中,吸收速率表征吸收过程的快慢程度。吸收速率的大小可用吸收速率方程式来计算,其表达式为:

$$吸收速率 = \frac{吸收过程的推动力}{吸收过程的阻力}$$

吸收推动力常用气相或液相对数平均浓度差表示,而吸收的阻力则是气相阻力和液相阻力之和。吸收速率方程是设计吸收设备不可缺少的关系式。

1. 难溶气体的吸收

由于 CO_2 气体无味、无毒、廉价,所以气体吸收实验常选择 CO_2 作为溶质组分。本实验采用水吸收空气中的 CO_2 组分。由于 CO_2 在水中的溶解度很小,CO_2 气体的吸收过程属于液膜控制。为了提高实验的测量效果,预先将一定量的 CO_2 气体通入空气,提高空气中的 CO_2 浓度。水吸收 CO_2 后,水中 CO_2 的浓度很低,所以吸收的计算方法可按低浓度气体吸收来处理。由于用水吸收空气中的 CO_2 属于液膜控制,所以本实验测定液相总体积传质系数 $K_x a$ 和液相传质单元高度 H_{OL}。

实验过程中,用转子流量计测定空气和水的体积流量,根据实验操作条件校正转子流量计测得的流量,换算成空气和水的摩尔流率。用 CO_2 测定仪或气相色谱法测定吸收塔塔底和塔顶气相中 CO_2 的组成 y_1 和 y_2,计算溶质吸收率 η。对于用清水吸收,入塔液

129

相中 CO_2 的浓度 $x_2 = 0$，由全塔物料衡算，计算出塔液相中 CO_2 的浓度 x_1。

$$\eta = \frac{y_1 - y_2}{y_1} \tag{7-1}$$

$$G(y_1 - y_2) = L(x_1 - x_2) \tag{7-2}$$

对于低浓度的气体吸收，可认为气液相平衡关系服从亨利定律，用如下的方程表示：

$$y_e = mx \tag{7-3}$$

由于是常压操作，相平衡常数 m 仅是温度的函数。见书后附录，查出在操作液相温度下 CO_2 的亨利常数 E，计算相平衡常数 $m(m = E/p$，p 为操作压强，可取 $p = 0.1\text{MPa})$。则吸收塔的填料层 H 为：

$$H = H_{OL} N_{OL} \tag{7-4}$$

液相体积传质系数 $K_x a$ 为：

$$K_x a = \frac{L}{H_{OL}} = \frac{q_V}{H_{OL}\Omega} \tag{7-5}$$

液相传质单元数 N_{OL} 可用对数平均推动力法计算。

$$N_{OL} = \frac{x_1 - x_2}{\Delta x_m} = \frac{x_1 - x_2}{\dfrac{\Delta x_1 - \Delta x_2}{\ln \dfrac{\Delta x_1}{\Delta x_2}}} = \frac{x_1 - x_2}{\dfrac{(y_1/m - x_1) - (y_2/m - x_2)}{\ln \dfrac{y_1/m - x_1}{y_2/m - x_2}}} \tag{7-6}$$

式中：L 为液体通过塔截面的摩尔流率，$\text{kmol}/(\text{m}^2 \cdot \text{s})$；$q_V$ 为液体摩尔流量，mol/s；Ω 为吸收塔的横截面积，m^2；$K_x a$ 为以 Δx 为推动力的液相总体积传质系数，$\text{kmol}/(\text{m}^3 \cdot \text{s})$；$H_{OL}$ 为液相总传质单元高度，m；N_{OL} 为液相总传质单元数，无因次；x_1、x_2 为吸收塔液相进出口浓度，摩尔分率；y_1、y_2 为吸收塔气体进出口浓度，摩尔分率。

液相总传质单元数 N_{OL} 的计算也可以采用吸收因数法计算，令吸收因数 $A = L/(mG)$，则：

$$N_{OL} = \frac{1}{1-A} \ln\left[(1-A)\frac{y_2 - mx_2}{y_1 - mx_1} + A\right] \tag{7-7}$$

式中：G 为气体的摩尔流率，$\text{kmol}/(\text{m}^2 \cdot \text{s})$。

其他难溶气体的吸收，如用水吸收空气中的 O_2，由于是液膜控制，可采用上述数据处理方法进行计算。对于难溶气体的解吸，如用空气解吸水中溶解的 O_2 或 CO_2，也可采用类似的方法处理实验结果，但计算时用解吸的方法。

2. 易溶气体的吸收

对于易溶气体，如用水吸收空气中的氨气、丙酮，由于吸收是气膜控制，则实验应该测定气相总体积传质系数 $K_y a$ 和气相传质单元高度 H_{OG}。计算过程如下：

$$N_{OG} = \frac{y_1 - y_2}{\Delta y_m} = \frac{y_1 - y_2}{\dfrac{\Delta y_1 - \Delta y_2}{\ln \dfrac{\Delta y_1}{\Delta y_2}}} = \frac{y_1 - y_2}{\dfrac{(y_1 - mx_1) - (y_2 - mx_2)}{\ln \dfrac{y_1 - mx_1}{y_2 - mx_2}}} \tag{7-8}$$

$$H_{OG} = \frac{H}{N_{OG}} \tag{7-9}$$

$$K_y a = \frac{G}{H_{OG}} = \frac{q_v}{H_{OG}\Omega} \tag{7-10}$$

式中：q_v 为气体的摩尔流量，mol/s。

气体和液体的流量测量和处理方法同上。对于用水吸收丙酮实验，用气相色谱仪测量吸收塔气相中丙酮的进出口浓度 y_1 和 y_2，以及液相中丙酮的出口浓度 x_1。用上面的公式计算气相总体积传质系数 $K_y a$ 和气相传质单元高度 H_{OG}。

三、实验内容

1. 在空气流量恒定的条件下，改变水的流量；在水流量恒定条件下，改变空气的流量，分别测量气体的进出、口浓度 y_1 和 y_2（或液体的出口浓度 x_1）。

2. 计算溶质吸收率 η 和总体积传质系数 $K_x a$（或 $K_y a$）。

3. 根据实验结果，分析操作条件的变化对吸收操作结果的影响及对总体积传质系数 $K_x a$（或 $K_y a$）的影响。

四、实验装置与流程

（一）水吸收 CO_2 的实验装置（难溶气体吸收）

吸收塔为高效填料塔，实验装置的规格见第 6 章实验 12 中的实验装置与流程。其中，二氧化碳钢瓶供给 CO_2，空气中 CO_2 含量用 CO_2 测定仪或气相色谱仪测量。

实验装置流程：来自管道的自来水经离心泵加压后送入高位槽，进入填料塔塔顶经喷头喷淋在填料层顶部。由鼓风机送来的空气和二氧化碳钢瓶来的二氧化碳，一起进入气体贮罐混合，经转子流量计计量后进入塔底，与水在塔内进行逆流接触，进行质量和热量的交换。由于本实验为低浓度气体的吸收，热量交换可略，整个实验过程看成是等温操作。实验流程如图 7-1 所示。

（二）水吸收丙酮的实验装置（易溶气体吸收）

吸收塔为普通填料塔，塔内径 35mm，塔内装有 $\phi 6mm \times 6mm \times 1mm$ 的瓷质拉西环，填料层高度 $250 \sim 450mm$。塔顶有液体分布器，塔底部有栅板式填料支承装置。填料塔底部有液封装置，以避免气体泄漏。气体用空气压缩机供给，空气中丙酮含量用气相色谱仪测量。

来自空气压缩机的空气，经压力定值器定值后，经过电加热器加热（注意：不能用明火加热），进入鼓泡器与丙酮水溶液鼓泡接触，用转子流量计计量，带有丙酮蒸气的空气进入填料塔底部，与水在塔内进行逆流接触，进行质量和热量的交换。吸收丙酮后的空气从塔顶排出。管道水送入密闭的水槽，用压缩空气将水压入填料塔塔顶，经转子流量计计量后，用喷头喷淋在填料层顶部。吸收丙酮后的水则经过液封装置从塔底排出。

由于本实验为低浓度气体的吸收，热量交换可略，整个实验过程看成是等温操作。实验流程如图 7-2 所示。

第 7 章　化工原理综合实验

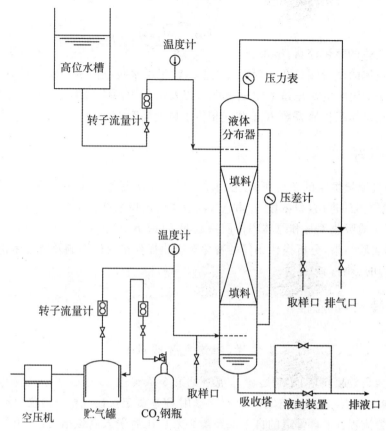

图 7-1 难溶气体吸收实验装置流程图

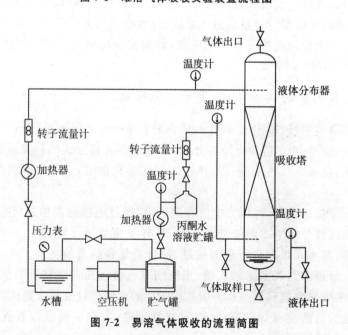

图 7-2 易溶气体吸收的流程简图

五、实验步骤

（一）水吸收 CO_2 的实验（难溶气体吸收）

1. 熟悉实验流程及涡流风机、CO_2 测定仪（或气相色谱仪）的结构、原理、使用方法及其注意事项。

2. 打开总电源开关，再打开仪表电源开关，将水送入高位槽。

3. 全开尾气放空阀，打开水调节阀门，让水进入填料塔润湿填料后，关闭水调节阀。

4. 打开气体管道旁路阀，启动鼓风机，调节空气流量至一定值。打开 CO_2 钢瓶总阀，缓慢调节钢瓶的减压阀，使 CO_2 的压强稳定在 $0.1\sim0.2MPa$，调节 CO_2 流量，使其稳定在某一值。

5. 再打开水调节阀到某一实验值，用塔底液封装置控制液位。调节塔底控制液位的排液阀，使塔底液位稳定在一定范围内，防止塔底液封过高而溢满至填料或过低造成气体直接泄气，影响实验结果的准确性。

6. 在空气流量、水流量和 CO_2 流量不变的条件下操作，稳定一段时间后，记录各流量计的读数、各温度及塔顶与塔底间的压差读数，利用 CO_2 测定仪（或气相色谱仪）分析塔顶、塔底气相组成。

7. 固定 CO_2 流量及液相流量，改变气相流量，测 4 组实验数据。固定气相流量及 CO_2 流量，改变液相流量，测 4 组实验数据。

8. 实验完毕，关闭 CO_2 调节阀、钢瓶减压阀和钢瓶总阀。关闭水调节阀，再关闭鼓风机，排净吸收塔内的空气和水，关闭仪表电源和总电源，清理实验场地。

（二）水吸收丙酮的实验（易溶气体吸收）

1. 熟悉实验流程及空气压缩机、气相色谱仪、阿贝折光仪的结构、原理、使用方法及其注意事项。

2. 打开总电源开关，再打开仪表电源开关，将管道水送入水槽。

3. 启动空气压缩机，待压缩机上的贮气罐压强稳定后，控制水槽内的空气压强。全开尾气出口阀和控制液封的液体排出阀，打开吸收塔液体进口阀，让水进入填料塔润湿填料，控制水的流量至某一实验值。

4. 打开吸收塔气体进口调节阀，调节空气流量至某实验值。当室温低于 20℃时，启动电加热装置，控制气体温度在 $20\sim30℃$ 左右；当室温超过 20℃，不要启动电加热装置。

5. 在空气和水流量不变的条件下稳定一段时间，记录流量、温度及塔顶与塔底间压差，用气相色谱仪测量吸收塔空气进口和水出口丙酮含量（水出口丙酮含量也可以用阿贝折光仪测量），但空气出口中丙酮浓度太低，故用普通气相色谱仪无法测量。

6. 固定液相流量，改变气相流量，测 4 组实验数据。固定气相流量，改变液相流量，测 4 组实验数据。（选做实验）固定液相和气相流量，改变水的温度，测 4 组实验数据。

7. 实验完毕，关闭电加热器和压缩机，再关闭气体进口阀，待水喷淋填料洗涤 5～

10min 后,再关闭水进口阀,排净吸收塔内的水,关闭仪表电源和总电源,清理实验场地。

六、实验注意事项

(一)水吸收 CO_2 的实验

[1] CO_2 钢瓶减压阀的开关方向与普通阀门开关方向相反,顺时针为开,逆时针为关。

[2] 填料塔操作条件改变后,需要保证流量有较长的稳定时间,一定要等流量稳定一段时间后方能读取有关数据。

[3] 由于 CO_2 在水中的溶解度很小,需保持空气中的 CO_2 浓度略大,若空气流量选择偏低,对实验的结果有较大影响,这是做好本实验的关键。

[4] 在实验过程中塔顶的放空阀要全开。

[5] 用塔底液封装置控制液位,一定要防止液封过高而溢满至填料或过低造成气体直接泄气,影响实验结果。

[6] 当吸收剂水进入吸收塔时,一定要将吸收塔底部排液阀打开,防止水涌入空气管道,进入鼓风机,从而损坏鼓风机。

(二)水吸收丙酮的实验

[1] 由于丙酮是易燃易爆化学品,空气加热器不能用带有明火的电加热丝加热。当室温大于 20℃,不要启动空气加热器。

[2] 由于丙酮的沸点比较低,加热器的空气出口温度不要大于 30℃,丙酮水溶液的浓度也不要大于 30%(质量分数),防止空气中丙酮浓度过高,影响实验数据处理的准确性。

[3] 填料塔操作条件改变后,需要保证流量有一定的稳定时间,方能读取有关数据。

[4] 实验过程中塔顶的放空阀和塔底控制液封的液体出口阀要全开,塔底的排液阀要关闭,防止塔底液封过高而溢满至填料或过低造成气体直接泄气,影响实验结果的准确性。

七、实验数据记录与处理

表 7-1　吸收塔的操作及吸收传质系数的测定实验原始数据记录表

实验装置号_____;塔径 D=_____mm;填料层高度 H=_____m;填料型号_____;
大气压=_____MPa;室温=_____℃

序号	压差 Δp /MPa	气相				液相			CO_2 流量/ (L/h)
		流量 /(m³/h)	温度 t_G /℃	y_1	y_2	流量 /(L/h)	温度 t_L /℃	x_1	
1									
2									

序号	压差 Δp /MPa	气相				液相			CO_2 流量/ (L/h)
		流量 /(m³/h)	温度 t_G /℃	y_1	y_2	流量 /(L/h)	温度 t_L /℃	x_1	
3									
4									
5									
6									
7									
8									

表 7-2　吸收塔的操作及吸收传质系数的测定实验数据处理表

塔径 $D=$ _____ mm；填料层高度 $H=$ _____ m；大气压 $=$ _____ MPa

项　目 　　　　序　号	1	2	3	4	5	6	7	8
气相流率 G/[kmol/(m² · h)]								
液相流率 L/[kmol/(m² · h)]								
气相进口浓度 y_1								
气相出口浓度 y_2								
液相出口浓度 x_1								
相平衡常数 m								
对数平均推动力 Δx_m 或 Δy_m								
吸收因数 A								
吸收效率 η								
传质单元数 N_{OL} 或 N_{OG}								
传质单元高度 H_{OL} 或 H_{OG}								
液相总体积传质系数 K_xa 或 K_ya/[kmol/(m³ · h)]								

八、实验报告内容

1. 将原始数据列表。计算总传质单元高度、总传质单元数和吸收总体积传质系数。

2. 列出一组数据计算示例。

3. 讨论气相溶质进口浓度 y_1、气相流量、液相流量变化对吸收传质过程的影响。

九、思考题

[1] 填料吸收塔塔底为什么要有液封装置？液封高度如何计算？液封装置如何设计？

[2] 测定总体积传质系数有什么意义？

[3] 当气体温度和液体温度不同时，用什么温度计算亨利系数比较理想？

[4] 从实验结果分析，丙酮和 CO_2 吸收过程属于液膜控制还是气膜控制？

[5] 为什么难溶气体吸收测量液相总体积传质系数 K_xa，而易溶气体吸收测量气相总体积传质系数 K_ya？从实验结果分析，气体流量或液体流量对总体积传质系数有何影响？

[6] 实验过程中，能否用自来水直接进塔代替高位水槽或水泵进料？

[7] 空气中混有液体丙酮，如何消除？对实验结果有何影响？

附表　丙酮水溶液的相平衡常数

表 7-3　丙酮水溶液的相平衡常数

液相浓度 x (mol/mol)	相平衡常数 m				
	10℃	20℃	30℃	40℃	50℃
0.01	0.894	1.58	2.67	4.34	6.81
0.02	0.888	1.51	2.47	3.93	5.98
0.03	0.886	1.47	2.35	3.64	5.44
0.04	0.855	1.41	2.22	3.42	5.11

注：相平衡常数 m 随组成的变化较小，随温度的变化比较大。在低浓度时，可认为 m 是常数，服从亨利定律。

▶▶▶▶ 参考文献 ◀◀◀◀

[1] 陈敏恒，从德滋，方图南，齐鸣斋编.化工原理（第三版）.北京：化学工业出版社，2006.

[2] 谭天恩，窦梅，周明华等编著.化工原理（第三版）.北京：化学工业出版社，2006.

[3] 王建成，卢燕，陈振主编.化工原理实验.上海：华东理工大学出版社，2007.

[4] 史贤林，田恒水，张平主编.化工原理实验.上海：华东理工大学出版社，2005.

[5] 徐伟.化工原理实验.济南：山东大学出版社，2008.

[6] 陈同芸，瞿谷仁，吴乃登.化工原理实验.上海：华东理工大学出版社，1989.

[7] 冯晖，居沈贵，夏毅.化工原理实验.南京：东南大学出版社，2003.

[8] 王雪静，李晓波主编.化工原理实验.北京：化学工业出版社，2009.

实验 17　筛板精馏塔精馏综合实验

一、实验目的

1. 熟悉精馏塔的基本结构和精馏过程的工艺流程,掌握连续精馏过程的基本操作。
2. 理解灵敏板的概念,掌握精馏塔灵敏板位置的测定方法。
3. 掌握精馏塔单板效率(默弗里板效率)的实验测定方法。
4. 通过精馏实验,理解回流比对精馏分离效率的影响。

二、实验原理

精馏操作的原理见第 6 章实验 13 中介绍的筛板精馏塔的操作与全塔效率的测定的实验内容。

精馏计算中,假设每块塔板为理论板,即离开每层塔板的液体和蒸气处于平衡状态,板效率等于 100%,但实际的单板效率低于理论板效率。因此可用单板效率表示塔板上传质偏离理论板传质的程度。单板效率常用默弗里板效率 E_m 表示,默弗里板效率可分为气相默弗里板效率 E_{mV} 和液相默弗里板效率 E_{mL}。

气相默弗里板效率的计算公式如下:

$$E_{mV} = \frac{y_n - y_{n+1}}{y_n^* - y_{n+1}} \tag{7-11}$$

液相默弗里板效率的计算公式如下:

$$E_{mL} = \frac{x_{n-1} - x_n}{x_{n-1} - x_n^*} \tag{7-12}$$

式中:y_n、y_{n+1} 为第 n、$n+1$ 块塔板上气相轻组分的浓度;y_n^* 为与第 n 塔板上液相浓度 x_n 相平衡的气相轻组分的浓度;x_{n-1}、x_n 为第 $n-1$、n 塔板上液相轻组分的浓度;x_n^* 为与第 n 塔板上气相浓度 y_n 相平衡的液相轻组分的浓度。

一般来说,同一塔板,气相与液相的板效率不相同,各塔板的液相板效率不相同,气相也不同。本实验中,由于乙醇‐水为非理想体系,实验测量 x_n、y_n 后,查乙醇‐水的气液相平衡相图,求出与之平衡的 y_n^*、x_n^*,即可计算默弗里板效率。

精馏过程中,由于从塔顶到塔底,塔板上轻组分的浓度不断下降,重组分浓度不断增大,所以各塔板上的温度不断上升。灵敏板是指塔板温度发生突变的某块塔板,通过测量所有塔板的温度,绘制温度变化曲线,可以确定灵敏板的位置。

精馏塔最重要的控制指标之一是回流比。对于一特定的精馏塔,加料板位置和塔板数不变,如果回流比变化,操作线与平衡线之间的距离发生变化,精馏操作的推动力变化,塔板的分离效果也随之变化,导致塔顶产品组成 x_D 和塔釜产品组成 x_W 变化。如果精馏操作保证进料量 F、进料浓度 x_F、进料热状态 q、回流温度、加热电压等因素不变,将回

第 7 章　化工原理综合实验

流比 R 增大,则 x_D 增加,x_w 下降,但馏出液量 D 减少,能耗也增大。反之则刚好相反。

一个正常的精馏塔受到外界干扰(R 或 x_F 发生波动),全塔的组成发生变化,温度分布也发生变化。因此可用测量温度的方法预示塔内组成,特别是塔顶馏出液组成的变化。

当压力不变时,塔内温度与组成是一一对应的。但是在高纯度分离时,典型的温度分布如图 7-3 所示。在塔顶或塔底各塔板上,温度和组成变化很小,因此不能用塔顶的温度变化控制塔顶的组成变化。

但是在精馏塔的中段(可能是精馏塔或提馏塔)某些塔板上,温度的变化很明显。这些塔板的温度对外界干扰因素的反映最灵敏,这些塔板就是灵敏板。将感温元件安装在灵敏板上可以比较早地觉察精馏操作所受到的干扰。而灵敏板比较靠近进料口,可在塔顶馏出液组成尚未产生变化之前先感受到进料参数的变动,并及时采取调节手段(通常是回流比 R),稳定馏出液的组成。

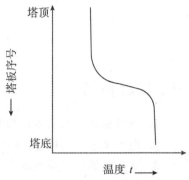

图 7-3　高纯度分离的全塔温度分布

三、实验内容

1. 测量全回流和部分回流状态下某板的单板效率(默弗里板效率)。
2. 其他实验条件不变,改变回流比,测量塔顶产品的组成 x_D。
3. 测定精馏塔的温度,确定灵敏板的位置。

四、实验装置与流程

本实验装置为不锈钢筛板精馏塔,见第 6 章实验 13 中的实验装置与流程,其中实验流程如图 6-25 所示,主要结构参数见实验装置一。

五、实验步骤

1. 配制 10% 和 20%(体积分数)左右的乙醇水溶液。
2. 打开精馏塔塔顶放空管阀门,关闭其他阀门,将 10% 的乙醇水溶液加入塔釜中,至釜容积的 2/3 处(玻璃液位计 4/5 处)。将 20% 的乙醇水溶液加入料液贮槽内,用气相色谱测量其浓度 x_F。
3. 打开塔顶冷凝器的冷却水,调节合适冷却水流量。打开回流管阀门,关闭塔顶出料管和料液进料管阀门,使全塔处于全回流状态。
4. 启动总电源后,先打开仪表电源,再打开电加热管电源。开始加热时可用 220V 的电压加热。
5. 当塔釜沸腾后注意观察塔釜的压强。当回流管内有液体回流,将加热电压调节到 80V 以下进行加热,开始全回流操作。在全回流操作时,精馏塔的操作条件不能改变。全回流操作 30min 后(塔底、塔顶温度稳定 15min 后即可测量),记录所有塔板的温度和加热电压。分别取样,测定相邻某塔板上气相和液相组成 y_n、y_{n+1} 和 x_{n-1}、x_n。

6. 气相和液相样品取样完毕,停止全回流操作。打开进料泵和进料阀,调节进料至适当的流量 F。控制塔顶回流量 L 和出料的流量 D,调节适当的回流比 $R(R=1\sim4)$。控制塔釜液体排出的流量 W,使进、出精馏塔的物料平衡。记录加热电压,冷却水流量,精馏塔操作的 R、D、L、W、F。

7. 当塔顶、塔底温度读数稳定一段时间(15min)后记录所有塔板的温度。对塔顶、塔釜取样,测定塔顶馏出液、塔釜残液的浓度。分别取样,测定相邻某塔板上气相和液相组成 y_n、y_{n+1} 和 x_{n-1}、x_n。

8. 其他参数不变,调节回流比。重复步骤 7 的操作。

9. 实验结束,关闭进料泵和进料阀,再关闭塔顶馏出液阀和塔釜排出液阀,全开回流阀。

10. 关闭加热电源,当塔内没有液体下降,关闭塔顶冷凝器的冷却水、仪表电源和总电源,回收塔顶产品以重复使用,清理实验现场。

六、实验注意事项

见第 6 章实验 13 的实验注意事项。

七、实验数据记录与处理

表 7-4 筛板精馏塔精馏综合实验原始数据记录表

实验装置号_____;开始釜液浓度 $x_W=$_____,料液浓度 $x_F=$_____;进料位置:第_____塔板;进料温度=_____℃;冷却水流量=_____ m^3/h

项 目 \ 操 作		全回流	回流比 $R=$___	回流比 $R=$___	回流比 $R=$___
加热电压/V					
进料温度/℃					
塔釜压强/kPa					
塔釜温度/℃					
塔板温度/℃	1				
	2				
	3				
	4				
	5				
	6				
	7				
	8				
	9				
	10				
F/(L/h)					
L/(L/h)					

续表

项目＼操作	全回流	回流比 $R=$ ___	回流比 $R=$ ___	回流比 $R=$ ___
$D/(\text{L/h})$				
$W/(\text{L/h})$				
x_D				
x_W				
y_{n+1}				
y_n				
x_n				
x_{n-1}				

表 7-5　筛板精馏塔精馏综合实验数据处理表

开始釜液浓度 $x_W=$ _____，料液浓度 $x_F=$ _____；进料位置：第_____塔板；进料温度＝_____℃

项目＼操作	全回流	回流比 $R=$ ___	回流比 $R=$ ___	回流比 $R=$ ___
灵敏板(第几块塔板)				
y_{n+1}				
y_n				
y_n^*				
x_n^*				
x_n				
x_{n-1}				
第 n 块板气相默弗里板效率 E_{mV}				
第 n 块板液相默弗里板效率 E_{mL}				
x_D				
x_W				

八、实验报告内容

1. 根据实验数据计算某塔板的气相和液相单板效率(默弗里板效率)。列出一组实验数据的计算示例。

2. 画出全塔的温度分布,确定灵敏板的位置,比较全回流操作和部分回流操作灵敏板的位置。

3. 其他实验操作条件不变,改变回流比 R,通过塔顶产品组成的变化分析回流比对精馏分离效果的影响。

九、思考题

[1] 全塔效率和单板效率有何不同？为什么要测量单板效率？同一塔板,液相单板效率和气相单板效率为什么不同？同一精馏塔不同塔板,液相单板效率为什么不相同？

[2] 回流比对精馏的分离效率有何影响？回流比增大,塔顶轻组分的浓度为什么增大？

[3] 精馏塔操作过程中,灵敏板温度是非常重要的参数之一,测量灵敏板温度的目的是什么？本实验中为什么灵敏板靠近塔釜？对于理想体系的精馏分离,灵敏板一般在什么位置？

[4] 精馏塔操作过程中,除了增大回流比外,如何提高塔顶轻组分的浓度？

[5] 为什么要测量全回流下的单板效率？回流比对单板效率有何影响？

▶▶▶▶ 参考文献 ◀◀◀◀

[1] 陈敏恒,从德滋,方图南,齐鸣斋编.化工原理(第三版).北京:化学工业出版社,2006.

[2] 谭天恩,窦梅,周明华等编著.化工原理(第三版).北京:化学工业出版社,2006.

[3] 史贤林,田恒水,张平主编.化工原理实验.上海:华东理工大学出版社,2005.

[4] 吴洪特.化工原理实验.北京:化学工业出版社,2010.

[5] 徐伟.化工原理实验.济南:山东大学出版社,2008.

[6] 雷良恒,潘国昌,郭庆丰.化工原理实验.北京:清华大学出版社,1994.

[7] 杨祖荣主编.化工原理实验.北京:化学工业出版社,2009.

实验 18　流化床干燥综合实验

一、实验目的

1. 了解流化床干燥装置的基本结构、工艺流程和操作方法。

2. 掌握物料在恒定干燥条件下,干燥曲线和床层温度随时间的变化曲线,掌握物料含水量 X_t 的测量方法。

3. 根据实验测量的干燥曲线绘制干燥速率曲线,掌握恒速阶段干燥速率、临界自由含水量 X_c、平衡含水量 X^* 的测定方法。

4. 研究干燥条件对于干燥过程特性的影响。

二、实验原理

在设计干燥器的尺寸或确定干燥器的生产能力时,被干燥物料在给定干燥条件下的干燥曲线、干燥速率曲线、临界自由含水量和平衡含水量等干燥特性数据是最基本的技术设计参数。由于实际生产中被干燥物料的性质千变万化,对于大多数具体的被干燥物料而言,其干燥特性数据常常需要通过实验测定而取得。

在工业干燥过程中,固体干燥有多种方法,其中以对流干燥方法应用最为广泛。对流干燥通常是用热空气或其他高温气体掠过物料表面,热气体介质向物料传递热量,同时物料中湿分蒸发扩散向介质,达到去湿的目的。

本实验采用流化床干燥器,热空气为干燥介质,水为被干燥的湿分,在恒定的干燥条件下,测定固体颗粒物料(可用绿豆、硅胶)的干燥曲线和干燥速率曲线,确定物料的临界自由含水量和平衡含水量。

1. 干燥特性曲线

在流化床干燥器中,湿的固体颗粒悬浮在大量的热空气流中,颗粒和热空气间进行传热和传质,从而令固体颗粒被干燥。在干燥过程中,固体颗粒中的水分不断蒸发减少,由于用大量空气干燥少量物料,可以认为湿空气在干燥过程中温度、湿度均不变,而气流速度以及气流与物料的接触方式不变,则称这种操作为恒定干燥条件下的干燥过程。如果将实验测定的物料自由含水量 X(用干基表示,kg 水/kg 绝干物料)与时间 τ 的关系,绘制成关系曲线,即为湿物料的干燥曲线,如第 6 章实验 15 中的图 6-27a 所示。物料自由含水量与时间关系曲线上各点的斜率即为干燥速率 u。将各点的干燥速率 u 与对应的物料自由含水量 X 绘制成曲线即为干燥速率曲线,如实验 15 中图 6-27b 所示。将床层的温度对时间作图,可得床层的温度与干燥时间的关系曲线。

干燥速率的定义为单位干燥面积(气固接触界面)、单位时间内被汽化的水量,即:

$$u = N_A = \frac{\mathrm{d}W}{A\mathrm{d}\tau} = -\frac{G_C\mathrm{d}X}{A\mathrm{d}\tau} \tag{7-13}$$

式中:u、N_A 为干燥速率,又称干燥通量,kg/(m² · s);A 为干燥表面积,m²;W 为干燥过程中被汽化的水量,kg;τ 为干燥时间,s;G_C 为绝干物料的质量,kg;X 为物料自由含水量,$X = X_t - X^*$,kg 水/kg 绝干物料;负号表示 X 随干燥时间的增加而减少。

2. 干燥过程的三个阶段

见第 6 章实验 15 中的实验原理部分。

3. 物料含水量 X_t、自由含水量 X 的分析

物料中含水量的分析方法有三种。方法一是用快速水分测定仪测定,实验过程中每隔 4min 取出 5～10g 左右的物料。将取出的湿物料用快速水分测定仪测定,得初始质量 G_i 和终了质量 G_C。则物料中瞬间含水量 X_i 为:

$$X_{ti} = \frac{G_i - G_C}{G_C} \tag{7-14}$$

方法二是利用床层的压降来测定干燥过程的失水量。实验的过程中,由于床层的压降 Δp 随时间减小,实验至床层压降(Δp_e)恒定为止。则湿物料瞬间自由含水量 X_i 为:

$$X_i = \frac{\Delta p - \Delta p_e}{\Delta p_e} \tag{7-15}$$

计算出每一时刻（每隔 2min 测量一次）的瞬间自由含水量 X_i，然后将 X_i 对干燥时间 τ_i 作图。由已测得的干燥曲线求出不同 X_i 下的斜率：

$$\frac{\mathrm{d}X_i}{\mathrm{d}\tau_i} = \frac{\Delta X_i}{\Delta \tau_i} = \frac{X_i - X_{i-1}}{\tau_i - \tau_{i-1}} \tag{7-16}$$

再由式(7-13)计算得到干燥速率 u，将 u 对 X 作图，就是干燥速率曲线。这是本实验采用的数据处理方法。

方法三是烘箱分析法。实验过程中每隔 4min 取出 5～10g 左右的物料，称量。将称量后的样品在 120℃ 的烘箱中烘干 3h，称其质量，计算物料中瞬间含水量 X_{ti}。

三、实验内容

1. 在恒定的干燥条件下测定湿物料干燥曲线(W-τ 曲线)、床层温度随时间变化的关系曲线(t_b-τ 曲线)和干燥速率曲线(u-X 曲线)。

2. 测定平衡含水量 X^*、临界自由含水量 X_c。

3. 改变空气流量或空气温度，测量 4 组实验数据。

四、实验装置与流程

流化床干燥实验装置由流化床干燥器、空气预热器、风机、转子流量计、温度控制器及有关测量仪表组成。实验装置流程如图 7-4 所示。实验装置的规格为干燥室：$\phi 100\mathrm{mm} \times 750\mathrm{mm}$；风机：220V/AC，550W，95m³/h；空气预热器：2.0kW；干燥物料：湿绿豆或耐水硅胶。

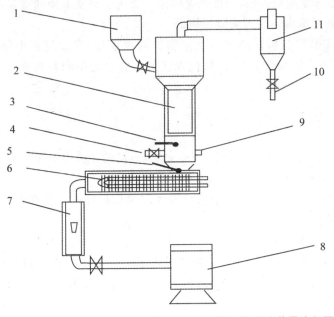

1—加料斗；
2—床层（可视部分）；
3—床层测温点；
4—取样口；
5—出加热器热风测温点；
6—风加热器；
7—转子流量计；
8—风机；
9—出风口；
10—排灰口；
11—旋风分离器

图 7-4 流化床干燥实验装置流程图

由风机送来的空气经过转子流量计和空气预热器加热后,经干燥器底部气体分布板分布后进入流化床干燥器,在干燥器的床层内将固体颗粒流化并进行干燥,湿空气经干燥器顶部排出,通过旋风分离器除尘后放空。固体湿物料经称重后由加料斗一次性加入流化床干燥器进行干燥实验。实验结束,固体物料经取样口全部排出并称重。

空气的流量由调节阀和旁路阀联合调节,用转子流量计计量。空气的温度由温度控制系统自动控制和调节。

五、实验步骤

1. 取一定量的耐水硅胶,在水中室温浸泡 30min(如用绿豆,则放入 60~70℃ 的热水中泡 30min),将 0.5~1kg 的湿物料用干毛巾吸干表面水分,称量后放入加料斗,待用。

2. 打开总电源,再打开仪表控制柜电源开关。

3. 打开风量调节阀和旁路阀,开启风机,调节风量至 40~60m³/h,打开空气预热器加热电源,设定热风温度在 60~70℃。固定空气流量,改变干燥温度,测 2 组实验数据;固定干燥温度,改变空气流量,测 2 组实验数据。

4. 当热风温度稳定在 60~70℃,将湿物料加入流化床,关闭进料阀,开始计时。每隔 2min 记录床层压差,同时记录空气流量、空气入口温度和床层温度。

5. 实验至床层压差恒定为止,关闭加热电源,关闭风机,取出干物料并称重,作为绝干物料总重 G_c。

6. 再打开风机,调节空气流量或设定空气温度,待空气温度稳定后重复上述实验过程。

7. 当实验全部结束,调节风量到最大值,给加热室降温。当床层温度下降到室温,关闭风机,再关闭仪表电源,切断总电源。清理实验现场。

注:用快速水分测定仪或烘箱分析法测定的是湿物料的含水量,实验过程中每隔 4min 取样 5~10g,实验时间控制在 40min 左右,分析方法见实验原理中物料含水量 X_t 的分析。

六、实验注意事项

[1] 实验开始时必须先开风机,后开电加热器;实验完毕,一定要先关掉电加热器,待空气温度下降到室温后,才可关闭风机,停止通风,以免加热管被烧坏。

[2] 实验过程中风机旁路阀不能关闭,防止小流量通风时风机损坏。切莫在旁路阀和调节阀关闭的状态下启动风机。

[3] 由于床层压降波动,读数要准确。

[4] 本实验装置的管路没有保温,目的是为了观察流化床干燥的全过程,热损失很大。由于没有保温,设备外侧的温度比较高,干燥过程的空气温度不要大于 70℃,防止烫伤。

七、实验数据记录与处理

表 7-6　流化床干燥实验原始数据记录表

实验装置号_____；床层内径 d =_____mm；固体物料类型_____；湿物料总重 G_0 =_____g；起始含水量 X_0 =_____kg 水/kg 绝干物料；空气流量 =_____m³/h；干燥器空气进口温度 =_____℃

序号	干燥时间 τ /min	床层温度 t_b /℃	床层压降/mH₂O			湿样品重* /g	干试样重* /g
			左	右	压差		
1							
2							
3							
...							

* 用快速水分测定仪或烘箱分析法测定湿物料含水量时采用。

表 7-7　流化床干燥实验数据处理表

固体物料类型_____；绝干物料总重 G_c =_____g；室温 =_____℃

序号	干燥时间 τ /min	床层温度 t_b /℃	自由含水量 X/ (kg 水/kg 绝干物料)	蒸发水总量 W /kg	干燥速率 u /[kg/(m²·s)]
0					
1					
2					
3					
...					

八、实验报告内容

1．根据实验测量的数据，绘制干燥曲线（W-τ 曲线）和床层温度随时间变化的关系曲线（t_b-τ 曲线）。

2．根据干燥曲线绘制干燥速率曲线。

3．读取物料的临界自由含水量。

4．对实验结果进行分析讨论。

九、思考题

[1] 什么是恒定干燥条件？本实验装置中采用了哪些措施来保持干燥过程在恒定干燥条件下进行？

[2] 控制恒速干燥阶段速率的因素是什么？控制降速干燥阶段干燥速率的因素又是什么？

〔3〕为什么要先启动风机,再启动加热器？实验过程中床层温度如何变化？为什么？如何判断实验已经结束？

〔4〕若加大或减少热空气流量,干燥速率曲线有何变化？恒速干燥速率、临界含水量又如何变化？为什么？

〔5〕流化床干燥器与洞道干燥器各适用于什么物料？流化床干燥器为什么能强化干燥？

▶▶▶▶ 参考文献 ◀◀◀◀

〔1〕陈敏恒,从德滋,方图南,齐鸣斋编.化工原理(第三版).北京:化学工业出版社,2006.

〔2〕谭天恩,窦梅,周明华等编著.化工原理(第三版).北京:化学工业出版社,2006.

〔3〕史贤林,田恒水,张平主编.化工原理实验.上海:华东理工大学出版社,2005.

〔4〕杨祖荣主编.化工原理实验.北京:化学工业出版社,2009.

〔5〕徐伟.化工原理实验.济南:山东大学出版社,2008.

〔6〕雷良恒,潘国昌,郭庆丰.化工原理实验.北京:清华大学出版社,1994.

〔7〕北京大学,南京大学,南开大学编写.化工原理实验.北京:北京大学出版社,2004.

实验 19 膜分离综合实验

一、实验目的

1. 了解膜组件的结构,熟悉膜分离的工艺流程,掌握膜分离过程的工作原理。
2. 比较各种膜分离过程的异同,了解各种膜组件的污染和清洗方法。
3. 熟悉膜分离过程的主要工艺参数,测量料液浓度、操作压力和流量等对膜分离性能的影响。
4. 掌握膜组件分离性能的表征方法和测量方法。
5. 掌握电导率仪、紫外分光光度计等检测方法。

二、实验原理

借助于膜而实现各种分离过程称为膜分离。如果在一个流体相内或两个流体相之间有一薄层凝聚相物质把流体分隔成两部分,则这一薄层物质就是膜。膜本身可以是均相,也可以是由两相以上的凝聚态物质所构成的复合体。凝聚相的膜可以是固态、液态和气态。

膜分离技术是以对组分具有选择性透过功能的膜为分离介质,通过在膜两侧施加推动力,允许某些组分选择性地透过膜而保留混合物中其他组分,达到混合物的分离,实现产物的提取、浓缩、分离或富集等目的的一种新型高效分离技术。膜分离的推动力可以是压差、浓度差、电位差、温度差等。膜分离过程有多种,不同的过程所采用的膜及施加的推动力不同,通常称进料液流侧为膜上游、透过液流侧为膜下游。

微滤(MF)、超滤(UF)、纳滤(NF)与反渗透(RO)都是以压差为推动力的膜分离过程。当在膜两侧施加一定的压差时,溶剂或小于膜孔径的溶质分子或颗粒透过膜,而微粒、大分子、盐等被膜截留,从而达到分离的目的。截留程度取决于溶质颗粒或分子的大小及膜的结构。以上四种膜分离过程没有明确的界限,溶质或多或少被截留,截留物质的粒径在某些范围内相互重叠。四种膜的分离过程的主要区别在于被分离溶质粒子或分子的大小和所采用膜的结构与性能。从微滤、超滤、纳滤到反渗透,膜分离的粒子尺寸越来越小,对应膜的孔径也越来越小,传质阻力不断增大,获得相同通量所需要的操作压差也越来越大。

1. 常见的膜组件

(1) 微滤

微滤又称精密过滤,是深层过滤技术的发展。微滤过程中,被膜所截留的通常是颗粒状的杂质,可将沉积在膜表面上的颗粒层视为滤饼层,其实质与常规过滤过程近似,主要用于除去液相中直径大于 $0.1\mu m$ 的微粒和细菌。微滤膜多为对称微孔膜,膜的厚度为 $10\sim150\mu m$,膜的孔径为 $0.05\sim10\mu m$,操作压差为 $0.01\sim0.2MPa$。

(2) 超滤

超滤的分离机理主要是多孔膜的筛分作用。膜表面具有无数个微孔,这些实际存在的不同孔径的孔眼像筛子一样,截留分子直径大于孔径的溶质和颗粒,而溶剂透过膜孔,达到分离的目的。决定截留效果的主要是膜的表面活性层上孔的大小与形状,大分子溶质在膜的表面及孔内的吸附和滞留虽然也起到截留作用,但容易使膜污染。在操作过程中必须采用适当的流速、压力、温度等条件并定期清洗,减少膜的污染。

超滤是介于微滤和纳滤之间的一种膜分离过程,广泛应用于将大分子组分与小分子组分进行分离的场合,如从溶液中分离大分子、胶体或直径小于 $0.1\mu m$ 的微粒(如蛋白质、酶、病毒)。超滤膜一般为不对称膜,由具有截留分离功能的表皮层和具有较大机械强度的多孔支撑层构成。超滤膜的表皮层一般只有 $0.1\sim1\mu m$,其孔径为 $0.05\sim10\mu m$,超滤过程所需要的压差为 $0.1\sim0.5MPa$。

超滤膜一般由高分子材料和无机材料制备。选择具有适当孔径的超滤膜,可以用超滤进行不同相对分子质量和形状的大分子物质的分离。

(3) 纳滤

纳滤的工作原理与超滤相似。纳滤过程界于超滤和反渗透两者之间,其截留的粒子相对分子质量通常在几百到几千之间。纳滤膜的脱盐率及操作压力通常比反渗透低,一般用于分离溶液中相对分子质量为几百至几千的物质。

(4) 反渗透

反渗透是一种依靠外界压力使溶剂从高浓度侧向低浓度侧渗透的膜分离过程。当液位高度等同的纯水与盐水用一张能透过水的半透膜隔开时,纯水透过膜向盐水侧渗透,过程的推动力是纯水和盐水的化学位之差,表现为水的渗透压。随着水的不断渗透,盐水侧水位升高,这一现象称渗透。当水的渗透过程达到稳定后,盐水侧的液位高度不再升高,盐水侧与纯水侧的位能差就是盐水的渗透压,此时,宏观渗透为零。如果在盐水侧加压,使盐水侧与纯水侧压差大于盐水的渗透压,则盐水中的水将通过半透膜反向流向纯水侧,这一过程就是所谓的反渗透。

反渗透常被用于截留溶液中的盐或其他小分子物质,所施加的压差与溶液中溶质的相对分子质量及浓度有关,通常的压差在2MPa左右,也有高达10MPa的;反渗透可用于从水溶液中将水分离出来,海水和苦咸水的淡化是其最主要的应用,但目前也在向其他应用领域扩展。反渗透膜均用高分子材料制成,已从均质膜发展至非对称复合膜,膜的制备技术相对比较成熟,其应用亦十分广泛。

反渗透、超滤和微滤均是以压差作为推动力的膜分离过程,它们组成了可以分离溶液中的离子、分子、固体微粒这样一个三级分离过程。应根据所要分离物质的不同,选用不同的方法。

2. 膜组件的分离透过性能

膜组件的分离透过性,通常用膜的截留率 R、透过通量 J、溶质浓缩倍数 N 和截留物的相对分子质量等参数表示。

(1)截留率 R

截留率 R 指分离后被分离物质的截留百分率。

$$R = \frac{c_0 - c_P}{c_0} \times 100\% \tag{7-17}$$

式中:c_0、c_P 分别表示料液主体和透过液中被分离物质(盐、微粒或大分子等)的浓度,常用单位为 $kmol/m^3$。

对于不同溶质成分,在膜的正常工作压力和温度下,截留率不尽相同,因此这也是工业上选择膜组件的基本参数之一。

(2)透过通量(速率)J

透过通量(速率)J 指单位时间、单位膜面积上透过物质的量,常用单位为 $kmol/(m^2 \cdot s)$。

$$J = \frac{q_{VP}}{A} = \frac{V_P}{A\tau} \tag{7-18}$$

式中:q_{VP} 为透过液体积流量,m^3/s;V_P 为透过液体积,m^3;A 为膜面积,m^2;τ 为操作时间,s。

把透过液作为产品的某些膜分离过程中,如污水净化、海水淡化等,常用透过液体积流量 q_{VP} 来表征膜组件的工作能力。一般膜组件出厂,均有纯水通量这个参数,即用日常自来水(含钙、镁离子等溶质)通过膜组件而得出的透过通量。

由于操作过程中膜的压密、堵塞等多种原因的影响,膜的透过通量随时间增长而衰减。透过通量与时间的关系一般服从下式:

$$J = J_0 \tau^m \tag{7-19}$$

式中：J_0 为操作初始时的透过通量，$kmol/(m^2 \cdot s)$；τ 为操作时间，s；m 为通量衰减指数。

（3）溶质浓缩倍数 N

溶质浓缩倍数 N 指溶液经膜分离后浓缩液和透过液的浓度之比。

$$N = \frac{c_R}{c_P} \tag{7-20}$$

式中：c_R、c_P 分别为浓缩液和透过液的浓度，$kmol/m^3$。

该值比较了浓缩液和透过液的分离程度，在某些以获取浓缩液为产品的膜分离过程中（如大分子提纯、生物酶浓缩等），是重要的表征参数。

（4）截留物的相对分子质量

当分离溶液中大分子时，截留物的相对分子质量在一定程度上反映了膜孔的大小。但是通常多孔膜的孔径大小不一，被截留物的相对分子质量将分布在某一范围内，所以一般取截留率为 90％ 的物质的相对分子质量称为膜的截留物的相对分子质量。

截留率 R、透过通量 J 和溶质浓缩倍数 N 与总流量 q_V 有关，实验者需在不同的流量下，测定原料中初始溶质浓度、透过液中溶质浓度、浓缩液中溶质浓度、透过液体积流量，膜面积由实际设备确定。最后在坐标图上绘制截留率 R-流量 q_V、透过通量 J-流量 q_V 和溶质浓缩倍数 N-流量 q_V 的关系曲线。

三、实验内容

1. 测定不同流量下的原料初始浓度、透过液浓度、浓缩液浓度、透过液体积流量。
2. 绘制溶质浓度与电导率、吸光度的标准曲线。
3. 绘制截留率 R 与流量 q_V、透过通量 J 与流量 q_V、溶质浓缩倍数 N 与流量 q_V 的关系曲线。

四、实验装置与流程

实验装置均为科研用膜，在超低压条件下使用，透过通量和最大工作压强均低于工业化膜的性能，实验中不可令膜组件在超压状态下工作。膜分离装置主要工艺参数如表 7-8 所示。

表 7-8　膜分离装置主要工艺参数

膜组件	膜材料	膜面积/m^2	最大工作压强 MPa
微滤	聚丙烯混纤	0.5	0.15
超滤	聚砜聚丙烯	0.1	0.15
纳滤	芳香聚纤胺	0.4	0.7
反渗透	芳香聚纤胺	0.4	0.7

对于微滤过程，可选用 100 目左右 1％（质量分数，下同）的碳酸钙，或 2％双飞粉的悬浮液，作为实验的料液。透过液用烧杯接取，观察随料液浓度或流量变化，透过液侧清澈程度的变化。

超滤可分离相对分子质量为 5×10^4 级别的大分子。本实验选用相对分子质量为 $6.7\times10^4\sim6.8\times10^4$ 的牛血清白蛋白配成 0.02％的水溶液作为料液,浓度分析采用紫外分光光度计,吸收波长为 280nm,通过标准曲线(作浓度-吸光度标准曲线)求出实际牛血清白蛋白浓度。牛血清白蛋白溶液泡沫较多,分析时取底下液体即可。

纳滤和反渗透均可分离相对分子质量为 100 级别的离子,用 0.5％的硫酸钠水溶液为料液,浓度分析采用电导率仪,通过浓度-电导率值标准曲线获取实际浓度值。

本实验将四个膜分离过程并联于同一套管路装置,通过预过滤器,然后经公共料液线、轻液线和浓液线,进行分离。实验中,针对不同膜组件,选用各自适用的料液,逐个进行单回路实验。当换作另一组膜实验时,应重新清洗管路,防止不同的实验溶质对不同膜性能的影响。实验完毕,必须对膜组件进行反清洗,以去除浓差极化效应而使膜恢复正常分离性能。清洗后将 0.5％～1.0％的甲醛保护液添加于各膜组件中,防止膜组件上有微生物生长,保护膜组件。膜分离实验装置流程如图 7-5 所示。

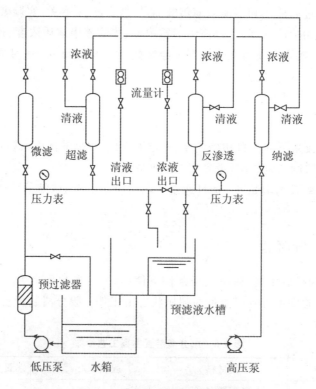

图 7-5　膜分离实验装置流程图

五、实验步骤

(一)微滤

在水箱中加满料液后,打开低压泵回流阀和出口阀,打开微滤料液进口阀和微滤清液出口阀,则整个微滤单元回路已畅通。

调节低压泵回流阀和低压料液泵出口阀,控制料液通入流量,从而保证膜组件在正常压强下工作。调节料液流量,观察清液浓度变化。当流量、压强稳定后,记录相应的实验数据。实验结束,用清水反冲过滤膜,然后关闭清液、浓液出口阀,再关闭进口阀、低压料液泵。

(二)超滤

在水箱中加满料液,打开低压泵回流阀和出口阀,打开超滤料液进口阀、超滤清液出口阀和浓液出口阀,则整个超滤单元回路已畅通。

调节低压泵回流阀和出口阀,控制料液通入流量,从而保证膜组件在正常压强下工作。调节浓液或清液流量,观察清液浓度变化。当流量、压强稳定后,记录相应的实验数据。实验结束,用清水反冲过滤膜,然后关闭清液、浓液出口阀,再关闭进口阀、低压泵。

(三)纳滤和反渗透

在水箱中加满料液后,打开低压泵回流阀和出口阀,则预滤液存于预滤液水槽的回路已畅通。当预滤液水槽有一定的水量后,打开高压泵回流阀,启动高压泵,打开浓液、清液出口阀,再打开纳滤或反渗透料液进口阀,则整个纳滤或反渗透单元回路已畅通。

调节低压泵回流阀和出口阀,控制预过滤器的压强。调节高压泵回流阀,控制纳滤。调节纳滤或反渗透料液流量或浓液流量,控制实验的操作压强,当流量稳定时取样分析。

实验结束,用清水反冲过滤膜,然后关闭清液、浓液出口阀,再关闭进口阀、高压泵、低压泵。

六、实验注意事项

[1] 每个实验单元分离过程前,均应用清水彻底清洗该段回路,方可进行料液实验。清水清洗管路可仍旧参照实验单元回路,对于微滤组件则可拆开膜外壳,直接清洗滤芯,对于另三个膜组件则不可打开,否则膜组件和管路重新连接后可能造成漏水。

[2] 整个单元操作结束后,先用清水清洗管路,之后用 $0.5\%\sim1\%$ 的甲醛溶液,经保护液泵逐个将保护液打入各膜组件中,使膜组件浸泡在保护液中。

[3] 对于长期使用的膜组件,由于吸附杂质较多,浓差极化明显,膜分离性能显著下降。对于预滤和微滤组件,采取更换新内芯的手段。对于超滤、纳滤和反渗透组件,先采取反清洗,令低浓度的料液从透过液侧进入膜组件,关闭浓缩液侧出口阀,使料液反向通过膜内芯而从物料进口侧出液,料液可溶解部分溶质而减少膜的吸附。

[4] 若反清洗后膜组件仍无法恢复分离性能,则表示表面膜组件使用寿命已到尽头,需更换新内芯。

第 7 章 化工原理综合实验

七、实验数据记录与处理

表 7-9　膜分离实验原始数据记录表

实验装置号_____;膜的型号_____;实验介质_____;操作压强＝_____MPa;水温＝_____℃

序号	浓液 q_{VP} /(L/h)	清液 q_{VR}/(L/h)	c_0 (电导率或吸光度)	c_P (电导率或吸光度)	c_R (电导率或吸光度)	膜面积 S /m²
1						
2						
3						
...						

表 7-10　膜分离实验数据处理表

膜的型号_____;膜面积 S＝_____m²;水温＝_____℃

序号	c_0 /(g/L)	c_P /(g/L)	c_R /(g/L)	总流量 /(L/h)	清液流量 q_{VP} /(L/h)	截留率 R /%	透过通量 J /[L/(m²·h)]	溶质浓缩倍数 N
1								
2								
3								
...								

八、实验报告内容

1. 绘制溶液浓度与电导率(或吸光度)的标准曲线。

2. 在坐标图上绘制截留率 R-总流量 q_V、透过通量 J-总流量 q_V 和溶质浓缩倍数 N-总流量 q_V 的关系曲线。

3. 列出一组数据计算示例。

4. 对实验结果进行分析讨论。

九、思考题

[1] 膜分离过程的一般研究内容和思路是什么?

[2] 实验中为什么要对原料液进行预过滤?

[3] 使用不同料液实验时,为什么必须对膜组件及相关管路进行彻底清洗?

[4] 影响膜分离效果的因素有哪些?

[5] 实验结束后,为什么要用 0.5%～1%的甲醛溶液保护膜组件?

[6] 什么是浓差极化?对于长期使用的膜组件,膜分离性能为什么会显著下降?

▶▶▶▶ 参考文献 ◀◀◀◀

[1] 陈敏恒,从德滋,方图南,齐鸣斋编.化工原理(第三版).北京:化学工业出版社,2006.

[2] 谭天恩,窦梅,周明华等编著.化工原理(第三版).北京:化学工业出版社,2006.

[3] 宋长生.化工原理实验(第二版).南京:南京大学出版社,2010.

[4] 王建成,卢燕,陈振主编.化工原理实验.上海:华东理工大学出版社,2007.

[5] 徐伟.化工原理实验.济南:山东大学出版社,2008.

[6] 北京大学,南京大学,南开大学编写.化工原理实验.北京:北京大学出版社,2004.

第 7 章 化工原理综合实验

第 8 章　化工实验常用的测量仪表

　　化工实验常用的测量仪表一般以测量温度、压力、流量和液位等参数居多,虽然其品种较多,但从化工仪表的组成来看,基本上由三部分组成,即检测环节、传送放大环节和显示部分。这些测量仪表的准确度对实验结果影响最大,因此化工仪表的选用应该符合化工生产和化工实验的需要,设计合理,经济实用,准确可靠。本章就化工实验室测量温度、压力、流量所用仪表的原理、性能、使用及安装条件等,作一些简要的介绍,使学生能正确地使用化工仪表,测得准确的实验数据,降低测量误差。

8.1　压强和压差测量

　　在化学工业生产与有关的化工实验中,经常遇到液体静压强的测量问题。测量的压强或压差的数值,既是化工生产或化工实验过程中的重要参数,又是安全生产或实验安全的控制关键。例如对于在精馏、吸收等化工单元操作中所用的塔设备,需要测量和控制塔顶、塔釜的压强,以便了解塔设备是否正常。在化工原理实验中,管道流体流动阻力实验需要测量流体通过管道的压降,离心泵特性曲线实验需要测量泵进、出口的压强,传热实验需要控制水蒸气的压强。在精细化工生产中,反应器压强的测量和控制,硝基苯加氢反应中氢气压强的控制等都非常重要。为了便于压强的观察、记录和远程传送等,还需要用压强变换器来测量压强。压强测量仪表种类较多,按工作原理不同,可分为液柱式压差计、弹性式压力计、电测压力计等。下面介绍实验室中常用的两种压力计。

8.1.1　液柱式压差计

　　液柱式压差计是基于流体静力学原理设计的,利用液柱高度和被测介质压强相平衡的原理制成的测压仪表。常见的液柱式压力计有 U 形管压差计、单管压差计和倾斜式压差计等。常用的测压介质为水、酒精和水银,一般用于低压、负压和压差的测量。液柱式压差计既可用于流体压强的测量,又可用于流体压差的测量,用于压差测量的压力计又称压差计。

　　液柱式压差计的优点是结构简单,灵敏度和精确度高,常用来校正其他类型的压差计;缺点是体积大,反应慢,难以自动测量。

　　1. U 形管压差计

　　如果所测压差不大,则在实验室常使用玻璃 U 形管压差计(图 8-1)。其结构简单,制作方便,读数直观,价格低廉。U 形管压差计由一根"U"字形玻璃管和位置在其中间的刻度标尺构成,管内指示液充到刻度标尺的零点处。

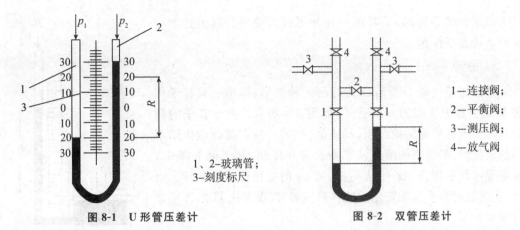

图 8-1 U 形管压差计

1、2–玻璃管；
3–刻度标尺

1—连接阀；
2—平衡阀；
3—测压阀；
4—放气阀

图 8-2 双管压差计

U 形管压差计在使用前指示液处于平衡状态，其两端连接两个测压点。如果两端的压强不同，则管内一边的液柱下降，另一边的液柱上升，重新达到平衡状态。这时两边液面的高度差为 R，根据流体静力学原理，则：

$$p_1 - p_2 = gR(\rho_0 - \rho) \tag{8-1}$$

式中：ρ_0 为 U 形管内指示液的密度，kg/m^3；ρ 为管路中流体的密度，kg/m^3；p_1 为作用于 U 形管左端的压强，Pa；p_2 为作用于 U 形管右端的压强，Pa；g 为重力加速度，m/s^2；R 为 U 形管左、右两边液面高度差，m。

实验室常用的双管压差计即为 U 形管压差计的一种，其结构如图 8-2 所示。使用这种压差计时，首先应打开平衡阀 2，然后打开测压阀 3，最后打开放气阀 4，进行排气操作。在确信已无气泡后，应先关闭放气阀 4，再关闭平衡阀 2，此时压差计才可投入使用。若违反上述操作步骤，可能导致两端压差过大，而将指示液（如水银）冲走。

许多 U 形管压差计没有连接阀，有些没有平衡阀，则排气时应同时缓慢打开或关闭两个放气阀 4，否则测压管两侧易引起较大的压差而冲走指示液（如水银）。

2. 倒 U 形管压差计

将 U 形管压差计倒置，即形成如图 8-3 所示的倒 U 形管压差计。它一般用于液体压差小的场合。这种压差计的优点是不需要另加指示液，直接用待测液体为指示液。设待测液体的密度为 ρ_1，则压差值为：

$$p_1 - p_2 = gR(\rho_1 - \rho_{空气}) = R\rho_1 g \tag{8-2}$$

使用倒 U 形管压差计时应注意调节液体柱的高度，以便能测量到最大量程。若液柱太高，可关闭测压阀，打开底部阀门放掉一部分液体，再连通测压阀，投入使用；若液柱太低，则应压入少量液体，置换一部分空气。

液体柱的调节方法为：首先关闭测压阀，打开平衡阀，打开放气阀，打开排液阀排除倒 U 形管内的液体，玻璃管吸入空气；排尽液体后，关闭排液阀和放气阀，同时缓慢打开测压阀，当液

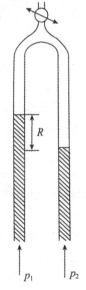

图 8-3 倒 U 形管压差计

第 8 章 化工实验常用的测量仪表

位平衡后关闭平衡阀，此时压差计才可投入使用。以上过程在泵启动状态下操作。

3. 单管压差计

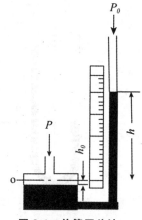

图 8-4　单管压差计

单管压差计是 U 形管压力计的一种变形，即用一只杯子代替 U 形管压力计中的一根管子，如图 8-4 所示。由于杯子的截面积远大于玻璃管的截面积（其比值＞200），故在其两端作用不同的压强时，细管侧的液柱从平衡位置升高 h_1，杯子侧下降 h_2，根据等体积原理，h_1 比 h_2 大得多，故 h_2 的变化可忽略不计。因此，在读数时只需读细管侧的液柱高度即可，误差比 U 形管压差计减少一半。

4. 倾斜式压差计

倾斜式压差计实际上是单管压差计的变形，如图 8-5 所示。它是把与杯子相连接的玻璃管做成与水平方向成一夹角 α 的倾斜式的管子，以便能反映出微小压差的变化。这种压差计一般用来测量微小的压差和负压，常用的指示液为酒精。

有的倾斜式压差计的管柱角度 α 可以调节（但 α 不得小于 15°），它使读数放大了 $1/\sin\alpha$ 倍，即 $R'=R/\sin\alpha$，使读数的精确度提高。

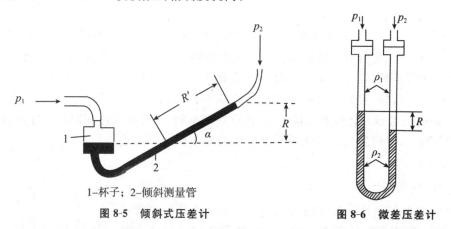

1–杯子；2–倾斜测量管

图 8-5　倾斜式压差计　　　　图 8-6　微差压差计

5. 微差压差计

当流体的压差很小，特别是气体造成的小压差，常用微差压差计测量，其结构如图 8-6 所示。在 U 形管内装两种互不相溶、密度相近的指示液 ρ_1、ρ_2，在 U 形管两臂上设一个截面积远大于 U 形管截面积的扩大室，用来提高测量精度。

测量过程中，如果液体达到平衡，根据流体静力学的原理，压差的值为：

$$\Delta p = p_2 - p_1 = Rg(\rho_2 - \rho_1) \tag{8-3}$$

为了提高测量精度，需要增大读数 R 的值，可以通过降低 $\rho_2 - \rho_1$ 的值实现，即两指示液的密度应该相近。

U 形管的直径不宜太小，否则容易出现毛细管现象，降低测量精度，因此要求 U 形管的直径大于 5mm。

6. 使用液柱式压差计时的注意事项

液柱式压差计虽然构造简单,使用方便,测量准确度高,但耐压程度差,容易破碎,测量范围小,示值与工作液体的密度有关,故在使用时需要注意一些问题。

(1) 被测压强不能超过仪表测量范围。

(2) U 形管内指示液的高度约为 U 形管高度的一半,指示液最好处于零位。指示液不能与测量介质反应,两者互不相溶,且最好还有不同的颜色,便于观察读数。

(3) 只能用于低压或负压体系,如果 U 形管一侧与大气相通,则测量出的压差为表压。

(4) U 形管压差计必须垂直安装,校正零点,同时避免过热、过冷和振动,防止测压管损坏。

(5) 为了防止指示液(特别是水银)流失,每次启动或关闭泵和风机时,应打开平衡阀,关闭测压阀。

(6) 由于液体的毛细现象,在读取数值时,视线应在液柱面上,观察水时应看凹面处,观察水银时应看凸面处。

(7) 在使用过程中保持测量管和刻度标尺的清晰,定期清洗测压管,更换工作液。

8.1.2 弹性式压力计

弹性式压力计又名弹性式压强计,是利用各种形式的弹性元件受压后产生弹性形变的原理而制成的测压仪表。这种仪表具有结构简单、牢固可靠、使用方便、读数清晰、价格低廉、测量范围大以及精度高等优点。常用的弹性元件有薄膜式、波纹管式、弹簧管式等几类,其中以弹簧管压力计用得最多。

1. 弹簧管压力计

弹簧管压力计是工业上应用最广泛的一种侧压仪表,它主要由弹簧管、齿轮传动机构、示数装置(指针和分度盘)和外壳等部分组成,其结构如图 8-7 所示。弹簧管压力计的测量元件是弹簧管,是一根弯成 270°圆弧的椭圆形截面的空心金属管。管子的自由端封闭,另一端固定在接头上,与测压点相连。受压后,由于椭圆形截面在压力作用下趋于圆形,弹簧管产生向外伸直的扩张变形,从而在自由端产生位移(见图 8-7b 中 B 点),带动机械传动装置使指针显示相应的压强值。该压力计用于测量正压,称为压力表;测量负压时,称为真空表。

1–指针;
2–金属弹簧管;
3–接头;
4–拉杆;
5–扇形齿轮;
6–壳体;
7–基座

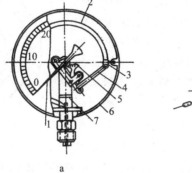

图 8-7 弹簧管压力计

选用弹簧管压力计时,要注意工作介质的物性和量程。如测量氨气压强,必须采用不锈钢弹簧管,而不能采用铜质材料;测量氧气压强时,压力计应严禁粘有油脂。工作介质的物性决定压力计的选材。为了保证弹簧元件能在弹性形变的安全范围内可靠地工作,在选择压力计的量程时,必须考虑留有足够的余地。目前常见弹簧管压力计的量程有 0.1、0.16、0.25、0.4、0.6、1、1.6、2.5、4、6、10、16、25、40、60MPa 等。一般而言,操作指示值在被测压力较为稳定的情况下,最大值不超过满量程的 3/4,指示值在满量程的 2/3 比较理想;在被测压强波动较大的情况下,最大值应不超过满量程的 2/3,指示值在满量程的 1/2 比较理想。

选用弹簧管压力计时,还要注意所选仪表的精度等级,在表盘下方小圆圈中的数字代表该压力计的精度等级。一般选用 1 级或 1.5 级即可,测量要求比较高的场合可选用 0.4 级以上。

2. 使用弹性式压力计时的注意事项

(1)要注意工作介质的物理性质。测量易爆、腐蚀、有毒流体的压强时,应使用专用的仪表,如氨用压力计、氧气压力计。

(2)仪表安装处与测压处间的距离应尽量短,以免指示迟缓。

(3)仪表必须垂直安装,并无泄露现象。

(4)仪表安装处有振动时必须采取减振措施,如加缓冲器、缓冲圈及压力计安装时的紧固装置等。周围环境的温度要低于 50℃。

(5)仪表必须定期校验。

8.1.3 测压点和取压口的选择

1. 测压点的选择

测压点必须尽量选择在受流体流动干扰最小的地方。在管线上测压,测压点应该选在离流体上游的管线弯头、阀或其他障碍物 40~50 倍管内径的距离,使紊乱的流线经过该稳定段后在近壁处的流线与管壁面平行,从而避免动能对测量的影响。如受条件所限,不能保证 40~50 倍管内径距离的稳定段,可设置整流板或整流管,以消除动能的影响。

2. 取压口的选择

取压口的形状对测量结果也有一定的影响。由于在管道截面上开设了取压口,扰乱了流体的流动,导致从测压孔引出的静压强和流体真实的静压强存在误差。这种误差与取压口附近流体的流动状态、孔的尺寸和结构、开孔处壁面的粗糙度有关,所以开孔直径不宜太大或太小,一般 $d = 0.5~1mm$。对于直径较大的管道或有正交流和涡流产生的场合可采用均压环,以消除管道各点的静压差或不均匀流动而引起的附加误差。均压环的结构如图 8-8 所示。

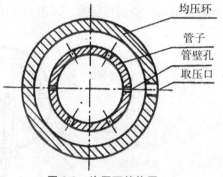

图 8-8　均压环结构图

8.2 流量测量

流量是化工生产与科学实验中的重要参数,不论是工业生产和科学试验都要进行流量的测量,以核算过程和设备的生产能力,以便对过程或设备作出评价。实验室常用的测量流量的方法有速度法和体积法。流量仪表大致上可以分为三类:

(1) 速度式流量仪表:以测量流体在管道内的流速作为测量依据。属于这一类的仪表很多,如节流式流量计、转子流量计、涡轮流量计等等,在化工原理实验中用到的主要是以上三种流量仪表。它们的结构及工作原理可见《化工原理》教材。

(2) 容积式流量仪表:以单位时间内所排出的流体固定容积作为测量依据。

(3) 质量式流量仪表:测量所流过的流体的质量。它具有不受被测流体的温度、压力、密度、黏度等变化的影响的特点。

8.2.1 测速管

测速管又称毕托管,与 U 形管压差计配合用来测量管道中流体的点速度,其结构尺寸已标准化,如图 8-9 所示。测量时,测速管可以放在管截面的任一位置,使测速口正对着管道中流体的流动方向。管道中某处的流速与压差计读数间的关系为:

$$u = \sqrt{\frac{2Rg(\rho_0 - \rho)}{\rho}} \tag{8-4}$$

式中:u 为管路中的流体流速,m/s;R 为 U 形管压力计的读数,m/s;ρ_0 为 U 形管内指示液的密度,kg/m³;ρ 为管路中流体的密度,kg/m³。

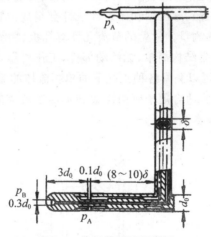

图 8-9 毕托管测速示意图

若将测速管的管口置于管道的中心线上,可测出流体在管截面中心的最大流速 u_{max}。根据 u/u_{max}-Re 的关系曲线(图 8-10)确定流体在管截面中的平均流速 $\bar{u}$,就可以计算流体在管道内的流量。

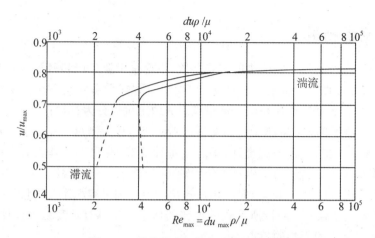

图 8-10　平均流速与最大流速间的关系

使用测速管时,需注意以下几点:

(1)测速管口一定要正对流体的流动方向,任何角度的偏差都会造成测量误差。

(2)测速点位于均匀流段,上、下游均应保持有 $50d$(d 为管路直径)以上的直管段或设置疏流装置。

(3)测速管外径不大于管内径的 $1/50$,使用前必须校正水平。

(4)测速管的测压小孔易堵塞,所以不适合用于测量含有固体粒子的流体的流速。

8.2.2　节流式流量计

节流式流量计属于恒截面变压头流量计,包括孔板、喷嘴、文丘里流量计。它由节流装置(即节流元件和取压装置)、导压管和压差计三部分组成。它是利用流体流经节流元件产生的压差来实现流量的测量。常见的节流元件有孔板、喷嘴、文丘里管,如图 8-11、8-12、8-13 所示。孔板的特点是结构简单,无活动部件,工作可靠,寿命长,管路内径在 $50\sim1000mm$ 内均能应用,几乎可以测量各种工况下的单相流体的流量,但耗能大。喷嘴的耗能介于孔板与文丘里管之间,适合用于腐蚀性大和不洁净流体的流量测量。文丘里管耗能最小,但制造工艺复杂,成本高。

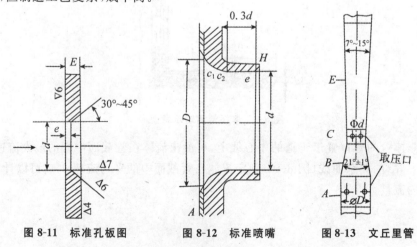

图 8-11　标准孔板图　　　图 8-12　标准喷嘴　　　图 8-13　文丘里管

节流式流量计的流量可以由连续性方程和柏努利方程导出,流量的基本方程为:

$$q_V = u_0 A_0 = C_0 A_0 \sqrt{\frac{2Rg(\rho_0 - \rho)}{\rho}} \tag{8-5}$$

式中:q_V 为流体体积流量,$\mathrm{m^3/s}$;A_0 为节流孔的开孔截面积,$\mathrm{m^2}$;u_0 为节流孔的流速,$\mathrm{m/s}$;C_0 为节流孔的孔流系数;R 为 U 形管压力计的指示值,m;ρ_0 为 U 形管内指示液的密度,$\mathrm{kg/m^3}$;ρ 为管路中流体的密度,$\mathrm{kg/m^3}$。

孔流系数 C_0 由实验确定。对于标准节流元件,孔流系数可直接查取,不必进行测定。对于非标准节流元件,在使用前必须进行校正,取得流量系数或流量校正曲线后,才能使用。

使用节流式流量计时,流体必须为牛顿型流体,同时充满整根管道。节流元件必须安装在水平管道上,节流元件的中心线应与管轴线相重合。节流元件安装时,孔板的钝角方向与流向相同;使用文丘里管时,短管(渐缩管)安装在上游;使用喷嘴时,喇叭形曲面朝向上游。节流元件上游应有 $30d$(d 为管径)以上的直管稳定段,下游应有不小于 $10d$ 的直管稳定段,以避免由于管、阀件扰动的影响而产生额外的误差。

8.2.3 转子流量计

转子流量计具有结构简单、价格便宜、刻度均匀、直观、量程比(仪器测量上限与下限之比)大、使用方便、能量损失小等特点。若选择适当的锥形管和转子材料,它还可以测量腐蚀性流体的流量,所以它在化工实验和生产中被广泛采用。转子流量计测量的基本误差约为刻度最大值的 $\pm 2\%$。转子流量计是以压降不变,利用节流面积的变化来反映流量的大小的测量仪表,适合于测量小流量和低压流体的流量。

1. 转子流量计的结构和工作原理

转子流量计的测量部分是由一根垂直的锥形玻璃管与管内的转子所组成,其结构如图 8-14 所示。当转子上、下端的压差等于转子的净重时,转子便稳定在某一高度上,因转子在锥形管内的平衡位置与被测流体的流量大小相对应,这样,由转子上端面处锥形管外壁的刻度可读出流量计示值。

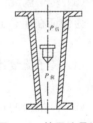

图 8-14 转子流量计

转子流量计的流量可以由连续性方程和柏努利方程导出,流量的基本方程为:

$$q_V = u_0 A_R = C_R A_R \sqrt{\frac{2V_f g(\rho_f - \rho)}{A_f \rho}} \tag{8-6}$$

式中:q_V 为流体体积流量,$\mathrm{m^3/s}$;A_R 为转子上端面处环隙面积,$\mathrm{m^2}$;u_0 为环隙的流速,$\mathrm{m/s}$;C_R 为转子流量计的流量系数;A_f 为转子在流动方向的投影面积,$\mathrm{m^2}$;V_f 为转子的体积,$\mathrm{m^3}$;ρ_f 为转子的密度,$\mathrm{kg/m^3}$;ρ 为管路中流体的密度,$\mathrm{kg/m^3}$。

转子流量计的流量系数 C_R,是转子形状和流体流过环隙的 Re 的函数,其值可从转子的 C_R-Re 曲线中查得。对于一定形状的转子,当 Re 达到一定数值后,C_R 为常数。

转子流量计中转子的形状有球形、梯形、倒梯形等多种。但不论形状如何,它们都有一个最大截面积。流体流动时,转子最大截面积所对应的玻璃管上的刻度值就是我们应

第 8 章 化工实验常用的测量仪表

该读取的测量值。

2. 流量指示值的修正

转子流量计出厂时,生产厂家是用空气或水在标定状态(20℃,101.33kPa)下对仪表进行刻度的。因此,在使用时,若不符合标定条件,则需要修正。

对于液体,则:

$$q_V = q_{H_2O} \sqrt{\frac{\rho_{H_2O}(\rho_f - \rho)}{\rho(\rho_f - \rho_{H_2O})}} \tag{8-7}$$

式中:q_V 为被测流体的实际流量,m^3/h;q_{H_2O} 为仪表用水标定的流量,m^3/h;ρ_f 为转子材料的密度,kg/m^3;ρ_{H_2O} 为标定条件下水的密度,kg/m^3;ρ 为被测流体的密度,kg/m^3。

对于气体,则:

$$q_V = q_{V0} \sqrt{\frac{\rho_0\, p_0\, T}{\rho\, p\, T_0}} \tag{8-8}$$

式中:q_V、p、T、ρ 分别为工作状态下气体的体积流量、绝对压强、热力学温度和密度;q_{V0}、p_0、T_0、ρ_0 分别为标定状态下空气的体积流量、绝对压强、热力学温度和密度。

3. 转子流量计的安装、使用与维修

(1)转子流量计的锥形管必须垂直安装在垂直、无振动的管路上,被测介质应从下部进入。

(2)在使用转子流量计前应先开启旁路阀,以冲去管路中的污物。测量流量或停止测量时应缓慢开启阀门或关闭阀门,防止因转子激烈振动、冲撞而损坏锥形管、转子等元件。

(3)转子流量计前的直管段长度不小于 $5d$(管径),转子流量计后的直管段长度不小于 $3d$。为保证在生产过程中检测仪表和拆卸装修时不影响正常生产,转子流量计应安装旁路。

(4)转子流量计的锥形管和转子应经常清洗,以防止因积垢而改变环隙面积,影响测量精度。

(5)流量计的正常测量值最好选在仪表测量上限的 1/3~2/3 刻度范围内。

8.2.4　涡轮流量计

在流体流动的管道里,安装一个可以自由转动的叶轮,当流体通过叶轮时,流体的动能使叶轮旋转,流体的流速愈高,叶轮转速也就愈高。因此,测出叶轮的转数或转速,就可以确定流过管道的流量。日常生活中使用的某些自来水表、油量计等,都是利用类似的原理制成的,这种仪表称为速度式仪表,是根据动量守恒原理设计的。涡轮流量计的主要特点有:体积小,重量轻,精度高,量程宽,灵敏,耐高压,阻力损失小。其输出的频率信号不易受干扰,可远传并便于数据处理。

1. 涡轮流量计的结构与工作原理

涡轮流量计主要由涡轮、导流器、电磁感应转换器、外壳、前置放大器等部分组成,如图 8-15 所示。

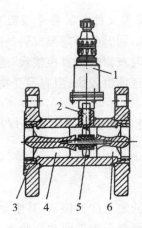

1—前置放大器;

2—转换器;

3—外壳;

4—置导流器;

5—涡轮;

6—后置导流器

图 8-15　涡轮流量计

涡轮用高导磁系数的不锈钢材料制成,叶轮芯上装有螺旋形叶片,流体作用于叶片上使之旋转。导流器用于稳定流体的流向和支撑叶轮。电磁感应转换器由线圈和磁铁组成,用以将叶轮的转速转换成相应的电信号。外壳由非导磁的不锈钢制成,用于固定和保护内部零件,并与流体管道连接。前置放大器用于放大电磁感应转换器输出的微弱电信号,进行远距离传送。

涡轮流量计的工作原理是当流体流过涡轮流量计时,推动涡轮旋转,高导磁性的涡轮叶片就周期性地扫过磁铁,使磁路的磁阻发生周期性地变化,线圈中的磁通量也跟着发生周期性地变化,线圈中便感应出交流电信号。交流电信号的频率与涡轮的转速成正比,也即与流量成正比,这个电讯号经前置放大器放大后,即送入电子计数器或电子频率计,以累积或指示流量。

2. 涡轮流量计的安装使用与维护

(1)为确保测量精度,必须正确选用流量系数值。

(2) 涡轮变送器必须水平安装,并保持变送器前、后有一定的直管段,一般上游为 $15d$(d 为管径)和下游为 $5d$ 以上的直管段。安装时注意流体的流动方向。

(3) 在涡轮流量计前加装过滤器,以保持被测介质的洁净,减少涡轮的磨损,防止涡轮被卡住而损坏流量计。

8.3　温度测量

温度是表征物体冷热程度的物理量,它反映物体无规则运动的剧烈程度,是工业生产和科学技术实验中最普遍而重要的操作参数。在化工生产中,温度的测量与控制是保证反应过程正常进行与安全运行的重要环节。每个化工实验装置上都装有温度测量仪表,如传热、干燥、蒸馏等,就算是一些常温下的流体力学实验,也需要测定流体的温度,以便确定各种流体的物性,如密度、黏度的数值。因此,温度的测量与控制在化工实验中占有重要地位。

温度不能直接测量,只能借助于冷、热物体之间的热交换,以及随冷热程度不同而变化的物理性能间接测量。根据测量方式不同,把测温分为接触式与非接触式两类。接触式仪表比较简单、可靠,测量精度高,但测温元件与被测介质需要进行热交换,需要一定的时间才能达到平衡,存在测温延迟现象,同时受耐高温材料的限制,不能应用于高温流体的测量。非接触式仪表的测温元件不与被测物体直接接触,通过热辐射或光学原理测量被测物体的温度,测温范围较广,反应速度也较快,但容易受物体的辐射、测量距离、环境条件等因素的影响,测量误差比较大。

温度的测量方法和测量仪表很多,化工实验室常用的温度计有玻璃管液体温度计、电阻温度计和热电偶温度计等。

8.3.1　玻璃管液体温度计

玻璃管液体温度计是最常用的一种测定温度的仪器,其主要优点是直观,测量准确,结构简单,造价低,因此这种温度计被广泛应用于工业和实验室。它的缺点是易损坏,且损坏后无法修复。

玻璃管液体温度计的测量原理是利用液体在受热后体积发生膨胀的性质来测量温度的。按用途不同,其可分为工业用、实验室用和标准水银温度计三种。标准水银温度计有一等和二等之分,其分度值为 $0.05\sim1℃$,主要用于其他温度计的校验,有时也用于实验研究中做精确测量。实验室用玻璃管液体温度计又可分为三种形式:棒式、内标式和电接点式,这种温度计具有较高的精度,适用于实验和研究,测温范围为 $-30\sim300℃$ 。工业用温度计一般做成内标式,其下部有直的、90°角的和150°角的。为了避免温度计在使用时被碰伤,在其外面通常罩有金属保护管。

1. 棒式玻璃管温度计

棒式玻璃管温度计有水银温度计和酒精温度计等,是实验室用得最广泛的一种。水银温度计测量范围广,刻度均匀,读数准确,但损坏后会造成汞污染。有机液体温度计着色后读取数据容易,但热膨胀系数随温度变化,故刻度不均匀,精度比水银温度计差。

2. 玻璃管温度计的校正

玻璃管温度计的校正有两种方法:

(1) 与标准温度计在同一测量条件下比较。将需要校正的温度计和标准温度计同时插入恒温槽中,待恒温槽的温度稳定后,比较被校正温度计和标准温度计的示值。在校正过程中,应采用升温校验,因为有机液体与毛细管壁有附着力,在降温过程中,有部分液体停留在毛细管壁上,影响读数的准确性。水银温度计在降温过程中也会因摩擦发生滞后现象。

(2) 利用纯物质的相变点校正。在大气压下,用冰和水混合液校正 $0℃$;用水和水蒸气校正 $100℃$ 。

3. 玻璃管温度计的安装与使用

(1)玻璃管温度计安装处应没有较大的振动,不易受碰撞,因振动容易使液柱中断。

(2)玻璃管温度计的感温球中心应处于温度变化最敏感处。

(3)玻璃管温度计安装在便于读数的地方,尽量不要倾斜安装,更不要倒装。

(4)安装位置应防止骤冷骤热,以免导致零点位移而损坏温度计。

（5）注意温度计的插入深度，应将感温球全部插入被测介质中，否则将引起测量误差。

（6）为了减少读数误差，应在玻璃管温度计的保护管中加入甘油、变压器油等，以排除空气等不良导体。

（7）水银温度计读数时按凸面最高点读数，酒精温度计则按凹面最低点读数。

8.3.2　电阻温度计

电阻温度计是利用测温元件的电阻值随温度改变的特性进行温度测量。它由热电阻感温元件和显示仪表组成，工业上应用它来测量−200～500℃的温度。它的特点是测量精度高，性能稳定，灵敏性好，输出电信号，便于远传和实现多点切换测量，在过程控制中应用广泛。

电阻温度计是利用导体或半导体的电阻与温度呈线性变化的特性来进行温度测量的。电阻元件的电阻值与温度有如下关系：

$$R_t = R_0 \left[1 + \alpha(t - t_0) \right] \tag{8-9}$$

$$\Delta R_t = \alpha R_0 \Delta t \tag{8-10}$$

式中：R_t 为温度为 t 时的电阻值，Ω；α 为电阻温度系数，1/℃；Δt 为温度的变化量，℃；R_0 为温度为 t_0（通常为 0℃）时的电阻值，Ω；ΔR_t 为电阻值的变化量，Ω。

可见，温度的变化导致了金属导体电阻的变化。二次仪表将电阻值的变化转换成对应的温度并显示出温度。

电阻温度计的热电阻由电阻体、绝缘管和保护套管等主要部件组成。应用最广泛的热电阻有铂电阻、铜电阻和半导体热敏电阻等。铂电阻的特点是精度高，稳定性好，性能可靠，但价格较贵，适用于中性和氧化性介质。其使用温度范围为−259～360℃。常用的铂电阻型号为 WEB，分度号为 Pt_{50} 和 Pt_{100}。铜电阻的特点是测温范围较窄，物理、化学稳定性不及铂电阻，但价格低廉，且在−50～150℃范围内电阻值与温度的线性关系好。铜电阻的使用温度范围为 150℃以下。常用的铜电阻型号为 ZWG，分度号为 Cu_{50} 和 Cu_{100}。半导体热敏电阻的特点是抗腐蚀性能良好，灵敏度高，体积小，热惯性小，寿命长，价格便宜，但测温范围窄，重复性差。其使用温度范围为 350℃以下。

8.3.3　热电偶温度计

1. 热电偶温度计的测温原理

热电偶是由两根不同的导体或半导体材料连接成闭合回路。热电偶焊接的一端称为热电偶的热端（测量端或工作端），与导线连接的一端称为热电偶的冷端（参考端或自由端）。组成热电偶的两根导体或半导体称作热电极，当热端与冷端的温度不同时，由热电效应在闭合回路中产生热电动势。在热电偶材料一定的情况下，它的热电势 E 只是被测温度 t 的函数，这样，只要测出热电势的大小，就能判断测量温度的高低。

热电偶测温不仅适应温度宽，热响应快，而且结实耐用。此外，热电偶由细长双极丝组成，虽加上保护套管，往往仍具有可挠性，可任意弯曲到复杂或微型结构中。热电偶作传感元件,与显示仪表通过导线连接,不仅可实现多点集中显示和记录,还可以与控制仪器组成自动控制系统,从而实现温度的自动检测或自动调节,广泛用于化工实验室和工业生产装置。

热电偶温度计由热电偶、显示仪表和连接导线组成,如图 8-16 所示。

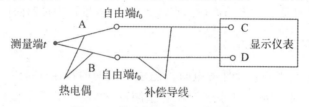

图 8-16　热电偶温度计系统原理

为了保持冷端温度恒定不变或消除冷端温度变化对电动势的影响,常采用冰浴法,即将冷端保存在水和冰共存的保温瓶中。

2. 常用的热电偶

目前国内广泛使用的热电偶有以下几种:

(1) 铂铑-铂热电偶

铂铑-铂热电偶型号为 WRP,分度号为 S,为贵金属热电偶,正极为铂铑合金,负极为纯铂。该热电偶能测量比较高的温度($0\sim1600℃$),可长期在 $1300℃$ 下使用,短期可在 $1600℃$ 下使用。其稳定性好,精确度较高($\pm0.4\%$),但热电势较弱,价格也较贵。

(2) 镍铬-镍硅热电偶

镍铬-镍硅热电偶型号为 WRN,分度号为 K,正极为镍铬合金,负极为镍硅。它能在氧化性气氛中工作,测温范围为 $-50\sim1200℃$,实际使用温度小于 $1000℃$,产生的热电势大,线性关系好,价格便宜,但精度较低。

(3) 镍铬-铜镍热电偶

镍铬-铜镍热电偶型号为 WREA,分度号为 E,正极为镍铬合金,负极为铜镍合金。铜镍测量范围为 $-50\sim500℃$,灵敏度较高,价格便宜,但铜镍丝易被氧化而变质。

(4) 铜-康铜热电偶

铜-康铜热电偶型号为 WRCK,分度号为 T,正极为纯铜,负极为康铜合金。它在 $-200\sim300℃$ 线性关系较好,热电势较大,价格较低廉,但测温范围窄,在实验室中它是使用较多的热电偶。

3. 热电偶的校验

热电偶的热端在使用过程中由于受到氧化、腐蚀和高温等影响,热电特性发生变化,使测量误差增大,必须定期校验。当热电势变化超过规定的误差范围时,需要更换热电偶,并重新校验新的热电偶。

▶▶▶▶ 参考文献 ◀◀◀◀

[1] 宋长生.化工原理实验(第二版).南京:南京大学出版社,2010.

［2］吴洪特.化工原理实验.北京：化学工业出版社,2010.

［3］徐伟.化工原理实验.济南：山东大学出版社,2008.

［4］雷良恒,潘国昌,郭庆丰.化工原理实验.北京：清华大学出版社,1994.

［5］冯晖,居沈贵,夏毅.化工原理实验.南京：东南大学出版社,2003.

［6］王雪静,李晓波主编.化工原理实验.北京：化学工业出版社,2009.

［7］陈同芸,瞿谷仁,吴乃登.化工原理实验.上海：华东理工大学出版社,1989.

［8］戴昌晖.流体流动测量.北京：航空工业出版社,1991.

［9］王建成,卢燕,陈振主编.化工原理实验.上海：华东理工大学出版社,2007.

［10］史贤林,田恒水,张平主编.化工原理实验.上海：华东理工大学出版社,2005.

［11］杨祖荣主编.化工原理实验.北京：化学工业出版社,2009.

［12］厉玉鸣.化工仪表及自动化(第五版).北京：化学工业出版社,2011.

［13］范玉久.化工测量及仪表(第二版).北京：化学工业出版社,2008.

［14］杜维,乐嘉华.化工检测技术及显示仪表.杭州：浙江大学出版社,1988.

［15］陈焕生.温度测试技术及仪表.北京：水利电力出版社,1985.

［16］苏彦勋.流量计量与测试.北京：中国计量出版社,1992.

［17］向德明,姚杰.现代化工检测及过程控制.哈尔滨：哈尔滨工业大学出版社,2002.

第8章 化工实验常用的测量仪表

第 9 章　化工仪表及自动化实验

　　化工自动化是化工、炼油、医药和轻工等化工类生产过程自动化的简称。在化工设备上,配上一些自动化装置,代替操作人员的部分直接劳动,使生产在不同程度上自动进行,这种用自动化装置来管理化工生产过程的办法,称化工自动化。本教材安排了四个有特色的实验项目,使学生进一步理解和掌握化工自动化系统中的自动检测系统、自动信号联锁保护系统、自动操纵系统和自动控制系统,掌握电动温度变送器、自动平衡记录仪的使用和调校,理解基本调节规律、自动调节系统和自动控制系统的构造和使用。

实验 20　DBW 电动温度变送器的调校

一、实验目的

　　1. 了解热电偶结构,掌握热电偶测温的工作原理和使用方法。

　　2. 了解电动温度变送器的结构和工作原理,掌握电动温度变送器与测温元件的配套使用。

　　3. 学会 DBW 温度变送器在不同的输入信号下零点迁移、量程范围时的调校方法,掌握 DBW 温度变送器精度的测量。

二、实验原理

　　热电偶温度计是以热电效应为基础的测温仪表。它由热电偶(感温元件)、测量仪表(毫伏计或电位差计)、连接热电偶和测量仪表的导线(补偿导线和铜导线)三部分组成。热电偶是工业上最常用的一种测温元件,它由不同材料的导体 A 和 B 焊接而成,另一端与导线连接,接上一个测量仪表组成闭合回路。将导体 A 和 B 焊接处(热电偶的工作端或热端)插入被测量的介质,如果被测介质的温度与另一端(自由端或冷端)的温度不同,在此闭合回路中就有热电势产生,这种现象称为热电现象。如果固定冷端温度($0℃$)或进行冷端温度补偿,热电偶产生的热电势大小只与被测介质的温度和热电偶的金属材料有关,因此只要测量热电偶的毫伏电信号,就能测量被测介质的温度,这就是热电偶温度计的测温原理。常见的热电偶有铂铑$_{30}$-铂铑$_6$ 热电偶,分度号为 B,测温范围 $0 \sim 1600℃$;铂铑$_{10}$-铂热电偶,分度号为 S,测温范围 $-20 \sim 1300℃$;镍铬-镍硅热电偶,分度号为 K,测温范围 $-50 \sim 1000℃$;铜-康铜热电偶,分度号为 T,测温范围 $-200 \sim 300℃$。

DBW 型温度变送器是 DDZ-Ⅲ型系列电动单元组合式检测调节仪表中的一个主要单元。它与各类热电偶、热电阻配套使用,将温度或两点间的温度差转换成 4～20mA 或 1～5V 的统一标准信号;也可与具有毫伏输出的各种变送器配合,使其转换成 4～20mA 或 1～5V 的统一标准信号。它与显示仪表、控制单元配合,实现对温度或温度差及其他参数进行显示、控制。DDZ-Ⅲ-DBW 型温度变送器在使用上的最大特点是安全防爆,被测温度与输出信号成线性关系。

热电偶温度变送器是最常用的温度变送器,它的结构可以分为三大部分:输入桥路、放大电路和反馈电路。图 9-1 为其方框图。

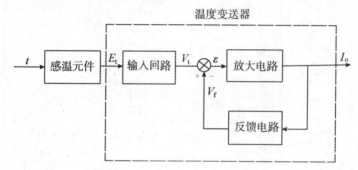

图 9-1　温度变送器原理方框图

输入桥路的作用是冷端温度补偿,调整零点。为了使变送器的输出信号与被测温度成线性关系,便于显示、控制和与计算机配合,需对温度变送器中的反馈电路加入线性化电路,对热电偶非线性给予修正;但在进行量程变换时,反馈的非线性特征必须做相应地调整。由于热电偶产生的热电势数值很小,只有数十毫伏,经过放大电路多级放大后转换成高电平输出,便于显示和控制;同时在放大电路中增加抗干扰措施,防止测温元件和传输线上出现干扰。

DDZ-Ⅲ-DBW 型温度变送器的校验方法是:将对应于不同温度下的热电偶的毫伏值或热电阻的电阻值,分别用毫伏信号发生器或精密电阻箱提供。通过电位器的调整,实现零点、量程、精度的调校和校验。

三、预习要求

1. 热电偶温度计。
2. 电动温度变送器。

四、实验仪器与设备

实验设备:DDZ-Ⅲ-DBW 电动温度变送器 1 台;毫伏信号发生器 1 台;直流毫安表(0.5 级)1 台;24V 直流电源 1 台;万用电表 1 台;0～50℃(±0.1℃)玻璃棒温度计 1 支;螺丝刀、钳子、导线若干。

图 9-2 为 DBW 电动温度变送器机芯示意图。图 9-3 为 DBW 电动温度变送器接线端子图。

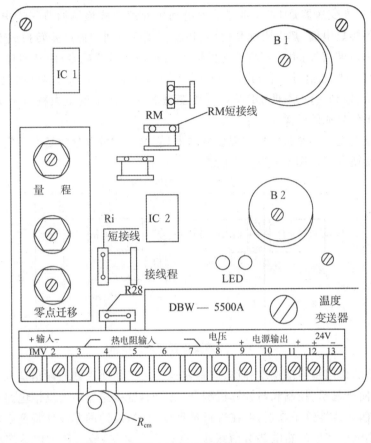

图 9-2　DBW 电动温度变送器机芯示意图

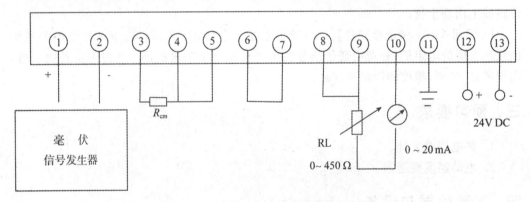

图 9-3　DBW 电动温度变送器接线端子图

五、实验内容与步骤

1. DBW 温度变送器的输入信号可以是直流毫安信号、热电偶信号和热电阻信号,零点迁移范围亦有大、中、小之分。根据需要在同一台温度变送器的接线端子上适当改变接线方式,即可达到与不同检测元件配套,实现温度测量、温度差测量。

2. 主要技术参数

输入信号:热电偶及毫伏输入,2~50mV;热电阻及电阻输入,10~100Ω。

输出信号:4~20mA 标准直流信号,1~5V 标准直流信号。

3. 基本接线

(1) 配用热电偶测量温度

①、②端子上接热电偶(实验中用毫伏信号发生器代替)。

③、④端子上的冷端补偿电阻 R_{cm},应根据配用的热电偶分度号选取(S,3Ω;K,20.16Ω;E,30.68Ω)。直接做毫伏测量时,③、④端子上的电阻 $R_{Mn}=30Ω$。

④、⑤端子之间有短路接线。根据零点迁移量大小决定⑤、⑥、⑦端子的接法:⑥、⑦短路为小范围迁移,④、⑤短接,⑥、⑦不接为中范围迁移,④接⑥为大范围迁移。

⑨、⑩端子上接入毫安电流表,观察输出电流。

⑫、⑬端子上接入 24V 直流电源。

(2) 配用热电阻测量温度

①、②端子短路,③、④、⑤端子之间三线接入热电阻(大量程),③、④、⑥端子之间三线制接入热电阻(小量程)。

⑨、⑩端子上接入毫安电流表,观察输出电流。

4. 量程调校与基本误差校验

(1) 调满度

利用毫伏信号发生器代替热电偶作为标准信号,输给 DBW 温度变送器一个对应于测温上限的电势差,即:

$$U = U_1 + 100\% \Delta U - E(\theta_0, 0) \qquad (9\text{-}1)$$

式中:U_1 为零点迁移量,无迁移时 $U_1=0$;ΔU 为测量范围,上、下限所对应的电势差,即 800℃时的电势;$E(\theta_0, 0)$ 为冷端温度为 0℃ 的电势值。毫安电流表指示输出电流为 20mA 或输出电压为 5V,否则应调整 DBW 温度变送"量程"电位器。

(2) 调零点

输入 $U = U_1 - E(\theta_0, 0)$ 的电势计算值,毫安电流表应指示 4mA 或输出电压为 1V,否则,应调整 DBW 温度变送"零点迁移"电位器(注意:此时的发生器输入温度变送器的信号反接,调满度时正接)。

(3) 由于调满度和调零点相互影响,满度和零点应反复调整几次,直至符合要求为止。

(4) 利用毫伏信号发生器,依次输入温度测量范围($T_上 - T_下$)为 0%、25%、50%、75%、100%所对应的热电势各挡信号,分别读取 DBW 温度变送器正行程和反行程相应各点的输出电流值,记入表 9-1 中。

(5) 绝对误差和变差计算

仪表误差均以输入端信号折算为输出端的电流值进行计算:

$$相对误差 \delta = \frac{(I_{实测} - I_{标准})_{最大值}}{20 - 4} \times 100\% \qquad (9\text{-}2)$$

$$变差\ \alpha = \frac{|\ I_{实测正} - I_{实测反}\ |_{最大值}}{20-4} \times 100\ \%\qquad(9\text{-}3)$$

5. 实验完毕,切断电源,将仪表设备复原。

六、实验注意事项

[1] 冷端补偿电阻 R_{cm} 应该与不同型号的热电偶配套使用,不能选错。

[2] DBW 电动温度变送器接线端子的位置不能接错。

[3] 如果热电偶没有接入冷端温度补偿电阻 R_{cm},则热电偶冷端插入冰水中,冷端保持 0℃。

[4] 量程调校时,由于调满度和调零点相互影响,满度和零点应反复调整,直至符合要求为止。

[5] 实验时一定要等现象稳定后再读数,否则因滞后现象会给实验结果带来较大的误差。

[6] 信号加入不要过大,调整电位计不要过猛,防止拧坏。

七、实验数据记录与处理

表 9-1　DBW 电动温度变送器的调校实验原始数据记录及处理表

仪器设备编号_____;温度变送器型号_____;所配检测元件(热电偶)分度号_____;测量范围_____℃或 mV;环境温度(冷端温度)=_____℃;相应热电势 $E(\theta_0, 0)$ =_____mV

输入信号/mV		输出电流/mA			绝对误差/mA	绝对差值/mA	相对误差/%	变差/%
$U_入$	计算值	标准输出电流	正行程	反行程				
$U_1 - E(\theta_0, 0)$		4						
$U_1 + 25\% \Delta U - E(\theta_0, 0)$		8						
$U_1 + 50\% \Delta U - E(\theta_0, 0)$		12						
$U_1 + 75\% \Delta U - E(\theta_0, 0)$		16						
$U_1 + 100\% \Delta U - E(\theta_0, 0)$		20						

注:无迁移时 $U_1 = 0$,ΔU 为 800℃的电势,热电偶分度号为 K。

实验结论:该表精度为:_____;变差为:_____。

八、实验报告内容

1. 将实验原始记录及数据处理(误差计算)结果用表格列出。

2. 列出一组数据计算示例。

3. 画出配热电偶时的接线图。

4. 对实验结果进行分析讨论。定量分析热电偶信号输入时，R_{cm}在输入回路中为什么能起到冷端温度自动补偿作用？

5. 谈谈实验的心得体会及建议。

九、思考题

[1] 说明热电偶的结构和其测温原理。

[2] 热电偶的热电特性与哪些因素有关？为什么要配用补偿导线？

[3] 热电偶测量温度时为什么要进行冷端温度补偿？常用的冷端温度补偿方法有哪些？

[4] 热电偶电动温度变送器有哪些组成部分？

[5] DBW 温度变送器在不同的输入信号下如何实现线性化？

实验 21　XWC 系列自动平衡记录仪的校验与使用

一、实验目的

1. 了解 XW 系列自动电子电位差计的构成和作用，加深对自动电子电位差计的工作原理的理解。

2. 了解 XWC 系列自动平衡记录仪的结构和各主要组件的作用，理解自动平衡记录仪的工作原理。

3. 掌握 XWC 系列自动平衡记录仪的主要技术指标，学习自动平衡记录仪的使用方法。

4. 掌握 XWC 系列自动平衡记录仪的示值校验方法，变差、绝对误差、相对百分误差和精度的测试。

二、实验原理

显示仪表是用来指示、记录或累积生产过程中各种参数的仪表，又称二次仪表。显示仪表一般都安装在控制室的仪表盘上，它与各种测量元件或变送器配套使用，连续地显示或记录生产过程中各参数的变化情况。它还能与控制单元配套使用，对生产过程中的各种参数进行自动控制和显示。

显示仪表种类很多，按照显示方式不同，可分为模拟式、数字式和图像显示三类。

模拟式显示仪表是以仪表指针（或记录笔）的角位移或线性位移量来模拟显示被测参数连续变化的仪表。模拟式显示仪表中的信号都是随时间连续变化的模拟量，如用热电偶测量温度，热电势是连续变化的模拟量。其中的测量电桥、放大器等都是模拟电路，与其相应的显示方式是标尺、指针、记录笔画曲线等。根据测量线路不同，可分为直接变换式（如动圈式）和平衡式（如电子自动平衡式）两类仪表。

动圈式显示仪表是一种发展比较早的模拟式显示仪表,它可以与热电偶、热电阻温度传感器配合显示温度,也可以与压力等传感器配合转换为直流毫伏信号进行显示。由于动圈式显示仪表是一种测量电流的仪表,容易受各种干扰因素的影响导致测量误差;同时它的可动部分容易损坏,怕震动,不便于自动记录。因此,工业上常用的显示仪表是自动平衡式显示仪表。

常用的自动平衡式显示仪表有自动电子电位差计和自动平衡电桥两类,分别与热电偶和热电阻温度计相配用,通过自动调节热电偶产生的热电势或热电阻的电阻值使测量桥路的电位差或电桥达到平衡,并自动指示和记录测量的温度,从而实现对温度变量的自动、连续检测和显示,克服了动圈式显示仪表的缺点,提高了测量精度。

自动电子电位差计主要由测量桥路、放大器、可逆电机、同步电机、指示记录机构、稳压电源、机械传动机构等构成,如图 9-4 所示。其工作原理如图 9-5 所示。自动电子电位差计的测量桥路由上、下两条支路组成,电桥电路产生直流电压 U_{CB},解决了仪表量程问题,实现对热电势(正、负)的双向测量,同时还能对自由端温度自动补偿。当热电偶产生的热电势 E_t 输入测量桥路,与桥路中的输出电压 U_{CB} 比较,其比较后的差值(不平衡电桥信号)经过放大器放大后,输出电信号驱动可逆电机,使可逆电机通过传动机构带动触点 C 移动,直到 $U_{CB}=E_t$ 为止,此时,放大器输入信号为零,可逆电机不动,测量桥路达到平衡,U_{CB} 可以代表被测的热电势 E_t 值。可逆电机同时带动针指和记录笔,随时指示和记录被测的热电势或温度的数值。XWC 系列自动平衡记录仪就是与自动电子电位差计配合的指示记录机构,实现了对热电偶测量温度的自动显示和记录。

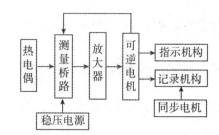

图 9-4 自动电子电位差计的构成方框图

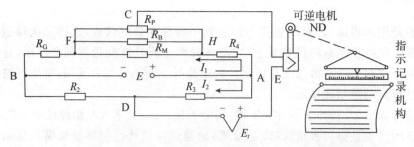

R_2-冷端补偿铜电阻;R_M-量程电阻;R_B-工艺电阻;R_P-滑线电阻;R_4-终端电阻(限流电阻);R_3-限流电阻;R_G-始端电阻;E-稳压电源(1V);I_1-上支路电流(4mA);I_2-下支路电流(2mA)

图 9-5 自动电子电位差计的工作原理图

平衡和记录机构由可逆电机、齿轮传动系统、滑线电阻盘、拉线轮、指示记录笔及走纸系统所组成,如图 9-6 所示。放大器驱动可逆电机正向或反向旋转,通过传动齿轮带动滑点在滑线电阻器上滑动。同时,传动齿轮通过拉线使记录笔及指针与滑线电阻的滑点同步移动,从而指示被测温度值,并用记录笔在记录纸上画出温度变化曲线。

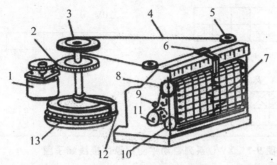

1-可逆电机；2-传动齿轮；3-拉线轮；4-拉线；5-导线轮；6-记录笔与指针；7-记录纸；
8-卷纸辊；9-导向辊； 10-收纸辊；11-储纸辊；12-滑动触点；13-滑线电阻盘

图 9-6　平衡和记录机构

走纸系统由走纸同步电机带动卷纸辊匀速转动,记录纸两边带有间隔均匀的小孔,由卷纸辊上两边的齿尖拨动,使记录纸恒速移动,从而使记录笔画出温度随时间变化的曲线。

数字式显示仪表是先用传感器将待测变量(如压力、物位、流量、温度等)转换成相对应的电信号,再经模/数转换(ADC)成数字信号(脉冲信号),由数字电路处理后直接以数字形式显示被测结果。

无纸无笔记录仪是一种以 CPU 为核心的采用液晶显示的记录仪,无机械传动、纸和笔,直接将记录信号转化为数字信号,然后送到随机存储器进行保存,并在屏幕上显示,必要时还可以将记录的图形、曲线和数据打印或送往微型计算机保存和处理。

三、预习要求

1. 测量过程与测量误差；仪表的性能指标。
2. 热电偶温度计。
3. 显示仪表,自动电子电位差计,自动平衡记录仪表。

四、实验设备与仪器

实验设备：XW 系列自动电子电位差计 1 台；XWC 系列自动平衡记录仪 1 台；毫伏信号发生器 1 台；螺丝刀、钳子、导线若干。

XWC 系列自动平衡记录仪接线端子如图 9-7 所示。

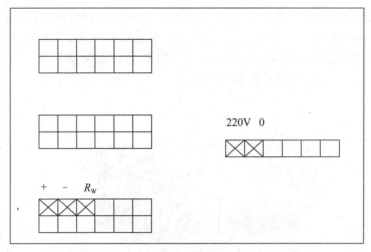

图 9-7 XWC 系列自动平衡记录仪接线端子图

五、实验内容与步骤

1. 拉出机芯观察自动平衡记录仪的主要组件,了解它的作用。注意仪表标尺和标尺上的文字、数字和符号,记录仪表的计量单位符号、分度号和精度等级。仪表不通电时,手动检查仪表指针,应能越过仪表标尺上限和下限刻度,达到限位位置。

2. 按图 9-7 所示,XWC 系列自动平衡记录仪接线端子图接线(注意极性),通电预热 20min。

220V 交流电源可直接接入标志牌上"220V"的相线端子。"0"为中线端子,不可接错。

对于与热电偶配合使用的℃刻度仪表,热电偶极性不要接错,自由端温度自动补偿电阻接入标志"R_W"处。使用热电偶时,输入导线必须采用与热电偶分度号相应的补偿导线。

3. XWC 系列仪表的满刻度和零位检查

配合热电偶输入的自动平衡记录仪,其测量桥路下支路有自由端温度自动补偿电阻 R_{Cu}(铜电阻制成),补偿电势的大小为 $E(\theta_0, 0)$,θ_0 为自由端的环境温度,故检查仪表满刻度时,应根据仪表温度标尺的上限和配用热电偶的分度号检查。

如果 θ 为仪表量程满刻度时的温度(实验设定温度为 800℃),则某分度号热电偶的满刻度电势值为 $E(\theta, \theta_0) = E(\theta, 0) - E(\theta_0, 0)$,然后用毫伏信号发生器输出相应的毫伏信号,若仪表指针刚好与标尺上限温度刻度线重合,即为符合要求,否则可拉出机芯,调整右侧面连接板上的桥路工作电流电位器,使仪表指针刚好与标尺上限温度刻度线重合。

同理,检查仪表零点时(实验设定温度为 0℃),毫伏信号发生器输出 $-E(\theta_0, 0)$,使 XWC 系列仪表指针正指零点,经计算只要其误差不超过仪表允许的基本误差,即符合要求,不然应进一步调整起始电阻 R_G(或微调电阻 r_0)和量程电阻 R_M(或微调 r_m)。

4. 仪表示值各点的线性误差

在 XWC 系列仪表的量程范围内(包括上限值和下限值)的各整百刻度线位置上,毫伏信号发生器先从小到大(正行程),再由大到小(反行程)输出相应毫伏信号,进行各点检查,记下 XWC 系列仪表指针对准各整百刻度时的毫伏信号发生器读数。若各检查点的相对百分误差中的最大者不超过±0.5％,即符合0.5级精度要求。

5. 自动平衡记录仪误差的计算

(1) 温度标尺(带自由端温度自动补偿)

$$相对误差\ \delta = \frac{E_指 - (e + E_标)}{E_终 - E_始} \times 100\% \tag{9-4}$$

式中:$E_指$ 为自动平衡记录仪整百刻度温度所对应的电势 $E(\theta,0)$;$E_标$ 为毫伏信号发生器上的读数,其值为 $E(\theta,\theta_0)$;e 为环境温度所对应的电势 $E(\theta_0,0)$,即冷端电势;$E_终$ 为自动平衡记录仪终点温度对应的电势 $E(\theta,0)$,即 $E(800,0)$;$E_始$ 为自动平衡记录仪起始温度所对应的电势,即 $E(0,0)$。

不灵敏区:

$$变差\ A = E_{标正行程} - E_{标反行程} \tag{9-5}$$

(2) 毫伏标尺(不带自由端温度补偿):

$$相对误差\ \delta = \frac{E_指 - E_标}{E_终 - E_始} \times 100\% \tag{9-6}$$

六、实验注意事项

[1] 热电偶自由端补偿电阻 R_{cm} 和输入导线必须与热电偶分度号配套使用。

[2] 热电偶与刻度仪表必须配合,热电偶极性不能接错。

[3] 220V 交流电源不可接错,以免烧坏测量电路。

[4] 电源通电预热 20min,等待自由端补偿电阻 R_{cm} 稳定后方能进行实验。

[5] 量程调校时,由于满刻度和零位检查相互影响,满度和零点应反复调整,直至符合要求为止。

[6] 实验时一定要等现象稳定后再读数,否则因滞后现象会给实验结果带来较大的误差。

七、实验数据记录与处理

表 9-2   XWC 系列自动平衡记录仪的校验与使用实验原始数据记录及处理表

仪器设备编号_____;所配热电偶分度号_____;测量范围_____℃或 mV;计量单位符号_____;仪表精度等级_____;环境温度(冷端温度)＝_____℃;相应热电势 $E(\theta_0,0)$＝_____ mV

被检平衡记录仪指示值		毫伏发生器读数 /mV		不灵敏区 /mV	示值绝对误差/mV		示值相对误差/%	
整百刻度 /℃	理论电势计算值 /mV	正行程	反行程	变差 A	正行程	反行程	正行程	反行程
0								
100								
200								

续表

被检平衡记录仪指示值		毫伏发生器读数/mV		不灵敏区/mV	示值绝对误差/mV		示值相对误差/%	
整百刻度/℃	理论电势计算值/mV	正行程	反行程	变差 A	正行程	反行程	正行程	反行程
300								
400								
500								
600								
700								
800								

注：理论电势计算值为：

$E(\theta,\theta_0)$（热电偶电势）$=E(\theta,0)$（查表电势）$-E(\theta_0,0)$（环境温度补偿电势）

实验结论： 该表实际精度为_____，变差为_____。

八、实验报告内容

1. 记录实验所用仪器设备的规格、型号。

2. 将实验原始记录及数据处理（误差计算）结果用表格列出。

3. 列出一组数据计算示例。

4. 计算被校仪表各校验点的指示基本误差与不灵敏区，判断该仪表是否符合原精度等级。若误差较大，试分析产生的基本原因。

5. 配热电偶输入的自动平衡记录仪内部既然有自由端温度自动补偿元件，为什么还要用补偿导线作引线？

6. 自由端温度补偿电阻为什么要安装在仪表背面的输入端接线柱附近？

7. 谈谈实验的心得体会及对实验提出改进建议。

九、思考题

[1] 将自动电子电位差计输入端短路，仪表指示在何处？说明原因。

[2] 用热电偶温度计校验自动电子电位差计时，若用铜导线替换补偿导线行不行，为什么？

[3] 自动电子电位差计进行自由端温度自动补偿，为什么要接入自由端温度补偿电阻？自由端温度补偿电阻是否相同？为什么？

[4] 自动电子电位差计有哪些组成部分？各有何作用？

[5] XWC系列自动平衡记录仪是哪类仪表？与什么仪表相配合？为什么可以自动记录和显示？

实验 22　基本控制规律与电动温度控制系统

一、实验目的

1. 熟悉简单控制系统的组成、各部分功能和接线方式。
2. 掌握控制器参数对过渡过程的影响及控制器、执行器的操作使用。
3. 掌握控制器参数 P、I、D 的整定方法及其对过渡过程的影响,合理整定控制器参数,提高控制质量。

二、实验原理

在自动化系统中,检测仪表将被控变量转换成测量信号后,一方面送显示仪表进行显示记录,另一方面还送到控制仪表,调节被控变量到预定的数值上。此处的控制仪表包括控制器、变送器、运算器、执行器等。

变送器的工作原理见实验 20。

控制器的基本控制规律是指控制器输出信号 p 与输入信号 $e＝z-x$ 之间的函数关系。在研究控制器的控制规律时,假定控制器的输入为一个阶跃信号,研究控制器的输出信号 p 随时间的变化规律。控制器的基本控制规律有位式控制(双位控制比较常用)、比例控制(P)、积分控制(I)和微分控制(D)。实际应用的是比例控制(P)及它们的组合形式,包括比例积分控制(PI)、比例微分控制(PD)和比例积分微分控制(PID)。控制规律如果选用不当,会使控制过程恶化,甚至造成事故。要选用合适的控制器,首先必须了解常用的几种控制规律的特点与适用条件,然后,根据过渡过程的品质指标要求,结合具体对象特性,才能做出正确的选择。

执行器根据其使用的能源形式不同,可分为气动、电动、液动和自力式四大类。电动执行器接收来自控制器的 0～10mA 或 4～20mA 的直流电流控制信号,并将该控制信号转换成相应的角位移量或者直线位移量,去操纵阀门、挡板等调节机构,从而改变被控介质参数,使被调参数符合工艺要求,以实现自动调节。

电动执行器有角行程、直行程和多转式等类型。角行程电动执行机构以电动机为动力元件,将输入的直流电流信号转换为相应的角位移(0°～90°),这种执行机构适用于操纵蝶阀、挡板之类的旋转式控制阀。直行程执行机构接收输入的直流电流信号后,使电动机转动,然后经减速器减速并转换为直线位移输出,去操纵单座、双座、三通等各种控制阀和其他直线式控制机构。多转式电动执行机构主要用来开启和关闭闸阀、截止阀等多转式阀门,由于它的电机功率比较大,最大的有几十千瓦,一般多用做就地操作和遥控。

自动控制系统由被控对象和自动化装置两大部分组成。由于构成自动控制系统的这两大部分(主要是指自动化装置)的数量、连接方式及其目的不同,自动控制系统可以有许多类型。简单控制系统通常是指由一个测量元件、变送器、一个控制器、一个控制阀和一个对象所构成的单闭环控制系统,因此也称为单回路控制系统。

　　简单控制系统是由测量变送装置、控制器、执行器和被控制对象四个环节组成,如图9-8所示。简单控制系统的另一个特点是有一条从系统输出端引入输入端的反馈路线,即系统的控制器是根据被控变量的测量值与给定值的偏差来进行控制。单回路控制系统是最基本、使用最广泛的控制系统,适用于被控对象滞后时间比较小、负荷和干扰变化不大、控制质量要求不太高的场合。

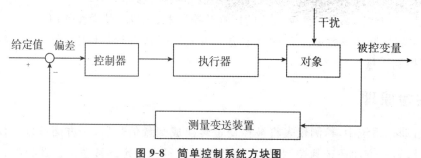

图9-8　简单控制系统方块图

　　一个自动控制系统的过渡过程或者控制质量,与被控对象、干扰形式与大小、控制方案的确定及控制器参数整定有着密切的关系。在控制方案、广义对象的特性、控制规律都已确定的情况下,控制质量主要取决于控制器参数的整定。所谓控制器参数的整定,是指按照已定的控制方案,求取使控制质量最好的控制器参数,就是确定最合适的控制器比例度 δ、积分时间 T_I 和微分时间 T_D。控制质量最好是指工艺要求提出的所期望的控制质量。对于单回路的简单控制系统,一般希望过渡呈现 4∶1(或 10∶1)的衰减振荡过程。

　　控制器参数整定有两大类,分别为理论计算法和工程整定法。理论计算法需要较多的控制理论知识,理论计算有时与实际情况不甚符合,在工程实际中没有得到推广和应用。工程整定法是在已经投运的实际控制系统中,通过经验或者探索,确定控制器最佳参数。常用工程整定法为临界比例度法、衰减曲线法和经验凑试法。

　　临界比例度法是将控制器设置为纯比例作用,在闭环控制系统,将积分时间 T_I 设置为"∞",微分时间 T_D 设置为"0",比例度 δ 数值放在较大位置。在干扰作用下,逐步减小比例度 δ,直至控制系统出现等幅振荡的过渡过程。这时的比例度称临界比例度 δ_k,周期为临界振荡周期 T_k。根据临界比例度 δ_k 和临界振荡周期 T_k,参见表9-3,用经验方法计算控制器参数整定数值。

表9-3　临界比例度法控制器参数计算公式表

控制作用	比例度 $\delta/\%$	积分时间 T_I/min	微分时间 T_D/min	控制作用	比例度 $\delta/\%$	积分时间 T_I/min	微分时间 T_D/min
比例	$2\delta_k$			比例+微分	$1.8\delta_k$		$0.1T_k$
比例+积分	$2.2\delta_k$	$0.85T_k$		比例+积分+微分	$1.7\delta_k$	$0.5T_k$	$0.125T_k$

衰减曲线法的具体做法是,在闭环的控制系统中,将控制器设置为纯比例作用,并将比例度 δ 预置在较大的数值。在系统稳定后,以改变给定值的办法加入阶跃干扰,观察被控变量的过渡过程曲线,然后逐步减小比例度,直至出现衰减比 n 为 4∶1。这时的比例度为 δ_s,衰减周期为 T_s,再用经验公式求取控制器的参数整定值。如果希望过渡过程更快稳定,衰减比 n 要求大于 4∶1,可采用衰减比 n 为 10∶1。按上述方法找比例度 δ_s 和最大偏差时间 T_t(又称上升时间),参见表 9-4,用经验方法计算控制器参数整定的 δ、T_I 和 T_D 值。

表 9-4 衰减曲线法控制器参数计算公式表

4∶1 衰减曲线法				10∶1 衰减曲线法			
控制作用	比例度 $\delta/\%$	积分时间 T_I/min	微分时间 T_D/min	控制作用	比例度 $\delta/\%$	积分时间 T_I/min	微分时间 T_D/min
比例	δ_k			比例	δ_s		
比例+积分	$1.2\delta_k$	$0.5T_k$		比例+积分	$1.2\delta_s$	$2T_t$	
比例+积分+微分	$0.8\delta_k$	$0.3T_k$	$0.1T_k$	比例+积分+微分	$0.8\delta_s$	$1.2T_k$	$0.4T_k$

经验凑试法是根据实际经验,先将控制器参数 δ、T_I 和 T_D 预先设置为一定的数值,在闭环控制系统投入运行后,改变给定值施加阶跃干扰,在记录仪上观察过渡过程曲线,运用 δ、T_I 和 T_D 对过渡过程的作用,按照顺序,对比例度 δ、积分时间 T_I 和微分时间 T_D 逐个整定,直到过渡过程令人满意为止。经验凑试法整定控制器参数的关键是"看曲线,调参数",因此,必须依据曲线正确判断,正确调整。

控制器参数对过渡过程曲线的具体影响方式可参见《化工仪表及自动化》教材中控制器参数的工程整定这一节的内容。

三、预习内容

1. 基本控制规律及其对系统过渡过程的影响。
2. 模拟式控制器。
3. 电动执行器。
4. 简单控制系统的结构、组成和设计。
5. 控制器参数的工程整定。

四、实验仪器与设备

实验设备:热电偶 1 台;DBW 温度变送器 1 台;智能数字 PID 调节器(控制器)1 台;执行器(ZK 可控硅电压调整器)1 台;电加热器 1 台;24V 直流电源 1 台;XWC 系列自动平衡记录仪 1 台。

实验仪器及控制系统如图 9-9 所示。XMT-3000 系列智能数字 PID 控制器面板如图 9-10 所示。

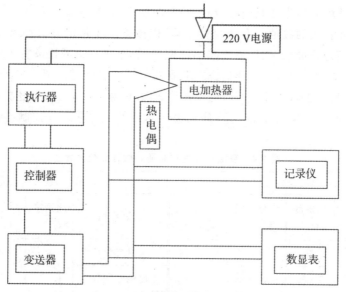

图 9-9　实验仪器及控制系统图

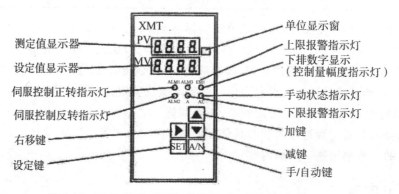

图 9-10　XMT-3000 系列智能数字 PID 控制器面板示意图

五、实验内容与步骤

1. 现场对各种仪器和设备进行感官认识,熟悉使用仪器和仪表的功能及操作方法。画出控制方案的方块图,按照方块图掌握设备接线。DBW 温度变送器的接线参考实验 20;XWC 系列自动平衡记录仪的接线参考实验 21。

2. 将 ZK 可控硅电压调整器(执行器)"通-断"开关置于"通",用"▲"和"▼"键手动改变调节器(控制器)的输出电流,使电加热器升温。当测量值等于给定值时(给定值设为 400℃),按调节器按键"A/M",转变为自动控制,实现无扰动切换。

3. 设定 PID 参数

纯比例控制的设定:通过控制器的按键设定一个适当的比例度,积分时间设为最大,微分时间设为最小。

比例积分控制的设定:通过控制器的按键设定一个适当的比例度和积分时间,微分时间设为最小。

比例微分控制的设定：通过控制器的按键设定一个适当的比例度和微分时间，积分时间设为最大。

比例积分微分控制的设定：通过控制器的按键设定一个适当的比例度、积分时间和微分时间。

4. 临界比例度法控制器参数整定

将积分时间 T_I 设置为"∞"，微分时间 T_D 设置为"0"，比例度 δ 数值放在较大位置。当温度显示值等于给定值时（给定值设为 400℃），将 ZK 调压器"通-断"开关置于"断"，此时加热器断电。当温度下降到设定值（400℃）的 10％ 左右时，把 ZK 调压器"通-断"开关置于"通"，施加干扰，同时打开记录仪的走纸，记录过渡过程曲线。

采用上述相同的方法，逐步减小比例度 δ，在干扰作用下，直至控制系统出现等幅振荡的过渡过程曲线。记录临界比例度 δ_k，周期为临界振荡周期 T_k。根据临界比例度 δ_k 和临界振荡周期 T_k，参见表 9-3，计算控制器参数整定的数值。

用临界比例度法控制器参数整定后计算出的控制器参数，设定纯比例控制、比例积分控制、比例微分控制和比例积分微分控制，采用上述相同的方法，施加 10％ 左右的干扰作用下，记录过渡过程曲线。如果衰减比超过 4∶1～10∶1 范围，可适当调整控制器参数，使衰减比在 4∶1～10∶1 内。控制器参数调整的方法见下面的实验步骤 6。

5. 衰减曲线法控制器参数整定

将积分时间 T_I 设置为"∞"，微分时间 T_D 设置为"0"，比例度 δ 数值放在较大位置。当温度显示值等于给定值时（给定值设为 400℃），将 ZK 调压器"通-断"开关置于"断"，此时加热器断电。当温度下降到设定值（400℃）的 10％ 左右时，把 ZK 调压器"通-断"开关置于"通"，施加干扰，同时打开记录仪的走纸，记录过渡过程曲线。

采用上述相同的方法，逐步减小比例度 δ，在干扰作用下，直至控制系统出现衰减比为 4∶1 的过渡过程曲线。记录 4∶1 衰减比例度 δ_s 和衰减周期 T_s。根据 4∶1 衰减比例度 δ_s 和衰减周期 T_s，参见表 9-4，计算控制器参数整定的数值。

用衰减曲线法控制器参数整定后计算出的控制器参数，设定纯比例控制、比例积分控制、比例微分控制和比例积分微分控制，采用上述相同的方法，施加 10％ 左右的干扰作用下，记录过渡过程曲线。如果衰减比超过 4∶1～10∶1 范围，可适当调整控制器参数，使衰减比在 4∶1～10∶1 内。控制器参数调整的方法见下面的实验步骤 6。

6. 过渡过程曲线的分析和参数的调整

根据记录仪记录的过渡过程曲线，估算衰减比。当衰减比在 4∶1～10∶1 时，说明设定的参数为适合的参数；当衰减比过高或过低时，应适当调整参数，重新绘制曲线。设置参数时可以根据控制规律的公式特点调整，控制规律的公式如下：

$$p = \frac{e + \dfrac{1}{T_I} \int \left(e\mathrm{d}t + T_D \dfrac{\mathrm{d}e}{\mathrm{d}t} \right)}{\delta} \tag{9-7}$$

公式中的控制器参数比例度和积分时间与控制器的输出成反比，微分时间与控制器的输出成正比。输出越大，控制作用越强；相反，则控制作用越弱。实验过程中可参考这一原理进行控制器参数的适当调整，使过渡过程曲线的衰减比保持在 4∶1～10∶1。

六、实验注意事项

[1] 冷端补偿电阻 R_{cm} 应该与热电偶型号配套使用,不能选错。

[2] DBW 电动温度变送器接线端子的位置不能接错。

[3] 对于与热电偶配合使用的"℃"刻度仪表,热电偶极性不能接错。

[4] XWC 系列自动平衡记录仪接线端子图中,220V 交流电源必须接入"1"号端子,零线必须接入"0"号端子,不可接错,以免烧坏测量电路。

[5] 电源通电预热 20min,等待自由端补偿电阻 R_{cm} 稳定后方能进行实验。

[6] 控制器参数整定时,开始设定的比例度要大一点,比例度应该渐渐减少,防止过渡过程曲线越过等幅振荡或衰减比为 4:1 的过渡过程曲线。

[7] 一定要注意:只有控制系统稳定后,才能重新设定控制器参数,进行下一次试验。

七、实验数据记录与处理

表 9-5　基本控制规律与电动温度控制系统实验原始数据记录表

仪器设备编号_____;所配热电偶分度号_____;设定温度＝_____℃;施加干扰时温度＝_____℃

实验内容 \ 实验方法		临界比例度法	4:1 衰减曲线法
开始设定比例度	比例度 δ		
	过渡过程输出曲线衰减比		
等幅振荡临界比例度	δ_k		—
等幅振荡临界振荡周期	T_k		—
衰减比为 4:1 的衰减比例度	δ_s	—	
衰减比为 4:1 的衰减周期	T_s	—	
整定后纯比例控制	δ		
	过渡过程输出曲线衰减比		
整定后 PI 控制	δ		
	T_I		
	过渡过程输出曲线衰减比		
整定后 PD 控制	δ		
	T_D		
	过渡过程输出曲线衰减比		
整定后 PID 控制	δ		
	T_I		
	T_D		
	过渡过程输出曲线衰减比		

注:本实验的控制器参数整定,可以选择临界比例度法和 4:1 衰减曲线法中的一种方法。

八、实验报告内容

1. 画出温度自动控制系统的方块图,注明各环节的输入和输出物理量。
2. 记录和处理实验数据。
3. 运用控制器控制规律进行温度定值控制。
4. 对 P、I、D 控制参数的数值进行工程整定。
5. 根据控制器控制规律 P、PI、PD、PID 的作用,绘制过渡过程曲线,讨论控制器控制规律 P、PI、PD、PID 对过渡过程曲线的影响,分析控制器参数对过渡过程曲线的影响。
6. 按照选定的 P、I、D 参数对被控变量进行定值控制,得到理想的过渡过程曲线。
7. 谈谈实验的心得体会,并对实验提出改进意见。

九、思考题

[1] 简单控制系统由哪几部分? 各部分的作用是什么?

[2] 临界比例度法控制器参数整定时,为什么要将积分时间 T_I 设置为"∞",微分时间 T_D 设置为"0",比例度 δ 数值放在较大位置? 如果将比例度 δ 数值放在较小位置,逐步增大比例度进行参考整定是否合适?

[3] 为什么要进行控制器参数工程整定? 常用的控制器参数工程整定有几种?

[4] 控制器参数比例度、积分时间和微分时间的大小对控制器的输出有何影响? 控制器输出越大,控制作用怎样?

[5] 说明家用冰箱的自动控制原理,画出其控制原理图。

[6] 通过实验对控制仪表的哪些方面有了进一步的认识?

实验 23　DCS 控制系统综合实验

一、实验目的

1. 了解 DCS 控制系统的组成、结构与特点。
2. 掌握 DCS 温度控制系统的实现方法和基本操作方法。
3. 掌握 DCS 温度控制系统进行控制器参数 P、I、D 的整定,合理整定控制器参数,提高控制质量。

二、实验原理

在自动化系统中,检测仪表将被控变量转换成测量信号后,一方面送显示仪表进行显示记录;另一方面还送到控制仪表,调节被控变量到预定的数值上。此处的控制仪表包括调节器、变送器、运算器、执行器等。它的发展经历了基地式控制仪表、单元组合式控制仪表、组装式综合控制装置、计算机控制系统等阶段。

基地式控制仪表是以指示、记录仪表为主体,附加控制机构所组成的装置。它的仪表结构比较简单,常用于单机自动化系统。

单元组合式控制仪表是将整套仪表按照功能划分成若干独立的单元,各单元之间用统一的标准信号连接。单元组合式控制仪表按照连接信号的不同可分为气动单元组合式(QDZ)控制仪表和电动单元组合式(DDZ)控制仪表两类。

组装式综合控制装置是在单元组合控制仪表的基础上发展起来的。它最大的特点是控制和显示操作功能分离,结构上分为控制机柜和显示操作盘两大部分,可以实现对生产的集中显示和操作,大大提高了人机联系。

计算机控制系统是以微型计算机为核心的一种新型控制系统,从简单的工业装置到大型的工业生产过程和装置都有应用。

典型的计算机控制系统原理如图9-11所示。在计算机控制系统中,计算机的输入、输出信号都是数字信号,因此需要输入与输出的接口装置(I/O),以实现模拟量与数字量的转换,包括模/数转换器(A/D)和数/模转换器(D/A)。

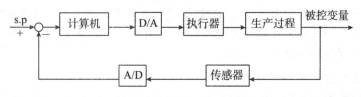

图 9-11 计算机控制系统原理框图

从图9-11可见,计算机控制的工作过程可以归纳为三个步骤:数据采集、控制决策和控制输出。数据采集就是实时检测来自传感器的被控变量数值;控制决策就是根据采集到的被控变量按一定的控制规律进行分析和处理,产生控制信号,决定控制行为;控制输出就是根据控制决策实时地向执行器发出控制信号,完成控制任务。为了完成上述任务,计算机控制系统主由传感器、过程输入输出通道、计算机及外台、操作台和执行器组成。

计算机控制系统的发展主要经过了直接数字控制(DDC)、集中型计算机控制系统(CCS)、集散控制系统(DCS)和现场总线控制系统(FCS)。

集散控制系统DCS以多台微处理机分散应用于过程控制,通过通信网络、CTR显示器、键盘、打印机等设备实现高度集中地操作、显示和报警管理。集散控制系统的主要特征是集中管理,分散控制,主要表现为控制功能丰富,监视操作方便,信息和数据共享,系统扩展灵活,安装维护方便,系统可靠性高。

集散控制系统DCS的基本组成通常包括现场监控站(监测站和控制站)、操作站(操作员站和工程师站)、上位机和通信网络等部分,如图9-12所示。

现场监测站又叫数据采集站,直接与生产过程相连,实现对过程变量进行数据采集,对采集的实时数据进行加工,为操作站提供数据,实现对过程变量和状态的开环监视,或为控制回路运算提供辅助数据和信息。

现场控制站也直接与生产过程相连,对控制变量进行检测、处理,产生控制信号驱动

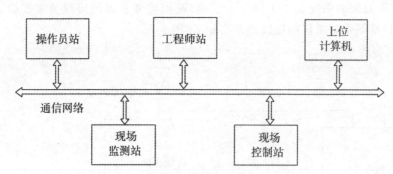

图 9-12　集散控制系统 DCS 的基本组成

现场的执行机构,实现生产过程的闭环控制。它具有极强的运算和控制功能,能够自主地完成回路控制任务,可以控制多个回路,实现连续控制、顺序控制和批量控制等。

操作员站是操作人员进行过程监视、过程控制操作的主要设备。操作员站提供良好的人机交互界面,实现集中显示、操作和管理等。

工程师站主要对 DCS 进行离线的组态工作和在线工作的系统监督、控制与维护。工程师站能够借助于组态软件对系统进行离线组态,并在 DCS 在线运行时实时监视 DCS 网络上各站的运行情况。

上位计算机用于集散控制系统的信息管理和优化控制。上位计算机通过网络收集系统中各单元的数据信息,根据建立的数学模型和优化控制指标进行后台计算、优化控制等。

通信网络是全系统控制的中枢,它连接 DCS 的监测站、控制站、操作站、工程师站、上位计算机等部分。各部分之间的信息传递通过通信网络实现,完成数据、指令及其他信息的传递和数据共享,实现整个集散控制系统协调一致地工作。因此,操作站、工程师站和上位计算机构成集中管理部分。现场监测站、现场控制站构成分散控制部分。通信网络是连接集散系统各部分的纽带,是实现集中管理、分散控制的关键。

三、预习内容

1. 基本调节规律及其对系统过渡过程的影响。
2. DDZ-Ⅲ型电动模拟式控制器。
3. 电动执行器。
4. 简单控制系统的结构、组成和设计。
5. 控制器参数的工程整定。
6. 计算机控制系统。

四、实验仪器与设备

实验设备:热电偶 1 台;DBW 温度变送器 1 台;XWC 系列自动平衡记录仪 1 台;执行器(ZK 可控硅电压调整器)1 台;DCS 温度控制系统 1 台;电加热器 1 台;24V 直流电源 1 台;螺丝刀、钳子、导线若干。

实验仪器及控制系统如图 9-13 所示。DBW 温度变送器的接线参考实验 20 图 9-3；XWC 系列自动平衡记录仪的接线参考实验 21 图 9-7。

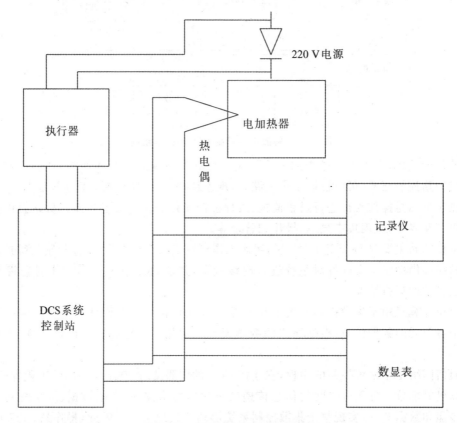

图 9-13 实验仪器及控制系统图

五、实验内容与步骤

1. DCS 控制系统的投运准备工作

（1）按照控制系统图正确组合接线。

（2）数显表、ZK 可控硅电压调整器（执行器）、记录仪电源开关接通，仪表供电。ZK 调压器"通-断"开关置于"通"，"手-自动"开关位置为"自动"。

（3）DCS 系统供电，控制站中的 2 个电源开关闭合。计算机开启，进入实时监控操作状态，选择流程图画面。

2. DCS 温度控制系统的操作

在流程图画面下，通过翻页功能，找到所需要的流程图，用鼠标点击调节器输出数据框，屏幕显示调节器（控制器）面板，在此可以实现手/自动的切换；用鼠标点击调节器（控制器）面板的位号，进入调整画面，可进行设定值、PID 参数、正反作用、输出限位等参数的设置，在此可以实现常规调节器具有的所有功能。

DCS 系统还具有历史趋势、报警记录、操作记录、故障诊断、系统总貌等功能画面，用鼠标点击相应的按键进入;通过组合可以实现报表的产生与自动打印。

3. 调节器的温度设定

用鼠标点击调节器输出数据框,屏幕显示调节器(控制器)面板,输入调节器(控制器)的输出电流,使电加热器升温;当测量值等于给定值时(给定值设为 400℃),用鼠标点击调节器按键"A/M",转变为自动控制,实现无扰动切换。

4. PID 参数的整定

用鼠标点击调节器输出数据框,屏幕显示调节器(控制器)面板,设定控制器参数,进行 DCS 温度控制系统的 PID 参数的整定。控制器参数整定的方法参见实验 22 中的实验内容和步骤。过渡过程曲线用 XWC 系列自动平衡记录仪记录,或通过微机显示器观看和打印输出。

5. 过渡过程曲线的分析和调节质量比较

参考临界比例度法控制器参数整定或衰减曲线法控制器参数整定的控制器参数值,设定控制器参数。

(1) 比例控制系统

在比例作用下,设置一个比例度,施加干扰,观察过渡过程曲线;增加比例度,施加干扰,观察过渡过程曲线;通过过渡过程曲线,比较控制质量的好坏。

(2) 比例积分控制系统

设置一个比例度和积分时间,比例度不变,增加积分时间,施加干扰,观察过渡过程曲线,比较控制质量的好坏。

(3) 比例微分控制系统

设置一个比例度和微分时间;比例度不变,减少微分时间,施加干扰,观察过渡过程曲线,比较控制质量的好坏。

(4) 比例积分微分控制系统

设置 P、I、D 参数,施加干扰,观察过渡过程曲线,比较控制质量的好坏,寻找最佳参数,使过渡过程曲线达到 4:1～10:1 的衰减震荡。

由于控制器参数比例度和积分时间与控制器的输出成反比,微分时间与控制器的输出成正比,输出越大,控制作用越强;相反,则控制作用越弱。实验过程中可参考这一原理进行控制器参数的适当调整,使过渡过程曲线的衰减比保持在 4:1～10:1。

六、实验注意事项

[1] 参见实验 22 的实验注意事项[1]～[7]。

[2] 要分析控制器参数对过渡过程曲线的影响,开始设置的 DCS 温度控制系统的控制器参数最好接近控制器参数整定后的数值。

七、实验数据记录与处理

表 9-6 DCS 温度控制系统实验原始数据记录表

仪器设备编号_____;所配热电偶分度号_____;设定温度＝_____℃;施加干扰时温度＝_____℃

实验内容＼实验方法			临界比例度法	4：1 衰减曲线法
开始设定比例度	比例度 δ			
	过渡过程曲线衰减比			
等幅振荡临界比例度	δ_k			—
等幅振荡临界振荡周期	T_k			—
4：1 衰减比例度	δ_s		—	
4：1 衰减周期	T_s		—	
比例控制系统	设置比例度	δ		
		过渡过程曲线衰减比		
	增加比例度	δ		
		过渡过程曲线衰减比		
		δ		
		过渡过程曲线衰减比		
比例积分控制系统	设置比例度和积分时间	δ		
		T_I		
		过渡过程曲线衰减比		
	比例度不变，增加积分时间	T_I		
		过渡过程曲线衰减比		
		T_I		
		过渡过程曲线衰减比		
比例微分控制系统	设置比例度和微分时间	δ		
		T_D		
		过渡过程曲线衰减比		
	比例度不变，减小微分时间	T_D		
		过渡过程曲线衰减比		
		T_D		
		过渡过程曲线衰减比		

实验内容 \ 实验方法			临界比例度法	4：1衰减曲线法
比例积分微分控制系统	设置比例度、积分时间和微分时间	δ		
		T_I		
		T_D		
		过渡过程曲线衰减比		
	4：1～10：1衰减比时过渡过程曲线的比例度、积分时间和微分时间	δ		
		T_I		
		T_D		
		过渡过程曲线衰减比		

注：本实验的控制器参数整定，可以选择临界比例度法和4：1衰减曲线法中的一种。如实验22基本控制规律与电动温度控制系统实验采用临界比例度法，则本实验可以选用4：1衰减曲线法，相互错开，不要用同一种控制器参数整定的方法。

八、实验报告内容

1. 画出DCS温度自动控制系统的方块图，注明各环节的输入和输出物理量。

2. 记录和处理实验数据。

3. 对P、I、D控制参数的具体数值进行工程整定。

4. 根据控制器控制规律P、PI、PD、PID的作用，绘制过渡过程曲线，分析控制器参数对过渡过程曲线的影响。

5. 按照选定的P、I、D参数对被控变量进行定值控制，得到理想的过渡过程曲线。

6. 简述DCS温度控制系统的基本组成和基本功能。

7. 谈谈实验的心得体会，并对实验提出改进意见。

九、思考题

[1] 什么是计算机控制系统？计算机控制的工作过程有哪三个步骤？

[2] 计算机控制系统的特点有哪些？

[3] 什么是集散控制系统DCS？它的主要特点和组成有哪些？各部分的作用怎样？

[4] 说明用智能数字PID调节器(控制器)与DCS控制系统进行控制器参数工程整定的异同点。

[5] 如果过渡过程曲线衰减比超过4：1～10：1，如何调整控制器参数？

▶▶▶▶ **参考文献** ◀◀◀◀

[1] 厉玉鸣主编.化工仪表及自动化(第五版).北京:化学工业出版社,2011.

[2] 范玉久.化工测量及仪表(第二版).北京:化学工业出版社,2008.

[3] 陈焕生.温度测试技术及仪表.北京:水利电力出版社,1985.

[4] 杜维,乐嘉华.化工检测技术及显示仪表.杭州:浙江大学出版社,1988.

[5] 向德明,姚杰.现代化工检测及过程控制.哈尔滨:哈尔滨工业大学出版社,2002.

[6] 钟汉武主编.化工仪表及自动化实验.北京:化学工业出版社,1991.

附　录

附录一　法定单位计量及单位换算

1. 法定基本单位

量的名称	单位名称	单位符号
长度	米	m
质量	千克	kg
时间	秒	s
电流	安培	A
热力学温度	开尔文	K
物质的量	摩尔	mol
光强度	坎德拉	cd

2. 常用物理量及单位

量的名称	量的符号	单位符号	量的名称	量的符号	单位符号
质量	m	kg	黏度	μ	Pa·s
力	F	N	功、能、热	W、E、Q	J
压强	p	Pa	功率	P	W
密度	ρ	kg/m³			

3. 基本常数与单位

名称	符号	数值
重力加速度（标）	g	9.80665m/s²
波尔兹曼常数	k	1.38044×10^{-25} J/K
气体常数	R	8.314J/(mol·K)
气体标准摩尔比容	V_0	22.4136m³/kmol
阿佛伽德罗常数	N_A	6.02296×10^{23}/mol
斯蒂芬-波尔兹曼常数	σ	5.669×10^{-8} W/(m²·K⁴)
光速（真空中）	c	2.997930×10^{8} m/s

4. 单位换算

（1）质量

千克(kg)	吨(t)	磅(lb)
1000	1	2204.62
0.45361	4.536×10^{-4}	1

（2）长度

米(m)	英寸(in)	英尺(ft)	码(yd)
0.30480	12	1	0.33333
0.9144	36	3	1

（3）面积

米²(m²)	厘米²(cm²)	英寸²(in²)	英尺²(ft²)
6.4516×0^{-4}	6.4516	1	0.006944
0.9290	929.030	144	1

（4）容积

米³(m³)	升(L)	英尺³(ft³)	英加仑(UKgal)	美加仑(USgal)
0.02832	28.3161	1	6.2288	7.48048
0.004546	4.5459	0.16054	1	1.20095
0.003785	3.7853	0.13368	0.8327	1

（5）流量

米³/秒 (m³/s)	升/秒 (L/s)	米³/小时 (m³/h)	美加仑/分 (USgal/min)	英尺³/小时 (ft³/h)	英尺³/秒 (ft³/s)
6.309×10^{-5}	0.06309	0.2271	1	8.021	0.002228
7.866×10^{-6}	7.866×10^{-3}	0.02832	0.12468	1	2.788×10^{-4}
0.02832	28.32	101.94	448.8	3600	1

（6）力

牛顿(N)	千克(kg)	磅(lb)	达因(dyn)	磅达(pdl)
4.448	0.4536	1	444.8	32.17
10^{-3}	1.02×10^{-6}	2.248×10^{-6}	1	0.7233×10^{-4}
0.1383	0.01410	0.03310	138.25	1

(7) 密度

千克/米³ (kg/m³)	克/厘米³ (g/cm³)	磅/英尺³ (lb/ft³)	磅/加仑 (lb/USgal)
16.02	0.01602	1	0.1337
119.8	0.1198	7.481	1

(8) 压强

| 帕
(Pa) | 巴
(bar) | 千克/厘米²
(kg/cm²) | 磅/英寸²
(lb/in²) | 标准大气压
(atm) | 水银柱 | | 水柱 | |
					毫米 (mm)	英寸 (in)	米 (m)	英寸 (in)
10^5	1	1.0197	14.50	0.9869	750.0	29.53	10.197	401.8
9.807×10^4	0.9807	1	14.22	0.9678	735.5	28.96	10.01	394.0
6895	0.06895	0.07031	1	0.06804	51.71	2.036	0.7037	27.70
1.0133×10^5	1.0133	1.0332	14.7	1	760	29.92	10.34	407.2
1.333×10^5	1.333	1.360	19.34	1.316	1000	39.37	13.61	535.67
3.386×10^5	0.03386	0.03453	0.4912	0.03342	25.40	1	0.3456	13.61
9798	0.09798	0.09991	1.421	0.09670	73.49	2.893	1	39.37
248.9	0.002489	0.002538	0.03609	0.002456	1.867	0.07349	0.0254	1

(9) 动力黏度（通称黏度）

帕·秒 (Pa·s)	泊 (P)	厘泊 (cP)	千克/ (米·秒) [kg/(m·s)]	千克/ (米·小时) [kg/(m·h)]	磅/ (英尺·秒) [lb/(ft·s)]	千克 ·秒/米² (kg·s/m²)
0.1	1	100	0.1	360	0.06720	0.0102
10^{-3}	0.01	1	0.001	3.6	6.720×10^{-4}	0.102×10^{-3}
1	10	1000	1	3600	0.6720	0.102
2.778×10^{-4}	2.778×10^{-3}	0.2778	2.778×10^{-4}	1	1.8667×10^{-4}	0.283×10^{-4}
1.4881	14.881	1488.1	1.4881	5357	1	0.1519
9.81	98.1	9810	9.81	0.353×10^5	6.59	1

附

录

（10）运动黏度

米²/秒 (m²/s)	［沲］(斯托克) 厘米²/秒(cm²/s)	米²/小时 (m²/h)	英尺²/秒 (ft²/s)	英尺²/小时 (ft²/h)
10^{-4}	1	0.306	1.076×10^{-3}	3.875
2.778×10^{-4}	2.778	1	2.990×10^{-3}	10.76
9.29×10^{-2}	929.0	334.5	1	3600
0.2581×10^{-4}	0.2581	0.0929	2.778×10^{-4}	1

（11）能量（功）

焦 (J)	千克·米 (kg·m)	千瓦·小时 (kW·h)	马力·小时	千卡 (kcal)	英热单位 (Btu)	英尺·磅 (ft·lb)
9.8067	1	2.724×10^{-6}	3.653×10^{-6}	2.342×10^{-3}	9.296×10^{-3}	7.233
3.6×10^{6}	3.671×10^{5}	1	1.3410	860.0	3413	2.655×10^{6}
2.685×10^{6}	273.8×10^{3}	0.7457	1	641.33	2544	1.981×10^{6}
4.1868×10^{3}	426.9	1.1622×10^{-3}	1.5576×10^{-3}	1	3.968	3087
1.055×10^{3}	107.58	2.930×10^{-4}	3.926×10^{-4}	0.2520	1	778.1
1.3558	0.1383	0.3766×10^{-6}	0.5051×10^{-6}	3.239×10^{-4}	1.285×10^{-3}	1

（12）功率

瓦 (W)	千瓦 (kW)	千克·米/秒 (kg·m/s)	英尺·磅/秒 (ft·lb/s)	马力	千卡/秒 (kcal/s)	英热单位/秒 (Btu/s)
10^{3}	1	101.97	735.56	1.3410	0.2389	0.9486
9.8067	0.0098067	1	7.23314	0.01315	0.002342	0.009293
1.3558	0.0013558	0.13825	1	0.0018182	0.0003289	0.0012851
745.69	0.74569	76.0375	550	1	0.17803	0.70675
4186	4.1860	426.85	3087.44	5.6135	1	3.9683
1055	1.0550	107.58	778.168	1.4148	0.251996	1

(13) 比热容

焦/(克·摄氏度) [J/(g·℃)]	千卡/(千克·摄氏度) [kcal/(kg·℃)]	英热单位/(磅·F) [Btu/(lb·F)]
1	0.2389	0.2389
4.186	1	1

(14) 导热系数

瓦/(米·开) [W/(m·K)]	焦/(厘米·秒·摄氏度)[J/(cm·s·℃)]	卡/(厘米·秒·摄氏度)[cal/cm·s·℃]	千卡/(米·小时·摄氏度)[kcal/(m·h·℃)]	英热单位/(英尺·小时·华氏度)[Btu/(ft·h·F)]
10^2	1	0.2389	86.00	57.79
418.6	4.186	1	360	241.9
1.163	0.1163	0.002778	1	0.6720
1.73	0.01730	0.004134	1.448	1

(15) 传热系数

瓦/(米²·开) [W/(m²·K)]	千卡/(米²·小时·摄氏度) [kcal/(m²·h·℃)]	卡/(厘米²·秒·摄氏度) [cal/(cm²·s·℃)]	(英热单位/英尺²·小时·华氏度)[Btu/(ft²·h·F)]
1.163	1	2.778×10^{-5}	0.2048
4.186×10^4	3.6×10^4	1	7374
5.678	4.882	1.3562×10^4	1

(16) 分子扩散系数

米²/秒 (m²/s)	厘米²/秒 (cm²/s)	米²/秒 (m²/s)	英尺²/小时 (ft²/h)	英寸²/秒 (in²/s)
10^{-4}	1	0.360	3.875	0.1550
2.778×10^{-4}	2.778	1	10.764	0.4306
0.2581×10^{-4}	0.2581	0.09290	1	0.040
6.452×10^{-4}	6.452	2.323	25.000	1

(17) 表面张力

牛/米 (N/m)	达因/厘米 (dyn/cm)	克/厘米 (g/cm)	千克/米 (kg/m)	磅/英尺 (lb/ft)
10^{-3}	1	0.001020	1.020×10^{-4}	6.854×10^{-5}
0.9807	980.7	1	0.1	0.06720
9.807	9807	10	1	0.6720
14.592	14592	14.88	1.488	1

附录

附录二 常用数据表

1. 水的物理性质

温度 $t/℃$	压强 $p \times 10^5$ /Pa	密度 $\rho/$ (kg/m³)	焓 $I/$ (J/kg)	比热容 $c_p \times 10^{-3}$ [J/(kg·K)]	导热系数 $\lambda \times 10^2/$ [W/(m·K)]	导温系数 $a \times 10^7/$ (m²/s)	黏度 $\mu \times 10^5/$ (Pa·s)	运动黏度 $\nu \times 10^6/$ (m²/s)	体积膨胀系数 $\beta \times 10^4/$ (1/K)	表面张力 $\sigma \times 10^3/$ (N/m²)	普兰特数 Pr
0	1.01	999.9	0	4.212	55.08	1.31	1.789	178.78	−0.63	75.61	13.67
10	1.01	999.7	42.04	7.191	57.41	1.37	130.53	1.0306	+0.70	74.14	9.52
20	1.01	998.2	83.90	4.183	59.85	1.43	100.42	1.006	1.82	72.67	7.02
30	1.01	995.7	125.69	4.174	61.71	1.49	80.12	0.805	3.21	71.20	5.42
40	1.01	992.2	165.71	4.174	63.33	1.53	65.32	0.659	3.87	69.63	4.31
50	1.01	988.1	209.30	4.174	64.73	1.57	54.92	0.556	4.49	67.67	3.54
60	1.01	983.2	211.12	4.178	65.89	1.61	46.98	0.478	5.11	66.20	2.98
70	1.01	977.8	292.99	7.167	66.70	1.63	40.06	0.415	5.70	64.33	2.55
80	1.01	971.8	334.94	4.195	67.40	1.66	35.50	0.365	6.32	62.57	2.21
90	1.01	965.3	376.98	4.208	67.98	1.68	31.48	0.326	6.95	60.71	1.95
100	1.01	958.4	419.19	4.220	68.21	1.69	28.24	0.295	7.52	58.84	1.75
110	1.43	951.0	461.34	4.233	68.44	1.70	25.89	0.272	8.08	56.88	1.60
120	1.99	943.1	503.67	4.250	68.56	1.71	23.73	0.252	8.64	54.82	1.47
130	2.70	934.8	546.38	4.266	68.56	1.72	21.77	0.233	9.17	52.86	1.36
140	3.62	926.1	589.08	4.287	68.44	1.73	20.10	0.217	9.72	50.70	1.26
150	4.76	917.0	632.20	4.312	68.33	1.73	18.63	0.203	10.3	48.64	1.17
160	6.18	907.4	675.33	4.346	68.21	1.73	17.36	0.191	10.7	46.58	1.10
170	7.92	897.3	719.29	4.379	67.86	1.73	16.28	0.181	11.3	44.33	1.05
180	10.03	886.9	763.25	4.417	67.40	1.72	15.30	0.173	11.9	42.27	1.00

2. 水在不同温度下的黏度

温度 t /℃	黏度 μ/ (mPa·s)	温度 t /℃	黏度 μ/ (mPa·s)	温度 t /℃	黏度 μ/ (mPa·s)
0	1.7921	33	0.7523	67	0.4223
1	1.7313	34	0.7371	68	0.4174
2	1.6728	35	0.7225	69	0.4117
3	1.6191	36	0.7085	70	0.4061
4	1.5674	37	0.6947	71	0.4006
5	1.5188	38	0.6814	72	0.3952
6	1.4728	39	0.6685	73	0.3900
7	1.4284	40	0.6560	74	0.3849
8	1.3860	41	0.6439	75	0.3799
9	1.3462	42	0.6321	76	0.3750
10	1.3077	43	0.6207	77	0.3702
11	1.2713	44	0.6097	78	0.3655
12	1.2363	45	0.5988	79	0.3610
13	1.2028	46	0.5883	80	0.3565
14	1.1709	47	0.5782	81	0.3521
15	1.1403	48	0.5693	82	0.3478
16	1.1110	49	0.5588	83	0.3436
17	1.0828	50	0.5494	84	0.3395
18	1.0559	51	0.5404	85	0.3355
19	1.0299	52	0.5315	86	0.3315
20	1.0050	53	0.5229	87	0.3276
20.2	1.0000	54	0.5146	88	0.3239
21	0.9810	55	0.5064	89	0.3202
22	0.9579	56	0.4985	90	0.3165
23	0.9359	57	0.4907	91	0.3130
24	0.9142	58	0.4832	92	0.3095
25	0.8973	59	0.4759	93	0.3060
26	0.8737	60	0.4688	94	0.3027
27	0.8545	61	0.4618	95	0.2994
28	0.8360	62	0.4550	96	0.2962
29	0.8180	63	0.4463	97	0.2930
30	0.8007	64	0.4418	98	0.2899
31	0.7840	65	0.4355	99	0.2868
32	0.7679	66	0.4293	100	0.2838

附

录

3. 干空气的物理性质($p=0.101MPa$)

温度 t /℃	密度 ρ/ (kg/m³)	比热容 $c_p \times 10^{-3}$/ [J/(kg·K)]	导热系数 $\lambda \times 10^3$/ [W/(m·K)]	导温系数 $a \times 10^5$/ (m²/s)	黏度 $\mu \times 10^5$/ (Pa·s)	运动黏度 $\nu \times 10^5$/ (m²/s)	普兰特数 Pr
−50	1.584	1.013	2.304	1.27	1.46	9.23	0.728
−40	1.515	1.013	2.115	1.38	1.52	10.04	0.728
−30	1.453	1.013	2.196	1.49	1.57	10.80	0.723
−20	1.395	1.009	2.278	1.62	1.62	11.60	0.716
−10	1.342	1.009	2.359	1.74	1.67	12.43	0.712
0	1.293	1.005	2.440	1.88	1.72	13.28	0.707
10	1.247	1.005	2.510	2.01	1.77	14.16	0.705
20	1.205	1.005	2.591	2.14	1.81	15.06	0.703
30	1.165	1.005	2.673	2.29	1.85	16.00	0.701
40	1.128	1.005	2.754	2.43	1.91	16.96	0.699
50	1.093	1.005	2.824	2.57	1.96	17.95	0.698
60	1.060	1.005	2.893	2.72	2.01	18.97	0.696
70	1.029	1.009	2.963	2.86	2.06	20.02	0.694
80	1.000	1.009	3.044	3.02	2.11	21.09	0.692
90	0.972	1.009	3.126	3.19	2.15	22.10	0.690
100	0.946	1.009	3.207	3.36	2.19	23.13	0.688
120	0.898	1.009	3.335	3.68	2.29	25.45	0.686
140	0.854	1.013	3.186	4.03	2.37	27.80	0.684
160	0.815	1.017	3.637	4.39	2.45	30.09	0.682
180	0.779	1.022	3.777	4.75	2.53	32.49	0.681
200	0.746	1.026	3.928	5.14	2.60	34.85	0.680
250	0.674	1.038	4.625	6.10	2.74	40.61	0.677
300	0.615	1.047	4.602	7.16	2.97	48.33	0.674
350	0.556	1.059	4.904	8.19	3.14	55.46	0.676
400	0.524	1.068	5.206	9.31	3.31	63.09	0.678
500	0.456	1.093	5.740	11.53	3.62	79.38	0.687
600	0.404	1.114	6.217	13.83	3.91	96.89	0.699
700	0.362	1.135	6.700	16.34	4.18	115.4	0.706
800	0.329	1.156	7.170	18.88	4.43	134.8	0.713
900	0.301	1.172	7.623	21.62	4.67	155.1	0.717
1000	0.277	1.185	8.064	24.59	4.90	177.1	0.719
1100	0.257	1.197	8.494	27.63	5.12	199.3	0.722
1200	0.239	1.210	9.145	31.65	5.35	233.7	0.724

4. 饱和水蒸气表（以温度为准）

温度 $t/$ ℃	压强 $p/$ (kg/cm²)	蒸气的比容 V /(m³/kg)	蒸气的密度 ρ /(kg/m³)	焓 $I/$(kJ/kg)		汽化热 $r/$(kJ/kg)
				液体	蒸气	
0	0.0062	206.5	0.00484	0	2491.3	2491.3
5	0.0089	147.1	0.00680	20.94	2500.9	2480.0
10	0.0125	106.4	0.00940	41.87	2510.5	2468.6
15	0.0174	77.9	0.01283	62.81	2520.6	2457.8
20	0.0238	57.8	0.01719	83.74	2530.1	2446.3
25	0.0323	43.40	0.02304	104.68	2538.6	2433.9
30	0.0433	32.93	0.03036	125.60	2549.5	2423.7
35	0.0573	25.25	0.03960	146.55	2559.1	2412.6
40	0.0752	19.55	0.05114	167.47	2568.7	2401.1
45	0.0997	15.28	0.06543	188.42	2577.9	2389.5
50	0.1258	12.054	0.0830	209.34	2587.6	2378.1
55	0.1605	9.589	0.1043	230.29	2596.8	2366.5
60	0.2031	7.687	0.1301	251.21	2606.3	2355.1
65	0.2550	6.209	0.1611	272.16	2615.6	2343.4
70	0.3177	5.052	0.1979	293.08	2624.4	2331.2
75	0.393	4.139	0.2416	314.03	2629.7	2315.7
80	0.483	3.414	0.2929	334.94	2642.4	2307.3
85	0.590	2.832	0.3531	355.90	2651.2	2295.3
90	0.715	2.365	0.4229	376.81	2660.0	2283.1
95	0.862	1.985	0.5039	397.77	2668.8	2271.0
100	1.033	1.675	0.5970	418.68	2677.2	2258.4
105	1.232	1.421	0.7036	439.64	2685.1	2245.5
110	1.461	1.212	0.8254	460.97	2693.5	2232.4
115	1.724	1.038	0.9635	481.51	2702.5	2221.0
120	2.025	0.893	1.1199	503.67	2708.9	2205.2
125	2.367	0.7715	1.296	523.38	2716.5	2193.1

附

录

温度 t/ ℃	压强 p/ kg/cm²	蒸气的比容 V /(m³/kg)	蒸气的密度 ρ /(kg/m³)	焓 I/(kJ/kg)		汽化热 r/(kJ/kg)
				液体	蒸气	
130	2.755	0.6693	1.494	546.38	2723.9	2177.6
135	3.192	0.5831	1.715	565.25	2731.2	2166.0
140	3.685	0.5096	1.962	589.08	2737.8	2148.7
145	4.238	0.4469	2.238	607.12	2744.6	2137.5
150	4.855	0.3933	2.543	632.21	2750.7	2118.5
160	6.303	0.3075	3.252	675.75	2762.9	2087.1
170	8.080	0.2431	4.113	719.29	2773.3	2054.0
180	10.23	0.1944	5.145	763.25	2782.6	2019.3

5. 饱和水蒸气表(以压强为准)

压强 p /Pa	温度 t /℃	蒸气的比容 V/(m³/kg)	蒸气的密度 ρ/ (kg/m³)	焓 I/(kJ/kg)		汽化热 r/ (kJ/kg)
				液体	蒸气	
1000	6.3	129.37	0.00773	26.48	2503.1	2476.8
1500	12.5	88.26	0.01133	52.26	2515.3	2463.0
2000	17.0	67.29	0.01486	71.21	2524.2	2452.9
2500	20.9	54.47	0.01836	87.45	2531.8	2452.9
3000	23.5	45.52	0.02179	98.38	2536.8	2438.4
3500	26.1	39.45	0.02523	109.30	2541.8	2432.5
4000	28.7	34.88	0.02867	120.23	2546.8	2426.6
4500	30.8	33.06	0.03205	129.00	2550.9	2421.9
5000	32.4	28.27	0.03537	135.69	2554.0	2418.3
6000	35.6	23.81	0.04200	149.06	2560.1	2411.0
7000	38.8	20.56	0.04864	162.44	2566.3	2403.8
8000	41.3	18.13	0.05514	172.73	2571.0	2398.2
9000	43.3	16.24	0.06156	181.16	2574.8	2393.6
1×10⁴	45.3	14.71	0.06798	189.59	2578.5	2388.9
1.5×10⁴	53.3	10.04	0.09956	224.03	2594.0	2370.0
2×10⁴	60.1	7.65	0.13068	251.51	2606.4	2354.9

压强 p /Pa	温度 t /℃	蒸气的比容 $V/(m^3/kg)$	蒸气的密度 $\rho/$ (kg/m^3)	焓 $I/(kJ/kg)$		汽化热 $r/$ (kJ/kg)
				液体	蒸气	
3×10^4	66.5	5.24	0.19093	288.77	2622.4	2333.7
4×10^4	75.0	4.00	0.24975	315.93	2634.4	2312.2
5×10^4	81.2	3.25	0.30799	339.80	2644.3	2304.5
6×10^4	85.6	2.74	0.36514	358.21	2652.1	2293.9
7×10^4	89.9	2.37	0.42229	376.61	2659.8	2283.2
8×10^4	93.2	2.09	0.47807	390.08	2665.3	2275.3
9×10^4	96.4	1.87	0.53384	403.49	2670.8	2267.4
1×10^5	99.6	1.70	0.58961	416.90	2676.3	2259.5
1.2×10^5	104.5	1.43	0.69868	437.51	2684.3	2246.8
1.4×10^5	109.2	1.24	0.80758	560.38	2692.1	2234.4
1.6×10^5	113.0	1.21	0.82981	583.76	2698.1	2224.2
1.8×10^5	116.6	0.988	1.0209	603.61	2703.7	2214.3
2×10^5	120.2	0.887	1.1273	622.42	2709.2	2204.6
2.5×10^5	127.2	00.719	1.3904	639.59	2719.7	2185.4
3×10^5	133.3	0.606	1.6501	560.38	2728.5	2168.1
3.5×10^5	138.8	0.524	1.9074	583.76	2736.1	2152.3
4×10^5	143.4	0.463	2.1618	603.61	2742.1	2138.5
4.5×10^5	147.7	0.414	2.4152	622.42	2747.8	2125.4
5×10^5	151.7	0.375	2.6673	639.59	2752.8	2113.2
6×10^5	158.7	0.316	3.1686	670.22	2761.4	2091.1
7×10^5	164.7	0.273	3.6657	696.27	2761.4	2071.5
8×10^{59}	170.4	0.240	4.1614	720.96	2737.7	2052.7
9×10^5	175.1	0.215	4.6525	741.82	2778.1	2036.2
10×10^5	179.9	0.194	5.1432	762.68	2782.5	2019.7

附

录

附录三　常见气体、液体和固体的重要物理性质

1. 常见气体的重要物理性质($p=0.101\text{MPa}$)

名称	分子式	密度(标态)/(kg/m³)	定压比热容(标态)/[kJ/(kg·K)]	黏度(标态)/(10⁻⁵Pa·s)	沸点/℃	汽化潜热/(kJ/kg)	导热系数(标态)/[W/(m·K)]
空气	—	1.293	1.009	1.73	−195	197	0.0244
氧气	O_2	1.429	0.653	2.03	−132.98	213	0.0240
氮气	N_2	1.251	0.745	1.70	−195.78	199.2	0.0228
氢气	H_2	0.0899	10.13	0.842	−252.75	454.2	0.163
氦气	H_e	0.1785	3.18	1.88	−268.95	19.5	0.144
氩气	A_r	1.7820	0.322	2.09	−185.87	163	0.0173
氯气	Cl_2	3.217	0.355	1.29	−33.8	305	0.0072
氨气	NH_3	0.711	0.67	0.918	−33.4	1373	0.0215
一氧化碳	CO	1.250	0.754	1.66	−191.48	211	0.0226
二氧化碳	CO_2	1.976	0.653	1.37	−78.2	574	0.0137
二氧化硫	SO_2	2.927	0.502	1.17	−10.8	394	0.0077
二氧化氮	NO_2	—	0.615		21.2	712	0.0400
硫化氢	H_2S	1.539	0.804	1.166	−60.2	548	0.0131
甲烷	CH_4	0.717	1.70	1.03	−161.58	511	0.0300
乙烷	C_2H_6	1.357	1.44	0.850	−88.50	486	0.0180
丙烷	C_3H_8	2.020	1.65	0.795	−42.1	427	0.0148
正丁烷	C_4H_{10}	2.673	1.73	0.810	−0.5	386	0.0135
正戊烷	C_5H_{12}	—	1.57	0.874	−36.08	151	0.0128
乙烯	C_2H_4	1.261	1.222	0.935	−103.9	481	0.0164
丙烯	C_3H_6	1.914	1.436	0.835	−47.7	440	—
乙炔	C_2H_2	1.171	1.352	0.935	−83.66	829	0.0184
一氯甲烷	CH_3Cl	2.308	0.582	0.989	−24.1	406	0.0085
苯	C_6H_6	—	1.139	0.72	80.2	394	0.0088

2. 某些液体的重要物理性质（$p=0.101\text{MPa}$）

名 称	分子式	密度/ (kg/m^3)	沸点 /℃	汽化潜热/ (kJ/kg)	定压比热容[kJ/ (kg·K)]	黏度/ $(10^{-3}$ $\text{Pa·s})$	导热系数/[W/ (m·K)]	体积膨胀系数/ $(10^{-4}/\text{℃})$	表面张力/ (mN/m)
水	H_2O	998.3	100	2258	4.184	1.005	0.599	1.82	72.8
25%的氯化钠溶液	—	1186 (25℃)	107	—	3.39	2.3	0.57 (30℃)	(4.4)	—
25%的氯化钙溶液	—	1228	107	—	2.89	2.5	0.57	(3.4)	—
硫酸	H_2SO_4	1834	340 （分解）	—	1.47	23	0.38	5.7	—
硝酸	HNO_3	1512	86	481.1	—	1.17 (10℃)	—	12.4	—
盐酸	HCl	1149	—	—	2.55	2 (31.5%)	0.42	—	—
乙醇	C_2H_5OH	789.2	78.37	1912	2.47	1.17	0.1844	11.0	22.27
甲醇	CH_3OH	791.3	64.65	1109	2.50	0.5945	0.2108	11.9	22.70
氯仿	$CHCl_3$	1490	61.2	253.7	0.992	0.58	0.138 (30℃)	12.8	28.5 (10℃)
四氯化碳	CCl_4	1594	76.8	195	0.850	1.0	0.12	12.2	26.8
1,2-二氯乙烷	$C_2H_4Cl_2$	1253	83.6	324	1.260	0.83	0.14 (50℃)	—	30.8
苯	C_7H_8	879	80.20	393.9	1.704	0.737	0.148	12.4	28.6
甲苯	C_6H_6	866	110.63	363	1.70	0.675	0.138	10.8	27.9

3. 常用固体材料的物理性质（常态）

名称	密度/ (kg/m^3)	导热系数/ [W/(m·K)]	比热容/ [kJ/(kg·K)]	名称	密度/ (kg/m^3)	导热系数/ [W/(m·K)]	比热容/ [kJ/(kg·K)]
(1)金属							
钢	7850	45.3	0.46	黄铜	8600	85.5	0.38
不锈钢	7900	17.0	0.50	铝	2670	203.5	0.92
铸铁	7220	62.8	0.50	镍	9000	58.2	0.46

续表

名称	密度/ (kg/m³)	导热系数/ [W/(m·K)]	比热容/ [kJ/(kg·K)]	名称	密度/ (kg/m³)	导热系数/ [W/(m·K)]	比热容/ [kJ/(kg·K)]
铜	8800	383.8	0.41	铅	11400	34.9	0.13
青铜	8000	64.6	0.38	钛	4540	15.24	0.527 (25℃)

(2)塑料

名称	密度/ (kg/m³)	导热系数/ [W/(m·K)]	比热容/ [kJ/(kg·K)]	名称	密度/ (kg/m³)	导热系数/ [W/(m·K)]	比热容/ [kJ/(kg·K)]
酚醛	1250~1300	0.13~0.26	1.3~1.7	低压聚乙烯	940	0.29	2.6
脲醛	1400~1500	0.30	1.3~1.7	高压聚乙烯	920	0.26	2.2
聚氯乙烯	1380~1400	0.16	1.8	有机玻璃	1180~1190	0.14~0.20	
聚苯乙烯	1050~1070	0.08	1.3				

(3)建筑、绝热、耐酸材料等

名称	密度/ (kg/m³)	导热系数/ [W/(m·K)]	比热容/ [kJ/(kg·K)]	名称	密度/ (kg/m³)	导热系数/ [W/(m·K)]	比热容/ [kJ/(kg·K)]
干砂	1500~1700	0.45~0.58	0.8	软木	100~300	0.041~0.064	0.96
黏土	1600~1800	0.47~0.54		石棉板	700	0.11	0.816
锅炉炉渣	700~1100	0.19~0.30		石棉水泥板	1600~1900	0.35	
黏土砖	1600~1900	0.47~0.68	0.92	玻璃	2500	0.74	0.67
耐火砖	1840	1.05	0.96~1.0	耐酸陶瓷制品	2200~2300	0.93~2.0	0.75~0.80
多孔绝热砖	600~1400	0.16~0.37		耐酸搪瓷	2300~2700	0.99~1.04	0.84~1.26
混凝土	2000~2400	1.3~1.55	0.84	橡胶	1200	0.16	1.38
松木	500~600	0.07~0.11	2.72	冰	900	2.3	2.11

附录四　某些气体溶于水的亨利系数

气体	温度/℃															
	0	5	10	15	20	25	30	35	40	45	50	60	70	80	90	100
$E\times10^{-6}$/kPa																
H_2	5.87	6.16	6.44	6.70	6.92	7.16	7.39	7.52	7.61	7.70	7.75	7.75	7.71	7.65	7.61	7.55
N_2	5.35	6.05	6.77	7.48	8.15	8.76	9.36	9.98	10.5	11.0	11.4	12.2	12.7	12.8	12.8	12.8
空气	4.38	4.94	5.56	6.15	6.73	7.30	7.81	8.34	8.82	9.23	9.59	10.2	10.6	10.8	10.9	10.8
CO	3.57	4.01	4.48	4.95	5.43	5.88	6.28	6.68	7.05	7.39	7.71	8.82	8.57	8.57	8.57	8.57
O_2	2.58	2.95	3.31	3.69	4.06	4.44	4.81	5.14	5.42	5.70	5.96	6.37	6.72	6.96	7.08	7.10
CH_4	2.27	2.62	3.01	3.41	3.81	4.18	4.55	4.92	5.27	5.58	5.85	6.34	6.75	6.91	7.01	7.10
NO	1.71	1.96	2.21	2.45	2.67	2.91	3.14	3.35	3.57	3.77	3.95	4.24	4.44	4.54	4.58	4.60
C_2H_6	1.28	1.57	1.92	2.90	2.66	3.06	3.47	3.88	4.29	5.07	5.07	5.72	6.31	6.70	6.96	7.01
$E\times10^{-5}$/kPa																
C_2H_4	5.59	6.62	7.78	9.07	10.3	11.6	12.9	—		—		—	—		—	
N_2O	—	1.19	1.43	1.68	2.01	2.28	2.62	3.06								
CO_2	0.738	0.888	1.05	1.24	1.44	1.66	1.88	2.12	2.36	2.60	2.87	3.46	—	—	—	
C_2H_2	0.73	0.85	0.97	1.09	1.23	1.35	1.48									
Cl_2	0.272	0.334	0.399	0.461	0.537	0.604	0.669	0.74	0.80	0.86	0.90	0.97	0.99	0.97	0.96	—
H_2S	0.272	0.319	0.372	0.418	0.489	0.552	0.617	0.686	0.755	0.825	0.689	1.04	1.21	1.37	1.46	1.50
$E\times10^{-4}$/kPa																
SO_2	0.167	0.203	0.245	0.294	0.355	0.413	0.485	0.567	0.661	0.763	0.871	1.11	1.39	1.70	2.01	—

附录五　某些二元物系的气液平衡组成

1. 乙醇-水（$p=0.101$MPa）

乙醇在液相中的组成/%		乙醇在气相中的组成/%		沸点/℃	乙醇在液相中的组成/%		乙醇在气相中的组成/%		沸点/℃
质量分数	摩尔分数	质量分数	摩尔分数		质量分数	摩尔分数	质量分数	摩尔分数	
0	0.00	0	0.00	100.0	10	4.16	52.2	29.92	91.30
2	0.79	19.7	8.76	97.65	12	5.07	55.8	33.06	90.50
4	1.61	33.3	16.34	95.8	14	5.98	58.8	35.83	89.20
6	2.34	41.0	21.45	94.15	16	6.86	61.1	38.06	88.30
8	3.29	47.6	26.21	92.60	18	7.95	63.2	40.18	87.70

续表

乙醇在液相中的组成/%		乙醇在气相中的组成/%		沸点/℃	乙醇在液相中的组成/%		乙醇在气相中的组成/%		沸点/℃
质量分数	摩尔分数	质量分数	摩尔分数		质量分数	摩尔分数	质量分数	摩尔分数	
20	8.92	65.0	42.09	87.00	60	36.98	79.5	60.29	80.85
22	9.93	66.6	43.82	86.40	62	38.95	80.0	61.02	80.65
24	11.00	68.0	45.41	85.95	64	41.02	80.5	61.61	80.50
26	12.08	69.3	46.90	85.40	66	43.17	81.0	62.52	80.40
28	13.19	70.3	48.08	85.00	68	45.41	81.6	63.43	80.20
30	14.35	71.3	49.30	84.70	70	47.74	82.1	64.21	80.00
32	15.55	72.1	50.27	84.30	72	50.16	82.8	65.34	79.85
34	16.77	72.9	51.27	83.85	74	52.68	83.4	66.28	79.72
36	18.03	73.5	52.04	83.70	76	55.34	84.1	67.42	79.65
38	19.34	74.0	52.68	83.40	78	58.11	84.9	68.76	79.50
40	20.68	74.6	53.46	83.10	80	61.02	85.8	70.29	79.30
42	22.07	75.1	54.12	82.65	82	64.05	86.7	71.86	79.10
44	23.51	75.6	54.80	82.50	84	67.27	87.7	73.61	78.85
46	25.00	76.1	55.48	82.35	86	70.63	88.9	75.82	78.72
48	26.53	76.5	56.03	82.15	88	74.15	90.1	78.00	78.65
50	28.12	77.0	56.71	81.7	90	77.88	91.3	80.42	78.50
52	29.80	77.5	57.41	81.5	92	81.83	92.7	83.26	78.30
54	31.47	78.0	58.11	81.3	94	85.97	94.2	86.40	78.20
56	33.24	78.5	58.78	81.2	95.57	89.41	95.57	89.41	78.15
58	35.09	79.0	59.55	81.0					

2. 苯-甲苯($p = 0.101$MPa)

苯的摩尔分数/%		温度/℃	苯的摩尔分数/%		温度/℃
液相中	气相中		液相中	气相中	
0	0.0	110.6	59.2	78.9	89.4
8.8	21.2	106.1	70.0	85.3	86.8
20.0	37.0	102.2	80.3	91.4	84.4
30.0	50.0	98.6	90.3	95.7	82.3
39.7	61.8	95.2	95.0	97.9	81.2
48.9	71.0	92.1	100.0	100.0	80.2

3. 氯仿-苯 ($p=0.101\text{MPa}$)

氯仿的质量分数/%		温度 /℃	氯仿的质量分数/%		温度 /℃
液相中	气相中		液相中	气相中	
10	13.6	79.9	60	75.0	74.6
20	27.2	79.0	70	83	72.8
30	40.6	78.1	80	90	70.5
40	53.0	77.2	90	96.1	67.0
50	65.0	76.0			

4. 水-醋酸 ($p=0.101\text{MPa}$)

水的摩尔分数/%		温度 /℃	水的摩尔分数/%		温度 /℃
液相中	气相中		液相中	气相中	
0.0	0.0	118.2	83.3	88.6	101.3
27.0	39.4	108.2	88.6	91.9	100.9
45.5	56.5	105.3	93.0	95.0	100.5
58.8	70.7	103.8	96.8	97.7	100.2
69.0	79.0	102.8	100.0	100.0	100.0
76.9	84.5	101.9			

5. 甲醇-水 ($p=0.101\text{MPa}$)

甲醇的摩尔分数/%		温度 /℃	甲醇的摩尔分数/%		温度 /℃
液相中	气相中		液相中	气相中	
5.31	28.34	92.9	29.09	68.01	77.8
7.67	40.01	90.3	33.33	69.18	76.7
9.26	43.53	88.9	35.13	73.47	76.2
12.57	48.31	86.6	46.20	77.56	73.8
13.15	54.55	85.0	52.92	79.71	72.7
16.74	55.85	83.2	59.37	81.83	71.3
18.18	57.75	82.3	68.49	84.92	70.0
20.83	62.73	81.6	77.01	89.62	68.0
23.19	64.85	80.2	87.41	91.94	66.9
28.18	67.75	78.0			

附 录

附录六　乙醇水溶液的性质

1. 乙醇溶液的物理常数($p=0.101MPa$)

温度(15℃)		密度(15℃) /(kg/m³)	沸点 /℃	定压比热容 c_p/ [kJ/(kg·K)]		焓/(kJ/kg)		
容积 /%	重量 /%					饱和液体焓	干饱和蒸气焓	汽化潜热
				α	β			
10	8.05	0.9876	92.63	4.430	833	446.1	2571.9	2135.9
12	9.69	0.9845	91.59	4.451	842	447.1	2556.5	2113.4
14	11.33	0.9822	90.67	4.460	846	439.1	2529.9	2091.5
16	12.97	0.9802	89.83	4.468	850	435.6	2503.9	2064.9
18	14.62	14.62	89.07	4.472	854	432.1	2477.7	2045.6
20	16.28	0.9763	88.39	4.463	858	427.8	2450.9	2023.2
22	17.95	0.9742	0.9742	4.455	863	424.0	2424.2	1991.1
24	19.62	0.9721	87.16	4.447	871	420.6	2396.6	1977.2
26	21.30	0.9700	86.67	4.438	884	417.5	2371.9	1954.4
28	24.99	0.9679	86.10	4.430	900	414.7	2319.7	2319.7
30	24.69	0.9657	85.66	4.417	917	412.0	2319.7	1907.7
32	26.40	0.9633	85.27	4.401	942	409.4	2292.6	1884.1
34	28.13	0.9608	84.92	4.384	963	406.9	2267.2	1860.9
38	31.62	0.9558	84.32	4.346	1013	402.4	2215.1	1812.7
40	33.39	0.9523	84.08	4.283	1040	400.0	2188.4	1788.4

2. 乙醇蒸气的密度及比容($p=0.101MPa$)

蒸气中乙醇的质量分数/%	沸点/℃	密度/(kg/m³)	比容/(m³/kg)
70	80.1	1.085	0.9216
75	79.7	1.145	0.8717
80	79.3	1.224	0.8156
85	78.9	1.309	0.7633
90	78.5	1.396	0.7168
95	78.2	1.498	0.6667
100	78.33	1.592	0.622

附录七 常用管子的规格

1. 水、煤气输送钢管的规格表

公称口径 /mm	公称口径 /in	外径 /mm	普通管壁厚/mm	加厚管壁厚/mm	公称口径 /mm	公称口径 /in	外径 /mm	普通管壁厚/mm	加厚管壁厚/mm
6	$\frac{1}{8}$	10	2	2.5	40	*$1\frac{1}{2}$	48	3.5	4.24
8	$\frac{1}{4}$	13.5	2.25	2.75	50	*2	60	3.5	4.5
10	*$\frac{3}{8}$	17	2.25	2.75	70	*$2\frac{1}{2}$	75.5	3.75	4.5
15	*$\frac{1}{2}$	21.25	2.75	3.25	80	*3	88.5	4	4.75
20	*$\frac{3}{4}$	26.75	2.75	3.5	100	4	114	4	5
25	*1	33.5	3.25	4	125	5	140	4.5	5.5
32	*$1\frac{1}{4}$	42.25	3.25	4	150	6	165	4.5	5.5

注：* 表示常用规格。

2. 冷拔无缝钢管的规格表

外径/mm	壁厚/mm		外径/mm	壁厚/mm	
	从	到		从	到
6	1.0	2.0	24	1.0	7.0
8	1.0	2.5	25	1.0	7.0
10	1.0	3.5	27	1.0	7.0
12	1.0	4.0	28	1.0	7.0
14	1.0	4.0	32	1.0	8.0
15	1.0	5.0	34	1.0	8.0
16	1.0	5.0	35	1.0	8.0
17	1.0	5.0	36	1.0	8.0
18	1.0	5.0	38	1.0	8.0
19	1.0	6.0	48	1.0	8.0
22	1.0	6.0	51	1.0	8.0

注：壁厚有 1.0、1.2、1.5、2.0、3.0、3.5、4.0、4.5、5.0、5.5、6.0、7.0、8.0mm。

3. 热轧无缝钢管的规格表

外径/mm	壁厚/mm		外径/mm	壁厚/mm	
	从	到		从	到
32	2.5	8	127	4.0	32
38	2.5	8	133	4.0	32
45	2.5	10	140	4.5	35
57	3.0	13	152	4.5	35
60	3.0	14	159	4.5	35
68	3.0	16	168	5.0	35
70	3.0	16	180	5.0	35
73	3.0	19	194	5.0	35
76	3.0	19	219	6.0	35
83	3.5	24	245	7.0	35
89	3.5	24	273	7.0	35
102	3.5	28	325	8.0	35
108	4.0	28	377	9.0	35
114	4.0	28	426	9.0	35
121	4.0	32			

附录八　常用热电偶和热电阻的分度表

1. 铂铑$_{10}$-铂热电偶分度表(分度号 S)

单位：mV

温度/℃	0	1	2	3	4	5	6	7	8	9
−50	−0.236									
−40	−0.194	−0.199	−0.203	−0.207	−0.211	−0.215	−0.219	−0.224	−0.228	−0.232
−30	−0.150	−0.155	−0.159	−0.164	−0.168	−0.173	−0.177	−0.181	−0.186	−0.190
−20	−0.103	−0.108	0.113	0.117	0.122	0.127	0.132	0.136	0.141	0.146
−10	−0.053	−0.058	−0.063	−0.068	−0.073	−0.078	−0.083	−0.088	−0.093	−0.098
−0	0.000	−0.005	−0.011	−0.016	−0.021	−0.027	−0.032	−0.037	−0.042	−0.048
0	0.000	0.005	0.011	0.016	0.022	0.027	0.033	0.038	0.044	0.050
10	0.055	0.061	0.067	0.072	0.078	0.084	0.090	0.095	0.101	0.107
20	0.113	0.119	0.125	0.131	0.137	0.143	0.149	0.155	0.161	0.167
30	0.173	0.179	0.185	0.191	0.197	0.204	0.210	0.216	0.222	0.229

温度/℃	0	1	2	3	4	5	6	7	8	9
40	0.235	0.241	0.248	0.254	0.260	0.267	0.273	0.280	0.286	0.292
50	0.299	0.305	0.312	0.319	0.325	0.332	0.338	0.345	0.352	0.358
60	0.365	0.372	0.378	0.385	0.392	0.399	0.405	0.412	0.419	0.426
70	0.433	0.440	0.446	0.453	0.460	0.467	0.474	0.481	0.488	0.495
80	0.502	0.509	0.516	0.523	0.530	0.538	0.545	0.552	0.559	0.566
90	0.573	0.580	0.588	0.595	0.602	0.609	0.617	0.624	0.631	0.639
100	0.646	0.653	0.661	0.668	0.675	0.683	0.690	0.698	0.705	0.713
110	0.720	0.727	0.735	0.743	0.750	0.758	0.765	0.773	0.780	0.788
120	0.795	0.803	0.811	0.818	0.826	0.834	0.841	0.849	0.857	0.865
130	0.872	0.880	0.888	0.896	0.903	0.911	0.919	0.927	0.935	0.942
140	0.950	0.958	0.966	0.974	0.982	0.990	0.998	1.006	1.013	1.021
150	1.029	1.037	1.045	1.053	1.061	1.069	1.077	1.085	1.094	1.102
160	1.110	1.118	1.126	1.134	1.142	1.150	1.158	1.167	1.175	1.183
170	1.191	1.199	1.207	1.216	1.224	1.232	1.240	1.249	1.257	1.265
180	1.273	1.282	1.290	1.298	1.307	1.315	1.323	1.332	1.340	1.348
190	1.357	1.365	1.373	1.382	1.390	1.399	1.407	1.415	1.424	1.432
200	1.441	1.449	1.458	1.466	1.475	1.483	1.492	1.500	1.509	1.517
210	1.526	1.534	1.543	1.551	1.560	1.569	1.577	1.586	1.594	1.603
220	1.612	1.620	1.629	1.638	1.646	1.655	1.663	1.672	1.681	1.690
230	1.698	1.707	1.716	1.724	1.733	1.742	1.751	1.759	1.768	1.777
240	1.786	1.794	1.803	1.812	1.821	1.829	1.838	1.847	1.856	1.865
250	1.874	1.882	1.891	1.900	1.909	1.918	1.927	1.936	1.944	1.953
260	1.962	1.971	1.980	1.989	1.998	2.007	2.016	2.025	2.034	2.043
270	2.052	2.061	2.070	2.078	2.087	2.096	2.105	2.114	2.123	2.132
280	2.141	2.151	2.160	2.169	2.178	2.187	2.196	2.205	2.214	2.223
290	2.232	2.241	2.250	2.259	2.268	2.277	2.287	2.296	2.305	2.314
300	2.323	2.332	2.341	2.350	2.360	2.369	2.378	2.387	2.396	2.405
310	2.415	2.424	2.433	2.442	2.451	2.461	2.470	2.479	2.488	2.497
320	2.507	2.516	2.525	2.534	2.544	2.553	2.562	2.571	2.581	2.590
330	2.599	2.609	2.618	2.627	2.636	2.646	2.655	2.664	2.674	2.683
340	2.692	2.702	2.711	2.720	2.730	2.739	2.748	2.758	2.767	2.776
350	2.786	2.795	2.805	2.814	2.823	2.833	2.842	2.851	2.861	2.870

附

录

温度/℃	0	1	2	3	4	5	6	7	8	9
360	2.880	2.889	2.899	2.908	2.917	2.927	2.936	2.946	2.955	2.965
370	2.974	2.983	2.993	3.002	3.012	3.021	3.031	3.040	3.050	3.059
380	3.069	3.078	3.088	3.097	3.107	3.116	3.126	3.135	3.145	3.154
390	3.164	3.173	3.183	3.192	3.202	3.212	3.221	3.231	3.240	3.250
400	3.259	3.269	3.279	3.288	3.298	3.307	3.317	3.326	3.336	3.346
410	3.355	3.365	3.374	3.384	3.394	3.403	3.413	3.423	3.432	3.442
420	3.451	3.461	3.471	3.480	3.490	3.500	3.509	3.519	3.529	3.538
430	3.548	3.558	3.567	3.577	3.587	3.596	3.606	3.616	3.626	3.635
440	3.645	3.655	3.664	3.674	3.684	3.694	3.703	3.713	3.723	3.732
450	3.742	3.752	3.762	3.771	3.781	3.791	3.801	3.810	3.820	3.830
460	3.840	3.850	3.859	3.869	3.879	3.889	3.898	3.908	3.918	3.928
470	3.938	3.947	3.957	3.967	3.977	3.987	3.997	4.006	4.016	4.026
480	4.036	4.046	4.056	4.065	4.075	4.085	4.095	4.105	4.115	4.125
490	4.134	4.144	4.154	4.164	4.174	4.184	4.194	4.204	4.213	4.223
500	4.233	4.243	4.253	4.263	4.273	4.283	4.293	4.303	4.313	4.323
510	4.332	4.342	4.352	4.362	4.372	4.382	4.392	4.402	4.412	4.422
520	4.432	4.442	4.452	4.462	4.472	4.482	4.492	4.502	4.512	4.522
530	4.532	4.542	4.552	4.562	4.572	4.582	4.592	4.602	4.612	4.622
540	4.632	4.642	4.652	4.662	4.672	4.682	4.692	4.702	4.712	4.722
550	4.732	4.742	4.752	4.762	4.772	4.782	4.793	4.803	4.813	4.823
560	4.833	4.843	4.853	4.863	4.873	4.883	4.893	4.904	4.914	4.924
570	4.934	4.944	4.954	4.964	4.974	4.984	4.995	5.005	5.015	5.025
580	5.035	5.045	5.055	5.066	5.076	5.086	5.096	5.106	5.116	5.127
590	5.137	5.147	5.157	5.167	5.178	5.188	5.198	5.208	5.218	5.228
600	5.239	5.249	5.259	5.269	5.280	5.290	5.300	5.310	5.320	5.331
610	5.341	5.351	5.361	5.372	5.382	5.392	5.402	5.413	5.423	5.433
620	5.443	5.454	5.464	5.474	5.485	5.495	5.505	5.515	5.526	5.536
630	5.546	5.557	5.567	5.577	5.588	5.598	5.608	5.618	5.629	5.639
640	5.649	5.660	5.670	5.680	5.691	5.701	5.712	5.722	5.732	5.743
650	5.753	5.763	5.774	5.784	5.794	5.805	5.815	5.826	5.836	5.846
660	5.857	5.867	5.878	5.888	5.898	5.909	5.919	5.930	5.940	5.950
670	5.961	5.971	5.982	5.992	6.003	6.013	6.024	6.034	6.044	6.055

温度/℃	0	1	2	3	4	5	6	7	8	9
680	6.065	6.076	6.086	6.097	6.107	6.118	6.128	6.139	6.149	6.160
690	6.170	6.181	6.191	6.202	6.212	6.223	6.233	6.244	6.254	6.265
700	6.275	6.286	6.296	6.307	6.317	6.328	6.338	6.349	6.360	6.370
710	6.381	6.391	6.402	6.412	6.423	6.434	6.444	6.455	6.465	6.476
720	6.486	6.497	6.508	6.518	6.529	6.539	6.550	6.561	6.571	6.582
730	6.593	6.603	6.614	6.624	6.635	6.646	6.656	6.667	6.678	6.688
740	6.699	6.710	6.720	6.731	6.742	6.752	6.763	6.774	6.784	6.795
750	6.806	6.817	6.827	6.838	6.849	6.859	6.870	6.881	6.892	6.902
760	6.913	6.924	6.934	6.945	6.956	6.967	6.977	6.988	6.999	7.010
770	7.020	7.031	7.042	7.053	7.064	7.074	7.085	7.096	7.107	7.117
780	7.128	7.139	7.150	7.161	7.172	7.182	7.193	7.204	7.215	7.226
790	7.236	7.247	7.258	7.269	7.280	7.291	7.302	7.312	7.323	7.334
800	7.345	7.356	7.367	7.378	7.388	7.399	7.410	7.421	7.432	7.443
810	7.454	7.465	7.476	7.487	7.497	7.508	7.519	7.530	7.541	7.552
820	7.563	7.574	7.585	7.596	7.607	7.618	7.629	7.640	7.651	7.662
830	7.673	7.684	7.695	7.706	7.717	7.728	7.739	7.750	7.761	7.772
840	7.783	7.794	7.805	7.816	7.827	7.838	7.849	7.860	7.871	7.882
850	7.893	7.904	7.915	7.926	7.937	7.948	7.959	7.970	7.981	7.992
860	8.003	8.014	8.026	8.037	8.048	8.059	8.070	8.081	8.092	8.103
870	8.114	8.125	8.137	8.148	8.159	8.170	8.181	8.192	8.203	8.214
880	8.226	8.237	8.248	8.259	8.270	8.281	8.293	8.304	8.315	8.326
890	8.337	8.348	8.360	8.371	8.382	8.393	8.404	8.416	8.427	8.438
900	8.449	8.460	8.472	8.483	8.494	8.505	8.517	8.528	8.539	8.550
910	8.562	8.573	8.584	8.595	8.607	8.618	8.629	8.640	8.652	8.663
920	8.674	8.685	8.697	8.708	8.719	8.731	8.742	8.753	8.765	8.776
930	8.787	8.798	8.810	8.821	8.832	8.844	8.855	8.866	8.878	8.889
940	8.900	8.912	8.923	8.935	8.946	8.957	8.969	8.980	8.991	9.003
950	9.014	9.025	9.037	9.048	9.060	9.071	9.082	9.094	9.105	9.117
960	9.128	9.139	9.151	9.162	9.174	9.185	9.197	9.208	9.219	9.231
970	9.242	9.254	9.265	9.277	9.288	9.300	9.311	9.323	9.334	9.345
980	9.357	9.368	9.380	9.391	9.403	9.414	9.426	9.437	9.449	9.460
990	9.472	9.483	9.495	9.506	9.518	9.529	9.541	9.552	9.564	9.576

附

录

温度/℃	0	1	2	3	4	5	6	7	8	9
1000	9.587	9.599	9.610	9.622	9.633	9.645	9.656	9.668	9.680	9.691
1010	9.703	9.714	9.726	9.737	9.749	9.761	9.772	9.784	9.795	9.807
1020	9.819	9.830	9.842	9.853	9.865	9.877	9.888	9.900	9.911	9.923
1030	9.935	9.946	9.958	9.970	9.981	9.993	10.005	10.016	10.028	10.040
1040	10.051	10.063	10.075	10.086	10.098	10.110	10.121	10.133	10.145	10.156
1050	10.168	10.180	10.191	10.203	10.215	10.227	10.238	10.250	10.262	10.273
1060	10.285	10.297	10.309	10.320	10.332	10.344	10.356	10.367	10.379	10.391
1070	10.403	10.414	10.426	10.438	10.450	10.461	10.473	10.485	10.497	10.509
1080	10.520	10.532	10.544	10.556	10.567	10.579	10.591	10.603	10.615	10.626
1090	10.638	10.650	10.662	10.674	10.686	10.697	10.709	10.721	10.733	10.745
1100	10.757	10.768	10.780	10.792	10.804	10.816	10.828	10.839	10.851	10.863
1110	10.875	10.887	10.899	10.911	10.922	10.934	10.946	10.958	10.970	10.982
1120	10.994	11.006	11.017	11.029	11.041	11.053	11.065	11.077	11.089	11.101
1130	11.113	11.125	11.136	11.148	11.160	11.172	11.184	11.196	11.208	11.220
1140	11.232	11.244	11.256	11.268	11.280	11.291	11.303	11.315	11.327	11.339
1150	11.351	11.363	11.375	11.387	11.399	11.411	11.423	11.435	11.447	11.459
1160	11.471	11.483	11.495	11.507	11.519	11.531	11.542	11.554	11.566	11.578
1170	11.590	11.602	11.614	11.626	11.638	11.650	11.662	11.674	11.686	11.698
1180	11.710	11.722	11.734	11.746	11.758	11.770	11.782	11.794	11.806	11.818
1190	11.830	11.842	11.854	11.866	11.878	11.890	11.902	11.914	11.926	11.939
1200	11.951	11.963	11.975	11.987	11.999	12.011	12.023	12.035	12.047	12.059
1210	12.071	12.083	12.095	12.107	12.119	12.131	12.143	12.155	12.167	12.179
1220	12.191	12.203	12.216	12.228	12.240	12.252	12.264	12.276	12.288	12.300
1230	12.312	12.324	12.336	12.348	12.360	12.372	12.384	12.397	12.409	12.421
1240	12.433	12.445	12.457	12.469	12.481	12.493	12.505	12.517	12.529	12.542
1250	12.554	12.566	12.578	12.590	12.602	12.614	12.626	12.638	12.650	12.662
1260	12.675	12.687	12.699	12.711	12.723	12.735	12.747	12.759	12.771	12.783
1270	12.796	12.808	12.820	12.832	12.844	12.856	12.868	12.880	12.892	12.905
1280	12.917	12.929	12.941	12.953	12.965	12.977	12.989	13.001	13.014	13.026
1290	13.038	13.050	13.062	13.074	13.086	13.098	13.111	13.123	13.135	13.147
1300	13.159	13.171	13.183	13.195	13.208	13.220	13.232	13.244	13.256	13.268
1310	13.280	13.292	13.305	13.317	13.329	13.341	13.353	13.365	13.377	13.390

温度/℃	0	1	2	3	4	5	6	7	8	9
1320	13.402	13.414	13.426	13.438	13.450	13.462	13.474	13.487	13.499	13.511
1330	13.523	13.535	13.547	13.559	13.572	13.584	13.596	13.608	13.620	13.632
1340	13.644	13.657	13.669	13.681	13.693	13.705	13.717	13.729	13.742	13.754
1350	13.766	13.778	13.790	13.802	13.814	13.826	13.839	13.851	13.863	13.875
1360	13.887	13.899	13.911	13.924	13.936	13.948	13.960	13.972	13.984	13.996
1370	14.009	14.021	14.033	14.045	14.057	14.069	14.081	14.094	14.106	14.118
1380	14.130	14.142	14.154	14.166	14.178	14.191	14.203	14.215	14.227	14.239
1390	14.251	14.263	14.276	14.288	14.300	14.312	14.324	14.336	14.348	14.360
1400	14.373	14.385	14.397	14.409	14.421	14.433	14.445	14.457	14.470	14.482
1410	14.494	14.506	14.518	14.530	14.542	14.554	14.567	14.579	14.591	14.603
1420	14.615	14.627	14.639	14.651	14.664	14.676	14.688	14.700	14.712	14.724
1430	14.736	14.748	14.760	14.773	14.785	14.797	14.809	14.821	14.833	14.845
1440	14.857	14.869	14.881	14.894	14.906	14.918	14.930	14.942	14.954	14.966
1450	14.978	14.990	15.002	15.015	15.027	15.039	15.051	15.063	15.075	15.087
1460	15.099	15.111	15.123	15.135	15.148	15.160	15.172	15.184	15.196	15.208
1470	15.220	15.232	15.244	15.256	15.268	15.280	15.292	15.304	15.317	15.329
1480	15.341	15.353	15.365	15.377	15.389	15.401	15.413	15.425	15.437	15.449
1490	15.461	15.473	15.485	15.497	15.509	15.521	15.534	15.546	15.558	15.570
1500	15.582	15.594	15.606	15.618	15.630	15.642	15.654	15.666	15.678	15.690
1510	15.702	15.714	15.726	15.738	15.750	15.762	15.774	15.786	15.798	15.810
1520	15.822	15.834	15.846	15.858	15.870	15.882	15.894	15.906	15.918	15.930
1530	15.942	15.954	15.966	15.978	15.990	16.002	16.014	16.026	16.038	16.050
1540	16.062	16.074	16.086	16.098	16.110	16.122	16.134	16.146	16.158	16.170
1550	16.182	16.194	16.205	16.217	16.229	16.241	16.253	16.265	16.277	16.289
1560	16.301	16.313	16.325	16.337	16.349	16.361	16.373	16.385	16.396	16.408
1570	16.420	16.432	16.444	16.456	16.468	16.480	16.492	16.504	16.516	16.527
1580	16.539	16.551	16.563	16.575	16.587	16.599	16.611	16.623	16.634	16.646
1590	16.658	16.670	16.682	16.694	16.706	16.718	16.729	16.741	16.753	16.765
1600	16.777	16.789	16.801	16.812	16.824	16.836	16.848	16.860	16.872	16.883
1610	16.895	16.907	16.919	16.931	16.943	16.954	16.966	16.978	16.990	17.002
1620	17.013	17.025	17.037	17.049	17.061	17.072	17.084	17.096	17.108	17.120
1630	17.131	17.143	17.155	17.167	17.178	17.190	17.202	17.214	17.225	17.237

附

录

温度/℃	0	1	2	3	4	5	6	7	8	9
1640	17.249	17.261	17.272	17.284	17.296	17.308	17.319	17.331	17.343	17.355
1650	17.366	17.378	17.390	17.401	17.413	17.425	17.437	17.448	17.460	17.472
1660	17.483	17.495	17.507	17.518	17.530	17.542	17.553	17.565	17.577	17.588
1670	17.600	17.612	17.623	17.635	17.647	17.658	17.670	17.682	17.693	17.705
1680	17.717	17.728	17.740	17.751	17.763	17.775	17.786	17.798	17.809	17.821
1690	17.832	17.844	17.855	17.867	17.878	17.890	17.901	17.913	17.924	17.936
1700	17.947	17.959	17.970	17.982	17.993	18.004	18.016	18.027	18.039	18.050
1710	18.061	18.073	18.084	18.095	18.107	18.118	18.129	18.140	18.152	18.163
1720	18.174	18.185	18.196	18.208	18.219	18.230	18.241	18.252	18.263	18.274
1730	18.285	18.297	18.308	18.319	18.330	18.341	18.352	18.362	18.373	18.384
1740	18.395	18.406	18.417	18.428	18.439	18.449	18.460	18.471	18.482	18.493
1750	18.503	18.514	18.525	18.535	18.546	18.557	18.567	18.578	18.588	18.599
1760	18.609	18.620	18.630	18.641	18.651	18.661	18.672	18.682	18.693	

2. 镍铬-铜镍热电偶分度表(分度号 E)

单位:mV

温度/℃	0	1	2	3	4	5	6	7	8	9
−270	−9.835									
−260	−9.797	−9.802	−9.808	−9.813	−9.817	−9.821	−9.825	−9.828	−9.831	−9.833
−250	−9.718	−9.728	−9.737	−9.746	−9.754	−9.762	−9.770	−9.777	−9.784	−9.790
−240	−9.604	−9.617	−9.630	−9.642	−9.654	−9.666	−9.677	−9.688	−9.698	−9.709
−230	−9.455	−9.471	−9.487	−9.503	−9.519	−9.534	−9.548	−9.563	−9.577	−9.591
−220	−9.274	−9.293	−9.313	−9.331	−9.350	−9.368	−9.386	−9.404	−9.421	−9.438
−210	−9.063	−9.085	−9.107	−9.129	−9.151	−9.172	−9.193	−9.214	−9.234	−9.254
−200	−8.825	−8.850	−8.874	−8.899	−8.923	−8.947	−8.971	−8.994	−9.017	−9.040
−190	−8.561	−8.588	−8.616	−8.643	−8.669	−8.696	−8.722	−8.748	−8.774	−8.799
−180	−8.273	−8.303	−8.333	−8.362	−8.391	−8.420	−8.449	−8.477	−8.505	−8.533
−170	−7.963	−7.995	−8.027	−8.059	−8.090	−8.121	−8.152	−8.183	−8.213	−8.243
−160	−7.632	−7.666	−7.700	−7.733	−7.767	−7.800	−7.833	−7.866	−7.899	−7.931
−150	−7.279	−7.315	−7.351	−7.387	−7.423	−7.458	−7.493	−7.528	−7.563	−7.597
−140	−6.907	−6.945	−6.983	−7.021	−7.058	−7.096	−7.133	−7.170	−7.206	−7.243
−130	−6.516	−6.556	−6.596	−6.636	−6.675	−6.714	−6.753	−6.792	−6.831	−6.869
−120	−6.107	−6.149	−6.191	−6.232	−6.273	−6.314	−6.355	−6.396	−6.436	−6.476

温度/℃	0	1	2	3	4	5	6	7	8	9
−110	−5.681	−5.724	−5.767	−5.810	−5.853	−5.896	−5.939	−5.981	−6.023	−6.065
−100	−5.237	−5.282	−5.327	−5.372	−5.417	−5.461	−5.505	−5.549	−5.593	−5.637
−90	−4.777	−4.824	−4.871	−4.917	−4.963	−5.009	−5.055	−5.101	−5.147	−5.192
−80	−4.302	−4.350	−4.398	−4.446	−4.494	−4.542	−4.589	−4.636	−4.684	−4.731
−70	−3.811	−3.861	−3.911	−3.960	−4.009	−4.058	−4.107	−4.156	−4.205	−4.254
−60	−3.306	−3.357	−3.408	−3.459	−3.510	−3.561	−3.611	−3.661	−3.711	−3.761
−50	−2.787	−2.840	−2.892	−2.944	−2.996	−3.048	−3.100	−3.152	−3.204	−3.255
−40	−2.255	−2.309	−2.362	−2.416	−2.469	−2.523	−2.576	−2.629	−2.682	−2.735
−30	−1.709	−1.765	−1.820	−1.874	−1.929	−1.984	−2.038	−2.093	−2.147	−2.201
−20	−1.152	−1.208	−1.264	−1.320	−1.376	−1.432	−1.488	−1.543	−1.599	−1.654
−10	−0.582	−0.639	−0.697	−0.754	−0.811	−0.868	−0.925	−0.982	−1.039	−1.095
−0	0.000	−0.117	−0.176	−0.234	−0.292	−0.350	−0.408	−0.466	−0.524	0.582
0	0.000	0.059	0.118	0.176	0.235	0.294	0.354	0.413	0.472	0.532
10	0.591	0.651	0.711	0.770	0.830	0.890	0.950	1.010	1.071	1.131
20	1.192	1.252	1.313	1.373	1.434	1.495	1.556	1.617	1.678	1.740
30	1.801	1.862	1.924	1.986	2.047	2.109	2.171	2.233	2.295	2.357
40	2.420	2.482	2.545	2.607	2.670	2.733	2.795	2.858	2.921	2.984
50	3.048	3.111	3.174	3.238	3.301	3.365	3.429	3.492	3.556	3.620
60	3.685	3.749	3.813	3.877	3.942	4.006	4.071	4.136	4.200	4.265
70	4.330	4.395	4.460	4.526	4.591	4.656	4.722	4.788	4.853	4.919
80	4.985	5.051	5.117	5.183	5.249	5.315	5.382	5.448	5.514	5.581
90	5.648	5.714	5.781	5.848	5.915	5.982	6.049	6.117	6.184	6.251
100	6.319	6.386	6.454	6.522	6.590	6.658	6.725	6.794	6.862	6.930
110	6.998	7.066	7.135	7.203	7.272	7.341	7.409	7.478	7.547	7.616
120	7.685	7.754	7.823	7.892	7.962	8.031	8.101	8.170	8.240	8.309
130	8.379	8.449	8.519	8.589	8.659	8.729	8.799	8.869	8.940	9.010
140	9.081	9.151	9.222	9.292	9.363	9.434	9.505	9.576	9.647	9.718
150	9.789	9.860	9.931	10.003	10.074	10.145	10.217	10.288	10.360	10.432
160	10.503	10.575	10.647	10.719	10.791	10.863	10.935	11.007	11.080	11.152
170	11.224	11.297	11.369	11.442	11.514	11.587	11.660	11.733	11.805	11.878
180	11.951	12.024	12.097	12.170	12.243	12.317	12.390	12.463	12.537	12.610
190	12.684	12.757	12.831	12.904	12.978	13.052	13.126	13.199	13.273	13.347

附

录

温度/℃	0	1	2	3	4	5	6	7	8	9
200	13.421	13.495	13.569	13.644	13.718	13.792	13.866	13.941	14.015	14.090
210	14.164	14.239	14.313	14.388	14.463	14.537	14.612	14.687	14.762	14.837
220	14.912	14.987	15.062	15.137	15.212	15.287	15.362	15.438	15.513	15.588
230	15.664	15.739	15.815	15.890	15.966	16.041	16.117	16.193	16.269	16.344
240	16.420	16.496	16.572	16.648	16.724	16.800	16.876	16.952	17.028	17.104
250	17.181	17.257	17.333	17.409	17.486	17.562	17.639	17.715	17.792	17.868
260	17.945	18.021	18.098	18.175	18.252	18.328	18.405	18.482	18.559	18.636
270	18.713	18.790	18.867	18.944	19.021	19.098	19.175	19.252	19.330	19.407
280	19.484	19.561	19.639	19.716	19.794	19.871	19.948	20.026	20.103	20.181
290	20.259	20.336	20.414	20.492	20.569	20.647	20.725	20.803	20.880	20.958
300	21.036	21.114	21.192	21.270	21.348	21.426	21.504	21.582	21.660	21.739
310	21.817	21.895	21.973	22.051	22.130	22.208	22.286	22.365	22.443	22.522
320	22.600	22.678	22.757	22.835	22.914	22.993	23.071	23.150	23.228	23.307
330	23.386	23.464	23.543	23.622	23.701	23.780	23.858	23.937	24.016	24.095
340	24.174	24.253	24.332	24.411	24.490	24.569	24.648	24.727	24.806	24.885
350	24.964	25.044	25.123	25.202	25.281	25.360	25.440	25.519	25.598	25.678
360	25.757	25.836	25.916	25.995	26.075	26.154	26.233	26.313	26.392	26.472
370	26.552	26.631	26.711	26.790	26.870	26.950	27.029	27.109	27.189	27.268
380	27.348	27.428	27.507	27.587	27.667	27.747	27.827	27.907	27.986	28.066
390	28.146	28.226	28.306	28.386	28.466	28.546	28.626	28.706	28.786	28.866
400	28.946	29.026	29.106	29.186	29.266	29.346	29.427	29.507	29.587	29.667
410	29.747	29.827	29.908	29.988	30.068	30.148	30.229	30.309	30.389	30.470
420	30.550	30.630	30.711	30.791	30.871	30.952	31.032	31.112	31.193	31.273
430	31.354	31.434	31.515	31.595	31.676	31.756	31.837	31.917	31.998	32.078
440	32.159	32.239	32.320	32.400	32.481	32.562	32.642	32.723	32.803	32.884
450	32.965	33.045	33.126	33.207	33.287	33.368	33.449	33.529	33.610	33.691
460	33.772	33.852	33.933	34.014	34.095	34.175	34.256	34.337	34.418	34.498
470	34.579	34.660	34.741	34.822	34.902	34.983	35.064	35.145	35.226	35.307
480	35.387	35.468	35.549	35.630	35.711	35.792	35.873	35.954	36.034	36.115
490	36.196	36.277	36.358	36.439	36.520	36.601	36.682	36.763	36.843	36.924
500	37.005	37.086	37.167	37.248	37.329	37.410	37.491	37.572	37.653	37.734
510	37.815	37.896	37.977	38.058	38.139	38.220	38.300	38.381	38.462	38.543

温度/℃	0	1	2	3	4	5	6	7	8	9
520	38.624	38.705	38.786	38.867	38.948	39.029	39.110	39.191	39.272	39.353
530	39.434	39.515	39.596	39.677	39.758	39.839	39.920	40.001	40.082	40.163
540	40.243	40.324	40.405	40.486	40.567	40.648	40.729	40.810	40.891	40.972
550	41.053	41.134	41.215	41.296	41.377	41.457	41.538	41.619	41.700	41.781
560	41.862	41.943	42.024	42.105	42.185	42.266	42.347	42.428	42.509	42.590
570	42.671	42.751	42.832	42.913	42.994	43.075	43.156	43.236	43.317	43.398
580	43.479	43.560	43.640	43.721	43.802	43.883	43.963	44.044	44.125	44.206
590	44.286	44.367	44.448	44.529	44.609	44.690	44.771	44.851	44.932	45.013
600	45.093	45.174	45.255	45.335	45.416	45.497	45.577	45.658	45.738	45.819
610	45.900	45.980	46.061	46.141	46.222	46.302	46.383	46.463	46.544	46.624
620	46.705	46.785	46.866	46.946	47.027	47.107	47.188	47.268	47.349	47.429
630	47.509	47.590	47.670	47.751	47.831	47.911	47.992	48.072	48.152	48.233
640	48.313	48.393	48.474	48.554	48.634	48.715	48.795	48.875	48.955	49.035
650	49.116	49.196	49.276	49.356	49.436	49.517	49.597	49.677	49.757	49.837
660	49.917	49.997	50.077	50.157	50.238	50.318	50.398	50.478	50.558	50.638
670	50.718	50.798	50.878	50.958	51.038	51.118	51.197	51.277	51.357	51.437
680	51.517	51.597	51.677	51.757	51.837	51.916	51.996	52.076	52.156	52.236
690	52.315	52.395	52.475	52.555	52.634	52.714	52.794	52.873	52.953	53.033
700	53.112	53.192	53.272	53.351	53.431	53.510	53.590	53.670	53.749	53.829
710	53.908	53.988	54.067	54.147	54.226	54.306	54.385	54.465	54.544	54.624
720	54.703	54.782	54.862	54.941	55.021	55.100	55.179	55.259	55.338	55.417
730	55.497	55.576	55.655	55.734	55.814	55.893	55.972	56.051	56.131	56.210
740	56.289	56.368	56.447	56.526	56.606	56.685	56.764	56.843	56.922	57.001
750	57.080	57.159	57.238	57.317	57.396	57.475	57.554	57.633	57.712	57.791
760	57.870	57.949	58.028	58.107	58.186	58.265	58.343	58.422	58.501	58.580
770	58.659	58.738	58.816	58.895	58.974	59.053	59.131	59.210	59.289	59.367
780	59.446	59.525	59.604	59.682	59.761	59.839	59.918	59.997	60.075	60.154
790	60.232	60.311	60.390	60.468	60.547	60.625	60.704	60.782	60.860	60.939
800	61.017	61.096	61.174	61.253	61.331	61.409	61.488	61.566	61.644	61.723
810	61.801	61.879	61.958	62.036	62.114	62.192	62.271	62.349	62.427	62.505
820	62.583	62.662	62.740	62.818	62.896	62.974	63.052	63.130	63.208	63.286
830	63.364	63.442	63.520	63.598	63.676	63.754	63.832	63.910	63.988	64.066

附

录

续表

温度/℃	0	1	2	3	4	5	6	7	8	9
840	64.144	64.222	64.300	64.377	64.455	64.533	64.611	64.689	64.766	64.844
850	64.922	65.000	65.077	65.155	65.233	65.310	65.388	65.465	65.543	65.621
860	65.698	65.776	65.853	65.931	66.008	66.086	66.163	66.241	66.318	66.396
870	66.473	66.550	66.628	66.705	66.782	66.860	66.937	67.014	67.092	67.169
880	67.246	67.323	67.400	67.478	67.555	67.632	67.709	67.786	67.863	67.940
890	68.017	68.094	68.171	68.248	68.325	68.402	68.479	68.556	68.633	68.710
900	68.787	68.863	68.940	69.017	69.094	69.171	69.247	69.324	69.401	69.477
910	69.554	69.631	69.707	69.784	69.860	69.937	70.013	70.090	70.166	70.243
920	70.319	70.396	70.472	70.548	70.625	70.701	70.777	70.854	70.930	71.006
930	71.082	71.159	71.235	71.311	71.387	71.463	71.539	71.615	71.692	71.768
940	71.844	71.920	71.996	72.072	72.147	72.223	72.299	72.375	72.451	72.527
950	72.603	72.678	72.754	72.830	72.906	72.981	73.057	73.133	73.208	73.284
960	73.360	73.435	73.511	73.586	73.662	73.738	73.813	73.889	73.964	74.040
970	74.115	74.190	74.266	74.341	74.417	74.492	74.567	74.643	74.718	74.793
980	74.869	74.944	75.019	75.095	75.170	75.245	75.320	75.395	75.471	75.546
990	75.621	75.696	75.771	75.847	75.922	75.997	76.072	76.147	76.223	76.298

3. 镍铬-镍硅热电偶分度表(分度号 K)

单位:mV

温度/℃	0	1	2	3	4	5	6	7	8	9
−50	−1.889	−1.925	−1.961	−1.996	−2.032	−2.067	−2.102	−2.137	−2.173	−2.208
−40	−1.527	−1.563	−1.600	−1.636	−1.673	−1.709	−1.745	−1.781	−1.817	−1.853
−30	−1.156	−1.193	−1.231	−1.268	−1.305	−1.342	−1.379	−1.416	−1.453	−1.490
−20	−0.777	−0.816	−0.854	−0.892	−0.930	−0.968	−1.005	−1.043	−1.081	−1.118
−10	−0.392	−0.431	−0.469	−0.508	−0.547	−0.585	−0.624	−0.662	−0.701	−0.739
−0	0	−0.039	−0.079	−0.118	−0.157	−0.197	−0.236	−0.275	−0.314	−0.353
0	0	0.039	0.079	0.119	0.158	0.198	0.238	0.277	0.317	0.357
10	0.397	0.437	0.477	0.517	0.557	0.597	0.637	0.677	0.718	0.758
20	0.798	0.838	0.879	0.919	0.960	1.000	1.041	1.081	1.122	1.162
30	1.203	1.244	1.285	1.325	1.366	1.407	1.448	1.489	1.529	1.570
40	1.611	1.652	1.693	1.734	1.776	1.817	1.858	1.899	1.940	1.981
50	2.022	2.064	2.105	2.146	2.188	2.229	2.270	2.312	2.353	2.394
60	2.436	2.477	2.519	2.560	2.601	2.643	2.684	2.726	2.767	2.809

温度/℃	0	1	2	3	4	5	6	7	8	9
70	2.850	2.892	2.933	2.875	3.016	3.058	3.100	3.141	3.183	3.224
80	3.266	3.307	3.349	3.390	3.432	3.473	3.515	3.556	3.598	3.639
90	3.681	3.722	3.764	3.805	3.847	3.888	3.930	3.971	4.012	4.054
100	4.095	4.137	4.178	4.219	4.261	4.302	4.343	4.384	4.426	4.467
110	4.508	4.549	4.590	4.632	4.673	4.714	4.755	4.796	4.837	4.878
120	4.919	4.960	5.001	5.042	5.083	5.124	5.164	5.205	5.246	5.287
130	5.327	5.368	5.409	5.450	5.490	5.531	5.571	5.612	5.652	5.693
140	5.733	5.774	5.814	5.855	5.895	5.936	5.976	6.016	6.057	6.097
150	6.137	6.177	6.218	6.258	6.298	6.338	6.378	6.419	6.459	6.499
160	6.539	6.579	6.619	6.659	6.699	6.739	6.779	6.819	6.859	6.899
170	6.939	6.979	7.019	7.059	7.099	7.139	7.179	7.219	7.259	7.299
180	7.338	7.378	7.418	7.458	7.498	7.538	7.578	7.618	7.658	7.697
190	7.737	7.777	7.817	7.857	7.897	7.937	7.977	8.017	8.057	8.097
200	8.137	8.177	8.216	8.256	8.296	8.336	8.376	8.416	8.456	8.497
210	8.537	8.577	8.617	8.657	8.697	8.737	8.777	8.817	8.857	8.898
220	8.938	8.978	9.018	9.058	9.099	9.139	9.179	9.220	9.260	9.300
230	9.341	9.381	9.421	9.462	9.502	9.543	9.583	9.624	9.664	9.705
240	9.745	9.786	9.826	9.867	9.907	9.948	9.989	10.029	10.070	10.111
250	10.151	10.192	10.233	10.274	10.315	10.355	10.396	10.437	10.478	10.519
260	10.560	10.600	10.641	10.882	10.723	10.764	10.805	10.848	10.887	10.928
270	10.969	11.010	11.051	11.093	11.134	11.175	11.216	11.257	11.298	11.339
280	11.381	11.422	11.463	11.504	11.545	11.587	11.628	11.669	11.711	11.752
290	11.793	11.835	11.876	11.918	11.959	12.000	12.042	12.083	12.125	12.166
300	12.207	12.249	12.290	12.332	12.373	12.415	12.456	12.498	12.539	12.581
310	12.623	12.664	12.706	12.747	12.789	12.831	12.872	12.914	12.955	12.997
320	13.039	13.080	13.122	13.164	13.205	13.247	13.289	13.331	13.372	13.414
330	13.456	13.497	13.539	13.581	13.623	13.665	13.706	13.748	13.790	13.832
340	13.874	13.915	13.957	13.999	14.041	14.083	14.125	14.167	14.208	14.250
350	14.292	14.334	14.376	14.418	14.460	14.502	14.544	14.586	14.628	14.670
360	14.712	14.754	14.796	14.838	14.880	14.922	14.964	15.006	15.048	15.090
370	15.132	15.174	15.216	15.258	15.300	15.342	15.394	15.426	15.468	15.510
380	15.552	15.594	15.636	15.679	15.721	15.763	15.805	15.847	15.889	15.931

附

录

温度/℃	0	1	2	3	4	5	6	7	8	9
390	15.974	16.016	16.058	16.100	16.142	16.184	16.227	16.269	16.311	16.353
400	16.395	16.438	16.480	16.522	16.564	16.607	16.649	16.691	16.733	16.776
410	16.818	16.860	16.902	16.945	16.987	17.029	17.072	17.114	17.156	17.199
420	17.241	17.283	17.326	17.368	17.410	17.453	17.495	17.537	17.580	17.622
430	17.664	17.707	17.749	17.792	17.834	17.876	17.919	17.961	18.004	18.046
440	18.088	18.131	18.173	18.216	18.258	18.301	18.343	18.385	18.428	18.470
450	18.513	18.555	18.598	18.640	18.683	18.725	18.768	18.810	18.853	18.896
460	18.938	18.980	19.023	19.065	19.108	19.150	19.193	19.235	19.278	19.320
470	19.363	19.405	19.448	19.490	19.533	19.576	19.618	19.661	19.703	19.746
480	19.788	19.831	19.873	19.916	19.959	20.001	20.044	20.086	20.129	20.172
490	20.214	20.257	20.299	20.342	20.385	20.427	20.470	20.512	20.555	20.598
500	20.640	20.683	20.725	20.768	20.811	20.853	20.896	20.938	20.981	21.024
510	21.066	21.109	21.152	21.194	21.237	21.280	21.322	21.365	21.407	21.450
520	21.493	21.535	21.578	21.621	21.663	21.706	21.749	21.791	21.834	21.876
530	21.919	21.962	22.004	22.047	22.090	22.132	22.175	22.218	22.260	22.303
540	22.346	22.388	22.431	22.473	22.516	22.559	22.601	22.644	22.687	22.729
550	22.772	22.815	22.857	22.900	22.942	22.985	23.028	23.070	23.113	23.156
560	23.198	23.241	23.284	23.326	23.369	23.411	23.454	23.497	23.539	23.582
570	23.624	23.667	23.710	23.752	23.795	23.837	23.880	23.923	23.965	24.008
580	24.050	24.093	24.136	24.178	24.221	24.263	24.306	24.348	24.391	24.434
590	24.476	24.519	24.561	24.604	24.646	24.689	24.731	24.774	24.817	24.859
600	24.902	24.944	24.987	25.029	25.072	25.114	25.157	25.199	25.242	25.284
610	25.327	25.369	25.412	25.454	25.497	25.539	25.582	25.624	25.666	25.709
620	25.751	25.794	25.836	25.879	25.921	25.964	26.006	26.048	26.091	26.133
630	26.176	26.218	26.260	26.303	26.345	26.387	26.430	26.472	26.515	26.557
640	26.599	26.642	26.684	26.726	26.769	26.811	26.853	26.896	26.938	26.980
650	27.022	27.065	27.107	27.149	27.192	27.234	27.276	27.318	27.361	27.403
660	27.445	27.487	27.529	27.572	27.614	27.656	27.698	27.740	27.783	27.825
670	27.867	27.909	27.951	27.993	28.035	28.078	28.120	28.162	28.204	28.246
680	28.288	28.330	28.372	28.414	28.456	28.498	28.540	28.583	28.625	28.667
690	28.709	28.751	28.793	28.835	28.877	28.919	28.961	29.002	29.044	29.086
700	29.128	29.170	29.212	29.264	29.296	29.338	29.380	29.422	29.464	29.505
710	29.547	29.589	29.631	29.673	29.715	29.756	29.798	29.840	29.882	29.924

温度/℃	0	1	2	3	4	5	6	7	8	9
720	29.965	30.007	30.049	30.091	30.132	30.174	30.216	20.257	30.299	30.341
730	30.383	30.424	30.466	30.508	30.549	30.591	30.632	30.674	30.716	30.757
740	30.799	30.840	30.882	30.924	30.965	31.007	31.048	31.090	31.131	31.173
750	31.214	31.256	31.297	31.339	31.380	31.422	31.463	31.504	31.546	31.587
760	31.629	31.670	31.712	31.753	31.794	31.836	31.877	31.918	31.960	32.001
770	32.042	32.084	32.125	32.166	32.207	32.249	32.290	32.331	32.372	32.414
780	32.455	32.496	32.537	32.578	32.619	32.661	32.702	32.743	32.784	32.825
790	32.866	32.907	32.948	32.990	33.031	33.072	33.113	33.154	33.195	33.236
800	33.277	33.318	33.359	33.400	33.441	33.482	33.523	33.564	33.606	33.645
810	33.686	33.727	33.768	33.809	33.850	33.891	33.931	33.972	34.013	34.054
820	34.095	34.136	34.176	34.217	34.258	34.299	34.339	34.380	34.421	34.461
830	34.502	34.543	34.583	34.624	34.665	34.705	34.746	34.787	34.827	34.868
840	34.909	34.949	34.990	35.030	35.071	35.111	35.152	35.192	35.233	35.273
850	35.314	35.354	35.395	35.435	35.476	35.516	35.557	35.597	35.637	35.678
860	35.718	35.758	35.799	35.839	35.880	35.920	35.960	36.000	36.041	36.081
870	36.121	36.162	36.202	36.242	36.282	36.323	36.363	36.403	36.443	36.483
880	36.524	36.564	36.604	36.644	36.684	36.724	36.764	36.804	36.844	36.885
890	36.925	36.965	37.005	37.045	37.085	37.125	37.165	37.205	37.245	37.285
900	37.325	37.365	37.405	37.443	37.484	37.524	37.564	37.604	37.644	37.684
910	37.724	37.764	37.833	37.843	37.883	37.923	37.963	38.002	38.042	38.082
920	38.122	38.162	38.201	38.241	38.281	38.320	38.360	38.400	38.439	38.479
930	38.519	38.558	38.598	38.638	38.677	38.717	38.756	38.796	38.836	38.875
940	38.915	38.954	38.994	39.033	39.073	39.112	39.152	39.191	39.231	39.270
950	39.310	39.349	39.388	39.428	39.467	39.507	39.546	39.585	39.625	39.664
960	39.703	39.743	39.782	39.821	39.861	39.900	39.939	39.979	40.018	40.057
970	40.096	40.136	40.175	40.214	40.253	40.292	40.332	40.371	40.410	40.449
980	40.488	40.527	40.566	40.605	40.645	40.634	40.723	40.762	40.801	40.840
990	40.879	40.918	40.957	40.996	41.035	41.074	41.113	41.152	41.191	41.230
1000	41.269	41.308	41.347	41.385	41.424	41.463	41.502	41.541	41.580	41.619
1010	41.657	41.696	41.735	41.774	41.813	41.851	41.890	41.929	41.968	42.006
1020	42.045	42.084	42.123	42.161	42.200	42.239	42.277	42.316	42.355	42.393
1030	42.432	42.470	42.509	42.548	42.586	42.625	42.663	42.702	42.740	42.779
1040	42.817	42.856	42.894	42.933	42.971	43.010	43.048	43.087	43.125	43.164

附

录

温度/℃	0	1	2	3	4	5	6	7	8	9
1050	43.202	43.240	43.279	43.317	43.356	43.394	43.432	43.471	43.509	43.547
1060	43.585	43.624	43.662	43.700	43.739	43.777	43.815	43.853	43.891	43.930
1070	43.968	44.006	44.044	44.082	44.121	44.159	44.197	44.235	44.273	44.311
1080	44.349	44.387	44.425	44.463	44.501	44.539	44.577	44.615	44.653	44.691
1090	44.729	44.767	44.805	44.843	44.881	44.919	44.957	44.995	45.033	45.070
1100	45.108	45.146	45.184	45.222	45.260	45.297	45.335	45.373	45.411	45.448
1110	45.486	45.524	45.561	45.599	45.637	45.675	45.712	45.750	45.787	45.825
1120	45.863	45.900	45.938	45.975	46.013	46.051	45.088	46.126	46.163	46.201
1130	46.238	46.275	46.313	46.350	46.388	46.425	46.463	46.500	46.537	46.575
1140	46.612	46.649	46.687	46.724	46.761	46.799	46.836	46.873	46.910	46.948
1150	46.985	47.022	47.059	47.096	47.134	47.171	47.208	47.245	47.282	47.319
1160	47.356	47.393	47.430	47.468	47.505	47.542	47.579	47.616	47.653	47.689
1170	47.726	47.7628	47.800	47.837	47.874	47.911	47.948	47.985	48.021	48.058
1180	48.095	48.132	48.169	48.205	48.242	48.279	48.316	48.352	48.389	48.426
1190	48.462	48.499	48.536	48.572	48.609	48.645	48.682	48.718	48.755	48.792
1200	48.828	48.865	48.901	48.937	48.974	49.010	49.047	49.083	49.120	49.156
1210	49.192	49.229	49.265	49.301	49.338	49.374	49.410	49.446	49.483	49.519
1220	49.555	49.591	49.627	49.663	49.700	49.736	49.772	49.808	49.844	49.880
1230	49.916	49.952	49.988	50.024	50.060	50.096	50.132	50.168	50.204	50.240
1240	50.276	50.311	50.347	50.383	50.419	50.455	50.491	50.526	50.562	50.598
1250	50.633	50.669	50.705	50.741	50.776	50.812	50.847	50.883	50.919	50.954
1260	50.990	51.025	51.061	51.096	51.132	51.167	51.203	51.238	51.274	51.309
1270	51.344	51.380	51.415	51.450	51.486	51.521	51.556	51.592	51.627	51.662
1280	51.697	51.733	51.768	51.803	51.836	51.873	51.908	51.943	51.979	52.014
1290	52.049	52.084	52.119	52.154	52.189	52.224	52.259	52.284	52.329	52.364
1300	52.398	52.433	52.468	52.503	52.538	52.573	52.608	52.642	52.677	52.712
1310	52.747	52.781	52.816	52.851	52.886	52.920	52.955	52.980	53.024	53.059
1320	53.093	53.128	53.162	53.197	53.232	53.266	53.301	53.335	53.370	53.404
1330	53.439	53.473	53.507	53.642	53.576	53.611	53.645	53.679	53.714	53.748
1340	53.782	53.817	53.851	53.885	53.926	53.954	53.988	54.022	54.057	54.091
1350	54.125	54.159	54.193	54.228	54.262	54.296	54.330	54.364	54.398	54.432
1360	54.466	54.501	54.535	54.569	54.603	54.637	54.671	54.705	54.739	54.773
1370	54.807	54.841	54.875							

4. 铂热电阻分度表（分度号 Pt100）

单位：Ω

温度/℃	0	1	2	3	4	5	6	7	8	9
−200	18.52									
−190	22.83	22.40	21.97	21.54	21.11	20.68	20.25	19.82	19.38	18.95
−180	27.10	26.67	26.24	25.82	25.39	24.97	24.54	24.11	23.68	23.25
−170	31.34	30.91	30.49	30.07	29.64	29.22	28.80	28.37	27.95	27.52
−160	35.54	35.12	34.70	34.28	33.86	33.44	33.02	32.60	32.18	31.76
−150	39.72	39.31	38.89	38.47	38.05	37.64	37.22	36.80	36.38	35.96
−140	43.88	43.46	43.05	42.63	42.22	41.80	41.39	40.97	40.56	40.14
−130	48.00	47.59	47.18	46.77	46.36	45.94	45.53	45.12	44.70	44.29
−120	52.11	51.70	51.29	50.88	50.47	50.06	49.65	49.24	48.83	48.42
−110	56.19	55.79	55.38	54.97	54.56	54.15	53.75	53.34	52.93	52.52
−100	60.26	59.85	59.44	59.04	58.63	58.23	57.82	57.41	57.01	56.60
−90	64.30	63.90	63.49	63.09	62.68	62.28	61.88	61.47	61.07	60.66
−80	68.33	67.92	67.52	67.12	66.72	66.31	65.91	65.51	65.11	64.70
−70	72.33	71.93	71.53	71.13	70.73	70.33	69.93	69.53	69.13	68.73
−60	76.33	75.93	75.53	75.13	74.73	74.33	73.93	73.53	73.13	72.73
−50	80.31	79.91	79.51	79.11	78.72	78.32	77.92	77.52	77.12	76.73
−40	84.27	83.87	83.48	83.08	82.69	82.29	81.89	81.50	81.10	80.70
−30	88.22	87.83	87.43	87.04	86.64	86.25	85.85	85.46	85.06	84.67
−20	92.16	91.77	91.37	90.98	90.59	90.19	89.80	89.40	89.01	88.62
−10	96.09	95.69	95.30	94.91	94.52	94.12	93.73	93.34	92.95	92.55
−0	100.00	99.61	99.22	98.83	98.44	98.04	97.65	97.26	96.87	96.48
0	100.00	100.39	100.78	101.17	101.56	101.95	102.34	102.73	103.12	103.51
10	103.90	104.29	104.68	105.07	105.46	105.85	106.24	106.63	107.02	107.40
20	107.79	108.18	108.57	108.96	109.35	109.73	110.12	110.51	110.90	111.29
30	111.67	112.06	112.45	112.83	113.22	113.61	114.00	114.38	114.77	115.15
40	115.54	115.93	116.31	116.70	117.08	117.47	117.86	118.24	118.63	119.01
50	119.40	119.78	120.17	120.55	120.94	121.32	121.71	122.09	122.47	122.86
60	123.24	123.63	124.01	124.39	124.78	125.16	125.54	125.93	126.31	126.69
70	127.08	127.46	127.84	128.22	128.61	128.99	129.37	129.75	130.13	130.52
80	130.90	131.28	131.66	132.04	132.42	132.80	133.18	133.57	133.95	134.33
90	134.71	135.09	135.47	135.85	136.23	136.61	136.99	137.37	137.75	138.13

附
录

温度/℃	0	1	2	3	4	5	6	7	8	9
100	138.51	138.88	139.26	139.64	140.02	140.40	140.78	141.16	141.54	141.91
110	142.29	142.67	143.05	143.43	143.80	144.18	144.56	144.94	145.31	145.69
120	146.07	146.44	146.82	147.20	147.57	147.95	148.33	148.70	149.08	149.46
130	149.83	150.21	150.58	150.96	151.33	151.71	152.08	152.46	152.83	153.21
140	153.58	153.96	154.33	154.71	155.08	155.46	155.83	156.20	156.58	156.95
150	157.33	157.70	158.07	158.45	158.82	159.19	159.56	159.94	160.31	160.68
160	161.05	161.43	161.80	162.17	162.54	162.91	163.29	163.66	164.03	164.40
170	164.77	165.14	165.51	165.89	166.26	166.63	167.00	167.37	167.74	168.11
180	168.48	168.85	169.22	169.59	169.96	170.33	170.70	171.07	171.43	171.80
190	172.17	172.54	172.91	173.28	173.65	174.02	174.38	174.75	175.12	175.49
200	175.86	176.22	176.59	176.96	177.33	177.69	178.06	178.43	178.79	179.16
210	179.53	179.89	180.26	180.63	180.99	181.36	181.72	182.09	182.46	182.82
220	183.19	183.55	183.92	184.28	184.65	185.01	185.38	185.74	186.11	186.47
230	186.84	187.20	187.56	187.93	188.29	188.66	189.02	189.38	189.75	190.11
240	190.47	190.84	191.20	191.56	191.92	192.29	192.65	193.01	193.37	193.74
250	194.10	194.46	194.82	195.18	195.55	195.91	196.27	196.63	196.99	197.35
260	197.71	198.07	198.43	198.79	199.15	199.51	199.87	200.23	200.59	200.95
270	201.31	201.67	202.03	202.39	202.75	203.11	203.47	203.83	204.19	204.55
280	204.90	205.26	205.62	205.98	206.34	206.70	207.05	207.41	207.77	208.13
290	208.48	208.84	209.20	209.56	209.91	210.27	210.63	210.98	211.34	211.70
300	212.05	212.41	212.76	213.12	213.48	213.83	214.19	214.54	214.90	215.25
310	215.61	215.96	216.32	216.67	217.03	217.38	217.74	218.09	218.44	218.80
320	219.15	219.51	219.86	220.21	220.57	220.92	221.27	221.63	221.98	222.33
330	222.68	223.04	223.39	223.74	224.09	224.45	224.80	225.15	225.50	225.85
340	226.21	226.56	226.91	227.26	227.61	227.96	228.31	228.66	229.02	229.37
350	229.72	230.07	230.42	230.77	231.12	231.47	231.82	232.17	232.52	232.87
360	233.21	233.56	233.91	234.26	234.61	234.96	235.31	235.66	236.00	236.35
370	236.70	237.05	237.40	237.74	238.09	238.44	238.79	239.13	239.48	239.83
380	240.18	240.52	240.87	241.22	241.56	241.91	242.26	242.60	242.95	243.29
390	243.64	243.99	244.33	244.68	245.02	245.37	245.71	246.06	246.40	246.75
400	247.09	247.44	247.78	248.13	248.47	248.81	249.16	249.50	245.85	250.19
410	250.53	250.88	251.22	251.56	251.91	252.25	252.59	252.93	253.28	253.62

温度/℃	0	1	2	3	4	5	6	7	8	9
420	253.96	254.30	254.65	254.99	255.33	255.67	256.01	256.35	256.70	257.04
430	257.38	257.72	258.06	258.40	258.74	259.08	259.42	259.76	260.10	260.44
440	260.78	261.12	261.46	261.80	262.14	262.48	262.82	263.16	263.50	263.84
450	264.18	264.52	264.86	265.20	265.53	265.87	266.21	266.55	266.89	267.22
460	267.56	267.90	268.24	268.57	268.91	269.25	269.59	269.92	270.26	270.60
470	270.93	271.27	271.61	271.94	272.28	272.61	272.95	273.29	273.62	273.96
480	274.29	274.63	274.96	275.30	275.63	275.97	276.30	276.64	276.97	277.31
490	277.64	277.98	278.31	278.64	278.98	279.31	279.64	279.98	280.31	280.64
500	280.98	281.31	281.64	281.98	282.31	282.64	282.97	283.31	283.64	283.97
510	284.30	284.63	284.97	285.30	285.63	285.96	286.29	286.62	286.85	287.29
520	287.62	287.95	288.28	288.61	288.94	289.27	289.60	289.93	290.26	290.59
530	290.92	291.25	291.58	291.91	292.24	292.56	292.89	293.22	293.55	293.88
540	294.21	294.54	294.86	295.19	295.52	295.85	296.18	296.50	296.83	297.16
550	297.49	297.81	298.14	298.47	298.80	299.12	299.45	299.78	300.10	300.43
560	300.75	301.08	301.41	301.73	302.06	302.38	302.71	303.03	303.36	303.69
570	304.01	304.34	304.66	304.98	305.31	305.63	305.96	306.28	306.61	306.93
580	307.25	307.58	307.90	308.23	308.55	308.87	309.20	309.52	309.84	310.16
590	310.49	310.81	311.13	311.45	311.78	312.10	312.42	312.74	313.06	313.39
600	313.71	314.03	314.35	314.67	314.99	315.31	315.64	315.96	316.28	316.60
610	316.92	317.24	317.56	317.88	318.20	318.52	318.84	319.16	319.48	319.80
620	320.12	320.43	320.75	321.07	321.39	321.71	322.03	322.35	322.67	322.98
630	323.30	323.62	323.94	324.26	324.57	324.89	325.21	325.53	325.84	326.16
640	326.48	326.79	327.11	327.43	327.74	328.06	328.38	328.69	329.01	329.32
650	329.64	329.96	330.27	330.59	330.90	331.22	331.53	331.85	332.16	332.48
660	332.79									

5. 铜热电阻分度表(分度号 Cu50)

$\alpha = 0.004280$ 单位：Ω

温度/℃	0	1	2	3	4	5	6	7	8	9
-50	39.29									
-40	41.40	41.18	40.97	40.75	40.54	40.32	40.10	39.89	39.67	39.46
-30	43.55	43.34	43.12	42.91	42.69	42.48	42.27	42.05	41.83	41.61
-20	45.70	45.49	45.27	45.06	44.84	44.63	44.41	44.20	43.98	43.77

附
录

续表

温度/℃	0	1	2	3	4	5	6	7	8	9
−10	47.85	47.64	47.42	47.21	46.99	46.78	46.56	46.35	46.13	45.92
−0	50.00	49.78	49.57	49.35	49.14	48.92	48.71	48.50	48.28	48.07
0	50.00	50.21	50.43	50.64	50.86	51.07	51.28	51.50	51.71	51.93
10	52.14	52.36	52.57	52.78	53.00	53.21	53.43	53.64	53.86	54.07
20	54.28	54.50	54.71	54.92	55.14	55.35	55.57	55.78	56.00	56.21
30	56.42	56.64	56.85	57.07	57.28	57.49	57.71	57.92	58.14	58.35
40	58.56	58.78	58.99	59.20	59.42	59.63	59.85	60.06	60.27	60.49
50	60.70	60.92	61.13	61.34	61.56	61.77	61.98	62.20	62.41	62.63
60	62.84	63.05	63.27	63.48	63.70	63.91	64.12	64.34	64.55	64.76
70	64.98	65.19	65.41	65.62	65.83	66.05	66.26	66.48	66.69	66.90
80	67.12	67.33	67.54	67.76	67.97	68.19	68.40	68.62	68.83	69.04
90	69.26	69.47	69.68	69.90	70.11	70.33	70.54	70.76	70.97	71.18
100	71.40	71.61	71.83	72.04	72.25	72.47	72.68	72.90	73.11	73.33
110	73.54	73.75	73.97	74.18	74.40	74.61	74.83	75.04	75.26	75.47
120	75.68	75.90	76.11	76.33	76.54	76.76	76.97	77.19	77.40	77.62
130	77.83	78.05	78.26	78.48	78.69	78.91	79.12	79.34	79.55	79.77
140	79.98	80.20	80.41	80.63	80.84	81.06	81.27	81.49	81.70	81.92
150	82.13									

6. 铜热电阻分度表(分度号 Cu100)

$\alpha=0.004280$ 　　　　　　　　　　　　　　　　　　　　　　　　单位：Ω

温度/℃	0	1	2	3	4	5	6	7	8	9
−50	78.49									
−40	82.80	82.36	81.94	81.50	81.08	80.64	80.20	79.78	79.34	78.92
−30	87.10	86.68	86.24	85.82	85.38	84.95	84.54	84.10	83.66	83.22
−20	91.40	90.98	90.54	90.12	89.68	89.26	88.82	88.40	87.96	87.54
−10	95.70	95.28	94.84	94.42	93.98	93.56	92.12	92.70	92.26	91.84
−0	100.00	99.56	99.14	98.70	98.28	97.84	97.42	97.00	96.56	96.14
0	100.00	100.42	100.86	101.28	101.72	102.14	103.56	103.00	103.42	103.86
10	104.28	104.72	105.14	105.56	105.00	106.42	106.86	107.28	107.72	108.14
20	108.56	109.00	109.42	109.84	110.28	110.70	111.14	111.56	112.00	112.42
30	112.84	113.28	113.70	114.14	114.56	114.98	115.42	115.84	116.28	116.70
40	117.12	117.56	117.98	118.40	118.84	119.28	119.70	120.12	120.54	120.98

温度/℃	0	1	2	3	4	5	6	7	8	9
50	121.40	121.84	122.26	122.68	123.12	123.54	123.98	124.40	124.82	125.26
60	125.68	126.10	126.54	126.96	127.40	127.82	128.24	128.68	129.10	129.52
70	129.96	130.38	130.82	131.24	131.66	132.10	132.52	132.96	133.38	133.80
80	134.24	134.66	135.08	135.52	135.94	136.33	136.80	137.24	137.66	138.08
90	138.52	138.94	139.36	139.80	140.22	140.66	141.08	141.52	141.94	142.36
100	143.80	143.22	143.66	144.08	144.50	144.94	145.36	145.80	146.22	146.66
110	147.08	147.50	147.94	148.36	148.80	149.22	149.66	150.08	150.52	150.94
120	151.36	151.80	152.22	152.66	152.08	152.52	153.94	154.38	154.80	155.22
130	155.66	156.10	156.52	156.96	157.38	157.82	158.24	158.68	159.10	159.54
140	159.96	160.40	160.82	161.28	161.68	162.12	162.54	162.98	163.40	163.84
150	164.27									

附

录

图书在版编目(CIP)数据

中级实验.3,化学工程实验/葛昌华主编;浙江台州学院医药化工学院组编.—杭州：浙江大学出版社,2013.9(2022.7重印)

ISBN 978-7-308-12297-9

Ⅰ.①中… Ⅱ.①葛…②浙… Ⅲ.①化学工程—化学实验—高等学校—教材 Ⅳ.①06-3

中国版本图书馆 CIP 数据核字（2013）第 228181 号

中级实验Ⅲ：化学工程实验

葛昌华 主编

浙江台州学院医药化工学院 组编

丛书策划	季 峥
责任编辑	王元新
封面设计	六@联合视务
出版发行	浙江大学出版社
	（杭州市天目山路 148 号 邮政编码 310007）
	（网址：http://www.zjupress.com）
排 版	杭州林智广告有限公司
印 刷	杭州良诸印刷有限公司
开 本	787mm×1092mm 1/16
印 张	15.25
字 数	390 千
版 印 次	2013 年 9 月第 1 版 2022 年 7 月第 4 次印刷
书 号	ISBN 978-7-308-12297-9
定 价	33.00 元